Mathematik SEKUNDO
FÜR DIFFERENZIERENDE SCHULFORMEN

6

Herausgegeben von

Martina Lenze
Max Schröder
Bernd Wurl
Alexander Wynands

Schroedel
westermann

SEKUNDO 6
Mathematik

Herausgegeben und bearbeitet von

Maik Abshagen, Kerstin Cohrs-Streloke, Dr. Martina Lenze, Anette Lessmann, Hartmut Lunze, Ludwig Mayer, Jürgen Ruschitz, Dr. Max Schröder, Peter Welzel, Prof. Bernd Wurl, Prof. Dr. Alexander Wynands

Zum Schülerband erscheinen:

Lösungen:	Best.-Nr. 84896
Kopiervorlagen und Kommentare:	Best.-Nr. 84890
Arbeitsheft:	Best.-Nr. 84884
Arbeitsheft plus:	Best.-Nr. 84965
Förderheft:	Best.-Nr. 84971
CD Rund-um-Sekundo:	Best.-Nr. 84907
Online-Diagnose zu Sekundo 6	www.onlinediagnose.de

© 2010 Bildungshaus Schulbuchverlage Westermann Schroedel Diesterweg Schöningh Winklers GmbH, Georg-Westermann-Allee 66, 38104 Braunschweig
www.westermann.de

Das Werk und seine Teile sind urheberrechtlich geschützt. Jede Nutzung in anderen als den gesetzlich zugelassenen bzw. vertraglich zugestandenen Fällen bedarf der vorherigen schriftlichen Einwilligung des Verlages. Nähere Informationen zur vertraglich gestatteten Anzahl von Kopien finden Sie auf www.schulbuchkopie.de.

Für Verweise (Links) auf Internet-Adressen gilt folgender Haftungshinweis: Trotz sorgfältiger inhaltlicher Kontrolle wird die Haftung für die Inhalte der externen Seiten ausgeschlossen. Für den Inhalt dieser externen Seiten sind ausschließlich deren Betreiber verantwortlich. Sollten Sie daher auf kostenpflichtige, illegale oder anstößige Inhalte treffen, so bedauern wir dies ausdrücklich und bitten Sie, uns umgehend per E-Mail davon in Kenntnis zu setzen, damit beim Nachdruck der Verweis gelöscht wird.

Druck A^{14} / Jahr 2023
Alle Drucke der Serie A sind im Unterricht parallel verwendbar.

Redaktion: Dr. Martina Helmstädter-Rösner
Herstellung: Reinhard Hörner
Umschlag: elbe-drei, Hamburg
Layout: creativ design, Hildesheim
Illustration: Hans-Jürgen Feldhaus, Münster
Zeichnungen: Michael Wojczak, Braunschweig
Satz: Druckhaus „Thomas Müntzer", Bad Langensalza
Druck und Bindung: Westermann Druck GmbH, Georg-Westermann-Allee 66, 38104 Braunschweig

ISBN 978-3-507-**84872**-6

Hinweise zum Umgang mit dem Buch

Merksätze
Merksätze sind durch einen roten Rahmen gekennzeichnet.

Beispiele
Musterbeispiele als Lösungshilfen sind durch einen
grünen Rahmen gekennzeichnet.

Tipp
Nützliche Tipps und Hilfen sind besonders gekennzeichnet.

Testen – Üben – Vergleichen (TÜV)
Jedes Kapitel endet mit einer TÜV-Seite, bestehend aus den wichtigsten
Ergebnissen und typischen Aufgaben dazu. Die Lösungen dieser Aufgaben
sind zur Selbstkontrolle für die Schülerinnen und Schüler am Ende des
Buches angegeben.

Diagnosetest, Diagnosearbeit
Zur Vorbereitung auf Klassenarbeiten gibt es nach der TÜV-Seite eine
Seite mit Grund- und Erweiterungsaufgaben zu Inhalten des jeweiligen
Kapitels. Am Ende des Schülerbandes findet sich eine umfangreiche
Diagnosearbeit zu den Inhalten des gesamten Schuljahres.
Die Lösungen dieser Aufgaben sind zur Selbstkontrolle am Ende
des Buches angegeben.

Lesen – Verstehen – Lösen (LVL)
Die mit diesem Logo versehenen Seiten oder Aufgaben schulen besonders
die prozessorientierten Kompetenzen Argumentieren, Problemlösen, Modellieren, Kommunizieren sowie Verwenden von mathematischen Darstellungen
und von Werkzeugen. Aber auch bei der Bearbeitung nicht gekennzeichneter
Aufgaben werden diese Kompetenzen benötigt und gefestigt, auch wenn
dort das Augenmerk vorwiegend auf inhaltlichen Kompetenzen liegt.

Bleib fit
Zum Wiederholen gibt es regelmäßig Aufgabenseiten zu Inhalten
aus früheren Kapiteln.

Differenzierung
Bei besonders schwierigen Aufgaben ist die Aufgabennummer
mit einem grünen Quadrat unterlegt.

Wissen – Anwenden – Vernetzen (WAV)
Auf diesen Seiten sind knifflige Aufgaben zu finden, die meist mehrere
mathematische Themen ansprechen. Damit diese Seiten auch selbstständig
bearbeitet werden können, sind die Lösungen der Aufgaben am Ende des
Buches angegeben.

CD-ROM
Auf der CD, die dem Schülerband beiliegt, sind weitere Übungen zu finden.

Inhaltsverzeichnis

1 Zahlen, Größen und Teilbarkeit	**6**
Runden und Überschlag	8
Große Zahlen	9
Große Zahlen am Zahlenstrahl	10
LVL: Zahlen unter und über Null	11
Vom Thermometer zur Zahlengeraden	12
LVL: Ganze Zahlen	13
Vermischte Aufgaben	14
Gitternetz	15
Teiler und Vielfache	16
Primzahlen	17
Größter gemeinsamer Teiler, kleinstes gemeinsames Vielfaches	18
LVL: Teilbarkeit	19
Teilbarkeitsregeln	20
Vermischte Aufgaben	21
LVL: Die Seriennummern auf den Euro-Scheinen	22
Sachrechnen mit dem Zweisatz	23
Proportionale Zuordnungen	24
Grafische Lösungen bei proportionalen Zuordnungen	25
Dreisatz bei proportionalen Zuordnungen	26
TÜV	27
Diagnosetest	28
2 Brüche und Dezimalbrüche (1)	**29**
Stammbrüche	30
Rechnen mit Stammbrüchen	31
Bruchteile vom Ganzen	32
Berechnen von Bruchteilen	34
Bruchteile beim Dividieren	35
Brüche größer als ein Ganzes	36
Addieren und Subtrahieren bei gleichem Nenner	37
Vermischte Aufgaben	38
Bleib fit	40
Dezimalbrüche	41
Stellenwerttafel	42
Ordnen von Dezimalbrüchen	43
Runden von Dezimalbrüchen	44
Addieren und Subtrahieren von Dezimalbrüchen	45
Schriftlich addieren und subtrahieren	46
LVL: Sportfest	48
LVL: Zahlen und Daten in Texten und Listen	50
TÜV	51
Diagnosetest	52
3 Kreise, Winkel, Symmetrien	**53**
Kreis	54
Winkel	56
Winkelarten	57
Winkel messen mit dem Geodreieck	58
Winkel zeichnen und messen	59
LVL: Segeltörn auf dem Ijsselmeer	61
WAV: Wissen – Anwenden – Vernetzen	62
Bleib fit	64
LVL: Falten und Schneiden	65
Achsensymmetrie und Achsenspiegelung	66
Punktsymmetrie und Punktspiegelung	67
Drehsymmetrie und Drehung	68
Vermischte Aufgaben	69
TÜV	73
Diagnosetest	74
4 Brüche und Dezimalbrüche (2)	**75**
Multiplikation mit einer natürlichen Zahl	76
LVL: Teilen von Brüchen	78
Division durch eine natürliche Zahl	79
Vermischte Aufgaben	81
Dezimalbrüche – Multiplikation mit einer natürlichen Zahl	82
Schriftliche Multiplikation	83
LVL: Tabellen mit dem Computer	84
Geldbeträge und Tabellen	85
Bleib fit	86
Division durch eine natürliche Zahl	87
Vom Bruch zum Dezimalbruch	89
LVL: Der neue Schulgarten	90
LVL: Gehen und Laufen	92
Prozentschreibweise	93
Kopfrechnen mit Brüchen und Prozenten	94
TÜV	95
Diagnosetest	96
5 Flächen- und Rauminhalt	**97**
Flächeninhalt des Rechtecks	98
Umfang des Rechtecks	99
Rechnen mit Flächeneinheiten	100
LVL: Zusammengesetzte Flächen	101
LVL: Aktion zum Thema „Frieden"	102
LVL: Quadratkilometer – Hektar – Ar	103
Vermischte Aufgaben	104
Bleib fit	106

Inhaltsverzeichnis

Schrägbilder	107
Würfel- und Quadernetze	109
Oberfläche des Quaders	111
Rauminhalte messen und vergleichen	112
Kubikdezimeter, -zentimeter, -millimeter	113
LVL: Rauminhalt von Quadern bestimmen	114
Volumen (Rauminhalt) des Quaders	115
Liter, Milliliter und Hektoliter	116
LVL: Regenmengen	117
WAV: Wissen – Anwenden – Vernetzen	118
Kubikmeter	120
Vermischte Aufgaben	121
LVL: Ein Aquarium für den Klassenraum	122
LVL: Wasser ist kostbar	124
TÜV	125
Diagnosetest	126

6 Brüche und Dezimalbrüche (3) 127

Verfeinern und Vergröbern von Unterteilungen	128
LVL: Erweitern und Kürzen	129
Erweitern und Kürzen	130
LVL: Größenvergleich bei Brüchen	132
Vergleichen von Brüchen	133
Brüche, Dezimalbrüche und Prozentschreibweise	134
Brüche am Zahlenstrahl	136
Bruchzahlen	137
Bleib fit	138
LVL: Addieren und Subtrahieren von Brüchen mit verschiedenen Nennern	139
Addition und Subtraktion von Brüchen	140
Hauptnenner	141
LVL: Arbeiten mit Brüchen und Dezimalbrüchen	143
Vorteilhaft rechnen	144
Vermischte Aufgaben	145
LVL: Die Bodensee-Fähre	146
Rechnen wie die alten Ägypter	148
TÜV	149
Diagnosetest	150

7 Daten und Zufall 151

Mittelwert und Spannweite	152
Median (Zentralwert)	154
Relative Häufigkeit	155
Säulen- und Streifendiagramm	157
LVL: Die Würfel fallen	158
Wahrscheinlichkeit	160
Bleib fit	161
WAV: Wissen – Anwenden – Vernetzen	162
LVL: Familie Krügers neue Wohnung	164
LVL: Schulranzen	165
LVL: Europäische Union (EU)	166
LVL: Sprachen in der Europäischen Union (EU)	167
Vermischte Aufgaben	168
TÜV	169
Diagnosetest	170

8 Brüche und Dezimalbrüche (4) 171

LVL: Bruch mal Bruch	172
Multiplikation mit einem Bruch	173
LVL: Ein Test wird korrigiert	174
LVL: Bruch durch Bruch	175
Division durch einen Bruch	176
Vermischte Aufgaben	177
Bleib fit	178
Multiplikation und Division eines Dezimalbruchs mit 10, 100, 1000, ...	179
Multiplikation von Dezimalbrüchen	180
Division durch einen Dezimalbruch	182
LVL: Sport	184
Vermischte Aufgaben	185
LVL: Merkwürdige Rekorde	187
LVL: Klassenfahrt nach Spiekeroog	188
TÜV	190
Diagnosetest	191

Diagnosearbeit 192

Lösungen der Seiten Wissen – Anwenden – Vernetzen	195
Lösungen der TÜV-Seiten	197
Lösungen der Diagnosetests	200
Lösungen der Diagnosearbeit	205
Maßeinheiten	207
Stichwortverzeichnis	208

Zahlen, Größen und Teilbarkeit

Nicola auf dem Flug von … in die Ferien und zurück

① 24316 + 5178
- A: 29514
- F: 29824
- K: 26484
- M: 29494
- S: 74394

② 141378 − 56403
- B: 197165
- E: 91975
- L: 85865
- T: 84855
- U: 84975

③ 2463 · 58
- A: 137664
- E: 142854
- N: 119374
- O: 135844
- R: 136294

④ 216736 : 52
- D: 3933
- I: 4017
- L: 4138
- N: 4168
- R: 4233
- T: 5118

⑤ 32314 + 7168 + 11219
- A: 48631
- C: 50701
- K: 49741
- P: 51011
- S: 50391
- U: 52481

⑥ 16314 − 5916 − 483
- D: 9728
- H: 9915
- L: 9836
- R: 10145
- U: 9763

⑦ 3048 · 274
- B: 716842
- E: 835152
- K: 811972
- O: 831832
- S: 795412

⑧ 1059012 : 207
- A: 4833
- F: 5083
- L: 4726
- N: 5116
- U: 5274

Hinweis:
Die Buchstaben zu den Lösungen von 1 bis 8 verraten dir, von welcher deutschen Stadt aus Nicola in die Ferien geflogen ist.

Nicola am Strand von … auf Mallorca

1. Rechne im Kopf

a) 420 + 180
b) 900 − 210
c) 570 + 210
d) 2 460 − 240
e) 1 240 + 320
f) 2 890 − 730
g) 3 450 + 250
h) 12 400 − 450

2. Welche Zahl spuckt die Rechenschlange aus?

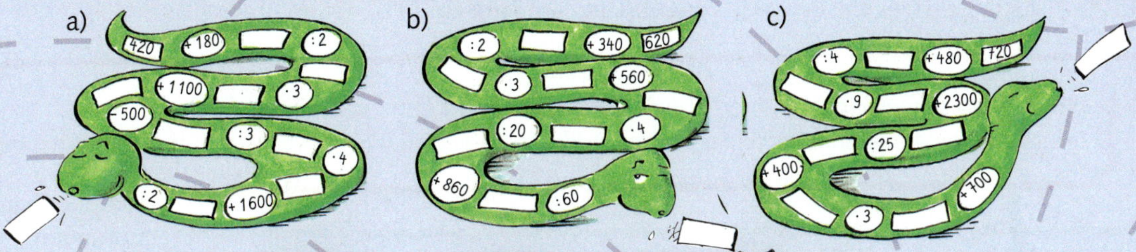

a) 420 · +180 · :2 · +1100 · :3 · −500 · :3 · ·4 · :2 · +1600

b) :2 · +340 · 620 · :3 · 560 · :20 · ·4 · +860 · :60

c) :4 · +480 · +20 · ·9 · +2300 · +400 · :25 · ·3 · +700

Hinweis:
Die Buchstaben zu den Lösungen 1. a) bis 2. c) ergeben in dieser Reihenfolge den Badeort, in dem Nicola in den Ferien war.
Der Name des Ortes besteht aus 2 Wörtern (4 bzw. 7 Buchstaben).

21 D	416 E	620 T	780 L	990 M	2160 A	3460 N
240 E	470 E	690 A	830 P	1560 R	2220 A	3700 T
350 M	600 C	720 K	840 I	1800 A	2500 A	11950 J

1 Zahlen, Größen und Teilbarkeit

Runden und Überschlag

1. a) Wie viel Euro müssen die Personen in den Bildern oben ungefähr bezahlen?
   LVL b) Überlege dir eigene Beispiele zum Runden, schreibe auf mit „≈" und überschlage.

Wenn man schnell ein Rechenergebnis braucht, das nicht ganz genau sein muss, führt man einen **Überschlag** mit gerundeten Zahlen durch.

TIPP
Bis Ziffer 4 abrunden, ab 5 aufrunden.

1. Runde auf ganze €.
   3,85 € ≈ 4 €
   12,47 € ≈ 12 €

2. Runde auf ganze 100 kg.
   1 247 kg ≈ 1 200 kg
   982 kg ≈ 1 000 kg

3. Frau Heuser kauft Obst zu 3,86 €, 2,04 € und 1,43 €. Wie viel Euro muss sie ungefähr bezahlen?
   Überschlag: 4 € + 2 € + 1 € = 7 €.

2. Runde auf ganze €.   a) 32,59 €   b) 19,89 €   c) 19,49 €   d) 189,57 €   e) 19,50 €

3. Runde auf ganze 10 m.   a) 74,83 m   b) 82,46 m   c) 246,34 m   d) 324,89 m   e) 496,38 m

4. Familie Schmitz aus Köln fährt mit dem Auto in den Urlaub nach Barcelona: am 1. Tag 417 km, am 2. Tag 496 km und am 3. Tag 477 km. Wie weit ist es ungefähr von Köln bis Barcelona?

5. Der Schulweg von Elena und Steffen führt über eine stark befahrene Straße. Während der Schulzeit werden die Autos gezählt: Mo. 1 247 Autos, Di. 1 329 Autos, Mi. 1 473 Autos, Do. 1 448 Autos, Fr. 1 512 Autos. Überschlage die Summe. Runde dazu auf ganze Hunderter.

LVL 6. Partnerarbeit: Deborah hat 160 Euro gespart.
Sie überschlägt, ob sie sich die komplette Fußballausrüstung kaufen kann:
20 € + 10 € + 60 € + 40 € + 30 € = 160 €
Überlegt und begründet, ob das gesparte Geld reicht.

7. Die Waren im Einkaufskorb von Familie Merker haben folgende Preise: 1,99 €; 2,48 €; 7,49 €; 12,79 € und 8,73 €. Überschlage die Summe.

1 Zahlen, Größen und Teilbarkeit

Große Zahlen

1. a) Wie viele Jahre reicht das von Tante Martha geerbte Geld mindestens, wenn man davon monatlich 10 000 Euro ausgibt?
b) Stelle eine Frage zum Erbe von Onkel Justus und beantworte sie.

---

1 Milliarde = 1 000 Millionen
1 Billion   = 1 000 Milliarden
1 Mrd.   =   1 000 000 000
1 Bio.   = 1 000 000 000 000

			· 1 000		· 1 000		· 1 000		· 1 000			
	Billion			Milliarde		Million			Tausend			
H	Z	E	H	Z	E	H	Z	E	H	Z	E	
	2	7	3	1	7	0	1	6	3	0	0	0	0	0

Dreiergruppen (hinten beginnen)   *in Worten*
27317016300000 = 27 317 016 300 000 = 27 Bio. 317 Mrd. 16 Mio. dreihunderttausend

---

2. Schreibe die Zahl vom Display in dein Heft, bilde dabei Dreiergruppen. Notiere die Zahl anschließend in Einheiten und Worten wie im Beispiel oben.
a) 763 185 000 000
b) 42 183 740 000 000
c) 18 947 725 000 000
d) 983 056 000 000
e) 78 294 520 000 000
f) 34 847 752 000 000

3. a) Wie hoch ist ein Turm aus 1 000 Euromünzen?
b) Wie hoch ist ein Turm aus 1 Million Euromünzen?
c) Wie viele Euromünzen brauchte man für einen Turm, der so hoch wie die Zugspitze ist (ca. 3 000 m)?
d) Wie hoch wäre ein Turm aus 1 Milliarde Euromünzen?
e) Mond und Erde sind 384 000 km voneinander entfernt. Würde ein Turm aus 1 Billion Euromünzen diese Entfernung überbrücken?

4. Ein bekannter Autorennfahrer erhält von seinem Rennstall eine siebenstellige Jahresgage (€). Schreibe den kleinstmöglichen und den größtmöglichen Euro-Betrag auf.

5. Onkel Dagobert hebt bei seiner Bank in Entenhausen 1 Milliarde Euro in 100-€-Scheinen ab. (Ein 100-€-Schein wiegt etwa 1 g.) Kann er sein Geld mit einem Kleintransporter (5 t Nutzlast) abholen?

Große Zahlen am Zahlenstrahl

LVL 1. Partnerarbeit: Zeichne den Zahlenstrahl in dein Heft. Zeige deinem Nachbarn/deiner Nachbarin Zahlen, die er/sie angeben soll.

> Um große Zahlen am Zahlenstrahl darzustellen, muss man die Einheit geeignet wählen.
> Beispiel: 1 cm für 10 Mio. oder 1 cm für 100 Mio. oder . . .

2. Ordne den Buchstaben die Zahlen zu.

a) 370 Mio., 210 Mio., 850 Mio., 740 Mio., 510 Mio.

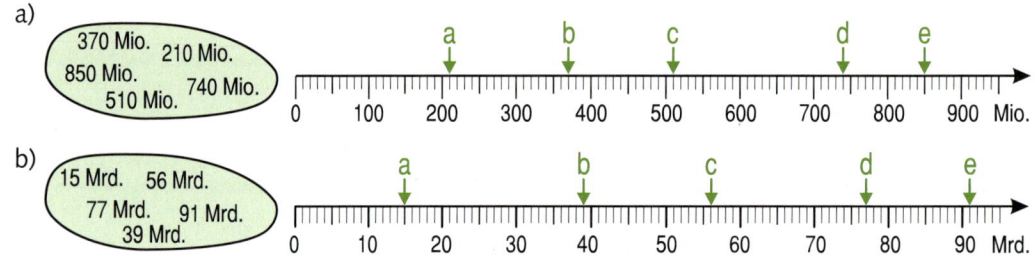

b) 15 Mrd., 56 Mrd., 77 Mrd., 91 Mrd., 39 Mrd.

3. Zeichne einen geeigneten Zahlenstrahl in dein Heft und trage die folgenden Zahlen ein.
   a) 4 500 000   b) 63 000 000   c) 7 000 000   d) 29 000 000   e) 84 000 000

LVL 4. Erkläre das abgebildete Diagramm und notiere die Informationen im Heft.

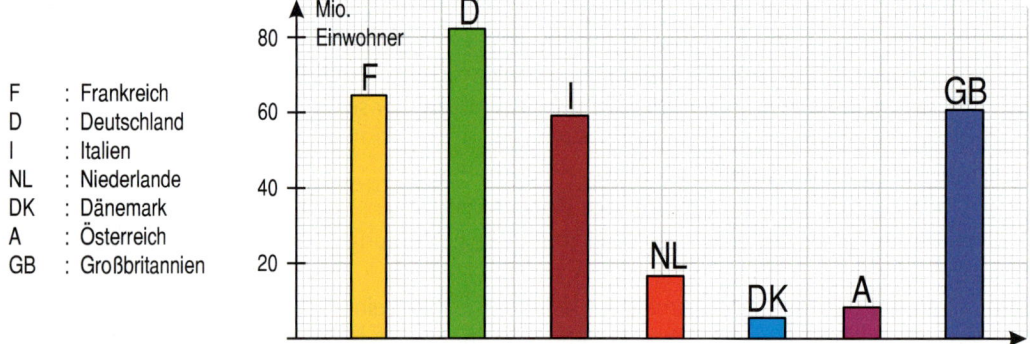

F : Frankreich
D : Deutschland
I : Italien
NL : Niederlande
DK : Dänemark
A : Österreich
GB : Großbritannien

5. Stelle die Einwohnerzahlen der Städte als Säulen dar. Runde sie zuerst auf Zehntausender. Wähle dann einen geeigneten Maßstab. Bonn 316 000, Düsseldorf 585 000, Frankfurt/Main 673 000, Karlsruhe 279 000, Kassel 192 000, Köln 1 024 000, Stuttgart 593 000, Kiel 232 000, Mainz 196 000, Hannover 519 000.

1 Zahlen, Größen und Teilbarkeit

Zahlen unter und über Null

Alle Aufgaben in Partnerarbeit

Winter und Frühling auf Tuchfühlung
Am 22. März kletterten in Fronhausen an der Lahn die Temperaturen von –6 °C am frühen Morgen auf 17 °C am späten Nachmittag.

> Anders **Celcius**, ein Schwede, führte 1742 die nach ihm benannte Temperaturskala ein.
> Bei 0 °C gefriert Wasser, bei 100 °C kocht es. Temperaturen unter Null werden mit einem „minus" (–) als Vorzeichen gekennzeichnet.

1. a) Erklärt, wie Überschrift und Meldung zusammenpassen.
   b) Sven meint: „11 Grad Temperaturunterschied an einem Tag ist doch nichts Besonderes." Was meint ihr?

2. Informiert euch mit Lexikon oder Internet über Leben und Werk von Anders Celsius und stellt diese Informationen übersichtlich dar.

3. Frau Neu hatte noch 50 Euro auf ihrem Konto. Sie kaufte Schuhe und bezahlte mit ihrer EC-Karte. Am nächsten Tag las sie den neuen Kontoauszug.
   a) Erklärt, was aus diesem Kontoauszug abzulesen ist.
   b) Zwei Tage später werden Frau Neu 200 Euro für das Austragen von Zeitungen gutgeschrieben. Schreibt den neuen Kontoauszug.

Kontoauszug	Nr. 10
Blatt	1
Erläuterungen	**Betrag**
Kontostand Auszug Nr. 9	50,00 +
LAHR Schuhe GmbH	80,00 –
Kontostand	30,00 –

„Vorzeichen" + und – stehen bei Kontoauszügen *hinter* den Zahlen.

4. Einer von euch erfindet eine Sachgeschichte und gibt sie dem anderen, damit er den zugehörigen Kontoauszug schreibt. Einer erfindet einen Kontoauszug und gibt ihn dem anderen, damit er eine dazu passende Sachgeschichte erfindet.

5. a) Erklärt, warum es auf Landkarten von Norddeutschland Höhenangaben mit und ohne „minus" als Vorzeichen gibt.
   b) Manfred wandert an der Küste. An der höchsten Stelle zeigt sein Höhenmesser 35 m. Nach einiger Zeit schaut er wieder auf seinen Höhenmesser und denkt: „40 m Abstieg." Wie ist das möglich?

6. a) Julius Cäsar wurde im Jahre 100 v. Chr. geboren und im Alter von 56 Jahren ermordet. In welchem Jahr war das?
   b) Die Nachfolger von Cäsar waren Augustus (*23. 7. 63 v. Chr., † 19. 8. 14 n. Chr.) und Tiberius (*16. 11. 42 v. Chr., † 16. 3. 37 n. Chr.). Wie alt sind diese beiden römischen Kaiser jeweils geworden?

Julius Cäsar

1 Zahlen, Größen und Teilbarkeit

Vom Thermometer zur Zahlengeraden

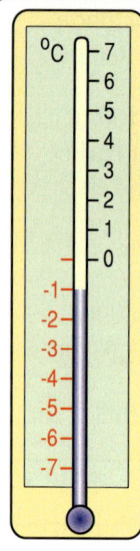

1. Welche Temperatur zeigt das abgebildete Thermometer an?

2. Um wie viel Grad Celsius (°C) müsste die Temperatur steigen, damit das Thermometer 6 °C über Null anzeigt?

3. Wie groß ist der Temperaturunterschied
   a) zwischen –6 °C und 3 °C,   b) zwischen 7 °C und –4 °C,
   c) zwischen –8 °C und –2 °C,   d) zwischen –6,5 °C und 1,5 °C?

4. Auf welche Temperatur führt die genannte Änderung?
   a) Die Temperatur steigt von –5 °C um 8 °C.
   b) Die Temperatur fällt von 3 °C um 10 °C.
   c) Die Temperatur fällt von –2 °C um 7 °C.
   d) Die Temperatur steigt von –8,5 °C um 9 °C.
   e) Die Temperatur steigt von –3,5 °C um 10,5 °C.

5. Wie groß ist der Temperaturunterschied
   a) zwischen –7 °C und 4,5 °C,
   b) zwischen 8 °C und –4,5 °C,
   c) zwischen –8,7 °C und –1,4 °C,
   d) zwischen –3,2 °C und 5,8 °C?

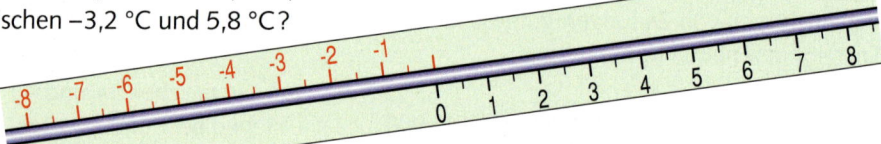

6. Eine Thermometerskala kann Temperaturen mit max. 80 °C Unterschied anzeigen. Bei den Wärmegraden reicht die Skala 20 °C weiter als bei den Kältegraden. Von welchem Kältegrad bis zu welchem Wärmegrad reicht die Skala des Thermometers?

7. Ordne die Temperaturen von der kältesten Temperatur bis zur wärmsten:
   5 °C, –11 °C, –4 °C, 12 °C, 0 °C, –18 °C

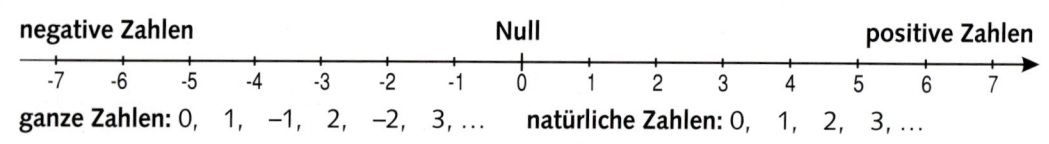

negative Zahlen   **Null**   **positive Zahlen**

ganze Zahlen: 0, 1, –1, 2, –2, 3, ...   **natürliche Zahlen:** 0, 1, 2, 3, ...

8. a) Zeichne eine Zahlengerade von –70 bis 70 in dein Heft, wähle als Einheit 1 mm Abstand zwischen benachbarten ganzen Zahlen. Markiere nur die vollen Zehnerzahlen.
   b) Markiere auch die folgenden Zahlen: 25   –25   –63   57   32   –48
   c) Lege eine Tabelle mit den Überschriften *negative*, *positive*, *ganze* und *natürliche* Zahlen an und trage die folgenden Zahlen passend ein:
      17   –23   4   0   –7   –19   24   89   –38   38   –1   –63

1 Zahlen, Größen und Teilbarkeit

Ganze Zahlen

Alle Aufgaben in Partnerarbeit

LVL

1. Ordnet die Temperaturen von der kältesten zur wärmsten. Notiert zu jeder auch den zugehörigen Sachverhalt.

Gefrierfleisch	37 °C	Flüssige Luft	–15 °C
Flüssiges Gold	–213 °C	1063 °C	Eiswürfel
42 °C	Körpertemperatur	Badewasser	–8 °C

Luise J.: Ich hatte 30 € Schulden, aber heute bekam ich 50 € gutgeschrieben.

Jürgen A.: Ich hatte 30 € Guthaben, aber heute habe ich 50 € Lebensmittel gekauft.

Heidi K.: Ich hatte 30 € Guthaben, aber heute wurden mir 50 € gutgeschrieben.

Lutz W.: Ich hatte 30 € Schulden, aber heute musste ich 50 € für Schuhe ausgeben.

2. Ordnet jeder Person das passende Pfeilbild an der Zahlengeraden und den zugehörenden Term (Rechenausdruck) zu. Berechnet den neuen Kontostand.

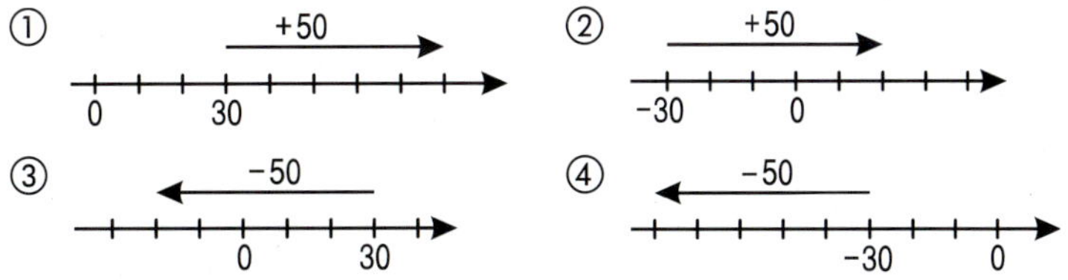

   Terme: | 30 – 50 | 30 + 50 | –30 – 50 | –30 + 50 |

Ines: Jede Woche 20 € Gutschrift für Babysitten, das sind in 4 Wochen …

Lars: Meinem Vater muss ich 20 € Schulden in 4 gleichen Teilbeträgen zurückzahlen.

Judith: Oh, je 20 € Schulden bei jedem meiner 4 Geschwister.

Mario: Für meine 20 € kaufe ich uns 4 Pizzas.

3. a) Ordnet die beiden Pfeilbilder an der Zahlengeraden den richtigen Personen zu, notiert dazu den passenden Term (Rechenausdruck) und die Frage, die durch seine Berechnung beantwortet wird.
   b) Ordnet den beiden restlichen Personen den passenden Term (Rechenausdruck) zu und zeichnet selbst ein Bild an der Zahlengeraden. Notiert auch die Frage, die durch die Berechnung beantwortet wird.

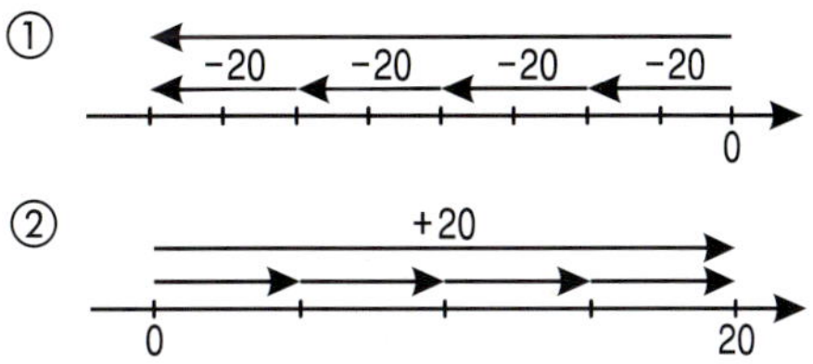

   Terme: | 20 · 4 | –20 · 4 | 20 : 4 | –20 : 4 |

1 Zahlen, Größen und Teilbarkeit

Vermischte Aufgaben

1. Ordne die Namen nach ihrem Kontostand vom „Ärmsten" zum „Reichsten". Wie viel Euro müsste man dem Ärmsten gutschreiben, damit er ebenso viel auf dem Konto hat wie der Reichste?

Maria K. 45 € Schulden	Horst H. 40 € Schulden	Gisela P. 5 € Schulden
Anne H. 25 € Guthaben	Doris S. 20 € Schulden	Armin M. 15 € Guthaben

2. a) Berechne den neuen Kontostand und erfinde eine passende Sachgeschichte dazu.
b) Schreibe zu folgender Sachgeschichte den Kontoauszug: *Fanni hatte 25 € Schulden auf ihrem Konto, bis ihr 40 € für das Austragen von Zeitungen gutgeschrieben wurden.*

Kontoauszug	Nr. 7
Blatt	1
Erläuterungen	Betrag
Kontostand Auszug Nr. 6	20,00 +
Pizzeria SOLE	35,00 −
Kontostand	

3. Welche beiden Sachgeschichten passen zu dem Term (Rechenausdruck) − 8 + 13, und welche Fragen werden beantwortet, wenn man ihn berechnet?
Notiere zur übrigen Sachgeschichte eine Frage, den passenden Term und das Ergebnis.

① Am Morgen zeigte das Thermometer 8 °C unter Null, bis zum Mittag stieg die Temperatur um 13 °C.

② Sandra hatte 8 € Schulden auf ihrem Konto, dann wurden weitere 13 € Vereinsbeitrag abgebucht.

③ Das Ferienhaus lag 8 m unter dem Meeresspiegel, zum Deich dahinter musste man 13 m emporsteigen.

4. Publius Quintilius Varus wurde 46 vor Christus geboren. Als Oberbefehlshaber in Germanien starb er 9 nach Christus in der Schlacht am Teutoburger Wald. Wie alt wurde er?

5. Von einem 15 m hohen Felsen springt Christa kopfüber ins Meer. Am tiefsten Punkt ist sie 23 m tiefer als die Absprungstelle. Wie ist das zu erklären? Mache dazu eine Skizze mit Meter-Angaben.

6. Am Südpol ist der Dezember mit Temperaturen um 29 °C unter Null der wärmste Monat des Jahres. Im August, dem kältesten Monat, sinkt die Temperatur auf etwa 61 °C unter Null.

7. Am Tabellenende stehen drei punktgleiche Vereine. Dann entscheidet die Differenz „geschossene Tore minus Gegentore". Ein Verein steigt ab – welcher?

Verein	geschossene Tore	Gegentore
Spvg Seefeld	12	15
SV Wiesenthal	15	20
TuS Neuendorf	10	14

8. Norman hat 15 € Schulden bei seinen Eltern. Er soll sie über 5 Wochen in gleichen Beträgen zurückzahlen. Wie viel Euro sind das wöchentlich?

9. a) *Kalt war es im Skiurlaub, 5 Grad unter Null.* — *Wir hatten sogar die dreifachen Minusgrade!*
b) *Oh je, ich habe 70 € Schulden auf meinem Konto.* — *Sei froh, ich habe viermal so große Schulden.*

10. Alexander hat bei sechs Klassenkameraden Geld geliehen, bei jedem 5 €, und kann nicht zahlen. Seine Eltern strecken ihm das Geld vor und verlangen, dass er ihnen den Betrag in drei Monatsraten zurückzahlt. Wie viel Euro sind das monatlich?

1 Zahlen, Größen und Teilbarkeit

Gitternetz

Im Gitternetz kann man Gitterpunkte durch Zahlenpaare angeben. Dazu zeichnet man eine **Rechtsachse** und eine dazu senkrechte **Hochachse** ein und legt auf beiden Achsen eine Einheit fest (z. B. 1 cm).

P(6|2)
1. Koordinate   2. Koordinate

Man nennt das Gitternetz mit Rechts- und Hochachse **Koordinatensystem**.

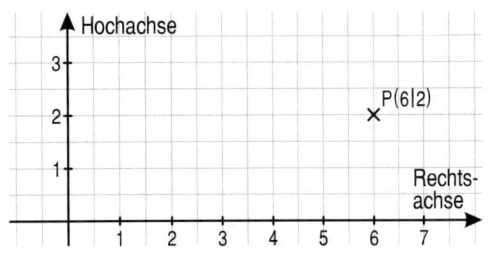

1. Notiere die Punkte mit ihren Koordinaten. Beispiel: G(5|3).

2. Lege im Heft eine Rechts- und eine Hochachse fest. Wähle als Gittereinheit 1 cm (2 Kästchen). Trage die Punkte in das Gitternetz ein und beschrifte sie.
   a) A(1|2) B(6|0) C(7|1) D(7|6) E(2|5) F(4|4)
   b) A(1|4) B(2|1) C(6|1,5) D(6|6) E(3|2) F(0|5)

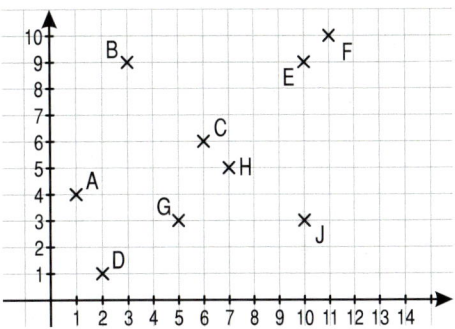

3. Übertrage die Figur und das Gitternetz ins Heft und gib die Koordinaten ihrer Eckpunkte an.
   a)
   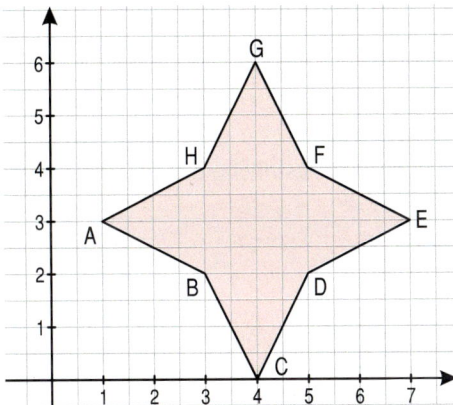
   b)
   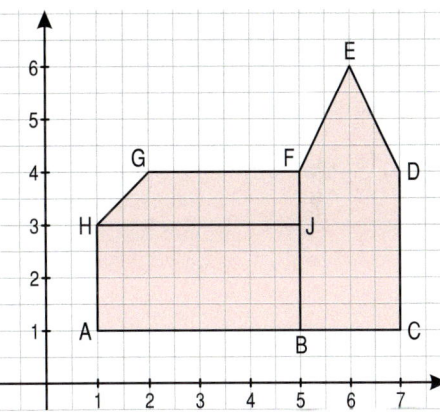

LVL 4. Partnerarbeit: Übertragt das abgebildete Gitternetz mit den Punkten A und B ins Heft.
   a) Auf einem Teil der Achsen sind Punkte, an denen keine Zahlen stehen. Ergänzt und stellt die Lösung in der Klasse vor.
   b) Wie heißt die 2. Koordinate des Punktes A?
   c) Spiegelt die Punkte A und B an der Hochachse. Welche Koordinaten haben C (Bildpunkt von B) und D (Bildpunkt von A)?
   d) Verbindet die Punkte A, B, C und D zu einem Viereck. Welche Form hat es?

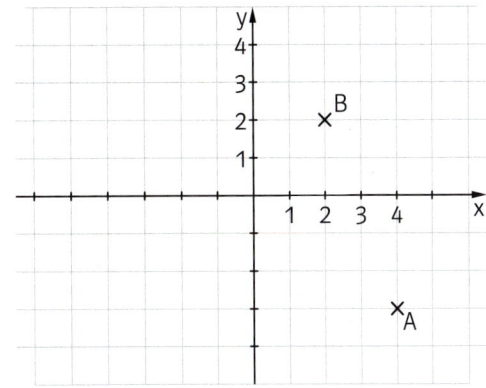

1 Zahlen, Größen und Teilbarkeit

Teiler und Vielfache

1. a) Erstelle eine Tabelle mit allen Möglichkeiten für 36 Steine.
   b) Warum kann man mit 72 Bausteinen 8 gleich hohe Türme bauen, aber nicht 14?
   LVL c) Tom behauptet: „Je mehr Steine man hat, desto mehr Möglichkeiten gibt es." Was meinst du dazu?

Steine pro Turm	Anzahl Türme
1	36
2	18
3	

---

5 ist ein **Teiler** von 30, denn 30 : 5 = 6.   30 ist ein **Vielfaches** von 5, denn 5 · 6 = 30.

2.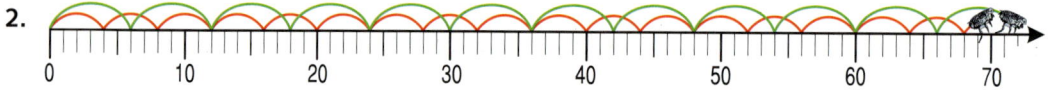

   Floh Martin macht die grüne Hüpfspur, Floh Iris die rote Hüpfspur auf dem Zahlenstrahl.
   a) Schreibe die ersten 10 Zahlen bei der Landung von Martin und Iris auf.
   b) Wer landet auf den Zahlen 60, 62, 70, 72, 80, 82, 90, 92, 100, 102?

3. Lies die Vielfachen von 8 und 12 ab und schreibe sie auf. Unterstreiche die gemeinsamen.

   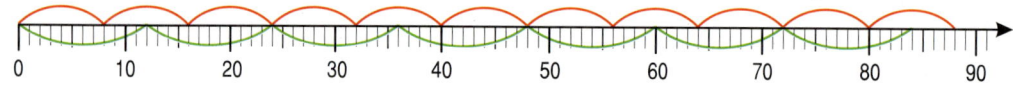

4. Notiere die Vielfachen beider Zahlen, bis du das kleinste gemeinsame Vielfache findest.
   a) 3 und 4   b) 10 und 15   c) 4 und 8   d) 15 und 20   e) 16 und 24   f) 20 und 50

LVL 5. Partnerarbeit mit der 1 × 1-Tabelle:
   a) Wo und wie oft gibt es Vielfache von 3 (von 4, von 5, …)?
   b) Wie oft steht die Zahl 36 (die 48, die 60) in der Tabelle?
   c) Welche Zahlen stehen genau 2-mal, welche genau 3-mal in der Tabelle?
   d) Welche Zahlen zwischen 1 und 100 treten gar nicht auf?
   e) Welche Zahlen mit der Quersumme 8 sind Vielfache von 5?

·	1	2	3	4	5	6	7	8	9	10
1	1	2	3	4	5	6	7	8	9	10
2	2	4	6	8	10	12	14	16	18	20
3	3	6	9	12	15	18	21	24	27	30
4	4	8	12	16	20	24	28	32	36	40
5	5	10	15	20	25	30	35	40	45	50
6	6	12	18	24	30	36	42	48	54	60
7	7	14	21	28	35	42	49	56	63	70
8	8	16	24	32	40	48	56	64	72	80
9	9	18	27	36	45	54	63	72	81	90
10	10	20	30	40	50	60	70	80	90	100

1 Zahlen, Größen und Teilbarkeit

Primzahlen

1. Wie viele Möglichkeiten haben die Kinder in den Bildern, gleich hohe Türme aus ihren Würfeln zu bauen? Zu welchen Anzahlen unter 20 gibt es genau zwei Möglichkeiten?

2. a) Übertrage die Tabelle bis 100 in dein Heft, dann führe die nachfolgenden Anweisungen aus.
   - Streiche alle Vielfachen von 2 bis auf ② selbst.
   - Streiche alle Vielfachen von 3 bis auf ③ selbst.
   - Streiche alle Vielfachen von 5 bis auf ⑤ selbst.
   - Streiche alle Vielfachen von 7 bis auf ⑦ selbst.

b) Welche Eigenschaft haben die übrig bleibenden Zahlen?

c) Welche „Sonderstellung" hat die Zahl 1?

> Eine Zahl mit genau zwei Teilern (1 und die Zahl selbst) ist eine **Primzahl**, z. B.: 2, 3, 5, 7.
> **Keine** Primzahlen sind z. B.: 1, 4, 8, 15.

3. Begründe, warum die Zahl keine Primzahl ist.   a) 81   b) 63   c) 77   d) 121   e) 7 Mio.

4. Von den 16 Zahlen im unteren Feld sind 8 Primzahlen. Finde sie heraus und ordne sie nach der Größe. Die zugehörigen Buchstaben liefern das Lösungswort.

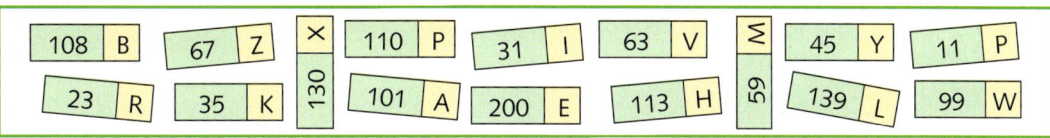

5. Schreibe die Zahl als Produkt von Primzahlen. Beispiel: 24 = 2 · 2 · 2 · 3
   a) 15   b) 12   c) 14   d) 20   e) 60   f) 100   g) 99   h) 210   i) 350   j) 144

6. Räuber Hotzenplotz ist vergesslich. Seine Schatztruhe hat ein Nummernschloss. Er hat als Merkhilfe viele Zahlen auf seine Truhe aufgeklebt, merkt sich aber nur: „Suche alle Primzahlen heraus und ordne sie der Größe nach." Kannst du den Tresor knacken? Das Nummernschloss ist 7-stellig.

7. Gib alle Primzahlen zwischen 200 und 210 an.

Größter gemeinsamer Teiler, kleinstes gemeinsames Vielfaches

LVL 1. a) Welche Fliesenformate eignen sich besonders für den im linken Bild genannten Raum? Begründe.
b) Was meinst du zu der Idee der beiden Kinder im rechten Bild? Begründe.

> Die gemeinsamen Teiler von 60 und 80 sind: 1, 2, 4, 5, 10, 20. Der *größte gemeinsame Teiler* (**ggT**) ist 20: ggT(60, 80) = 20.
>
> Die gemeinsamen Vielfachen von 2 und 3 sind: 6, 12, 18, 24, … Das *kleinste gemeinsame Vielfache* (**kgV**) ist 6: kgV(2, 3) = 6.

2. Bestimme die Teiler beider Zahlen, unterstreiche die gemeinsamen und notiere dann den größten gemeinsamen Teiler.
a) ggT(16, 20) b) ggT(6, 8) c) ggT(12, 15) d) ggT(5, 10)
ggT(10, 15) ggT(12, 20) ggT(15, 30) ggT(75, 100)
ggT(8, 10) ggT(12, 21) ggT(11, 33) ggT(18, 27)

> Teiler von 12:
> <u>1</u>, <u>2</u>, <u>3</u>, <u>4</u>, ⑥, 12
> Teiler von 18:
> <u>1</u>, <u>2</u>, <u>3</u>, <u>4</u>, ⑥, 9, 18
> ggT(12, 18) = **6**

3. Stelle die gemeinsamen Teiler in einem Bild dar, unterstreiche den ggT und schreibe ihn auf.
a) ggT(12, 24) b) ggT(26, 39) c) ggT(28, 42) d) ggT(30, 45)
e) ggT(48, 72) f) ggT(28, 63) g) ggT(40, 100) h) ggT(14, 35)

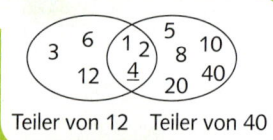
Teiler von 12   Teiler von 40

4. Schreibe die Vielfachen der größeren Zahl auf, bis du auf ein Vielfaches der kleineren Zahl stößt. Notiere dieses kgV.
a) kgV(6, 9) b) kgV(9, 15) c) kgV(5, 6) d) kgV(15, 20)
e) kgV(8, 12) f) kgV(10, 15) g) kgV(20, 30) h) kgV(12, 20)

> gesucht: kgV(4, 6)
> Vielfaches von 6: 6, <u>12</u>,
> kgV(4, 6) = 12

LVL 5. In einer Parkanlage sind zwei Treppen mit gleichen Stufenhöhen geplant, die eine mit 220 cm Höhe, die andere 160 cm hoch.
a) Wie hoch könnte die einzelne Treppenstufe theoretisch sein?
b) Welche Höhe wird man praktisch wählen?

LVL 6. Eine Firma liefert 16 cm und 18 cm hohe Treppenstufen. Welche Treppenhöhen könnte man sowohl mit der einen wie mit der anderen Sorte Stufen bauen?

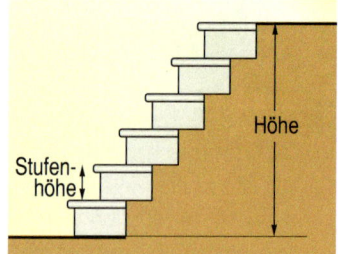

7. Prüfe nach, ob die Zahlen außer 1 noch andere gemeinsame Teiler haben.
a) 9 und 19   b) 14 und 21   c) 18 und 38   d) 17 und 51
27 und 57   13 und 33   15 und 33   26 und 91

> Zahlen mit 1 als ggT heißen **teilerfremd**.

1 Zahlen, Größen und Teilbarkeit

Teilbarkeit

Alle Aufgaben in Partnerarbeit

1. a) Welche Zahlen an der Pinnwand sind durch 2, welche durch 5 und welche durch 10 teilbar?
   b) Formuliert eine Regel, wie ihr erkennt, dass eine Zahl durch 2, 5 oder 10 teilbar ist.

2. a) Prüft durch eine schriftliche Rechnung, ob Ole die richtigen Zahlen herausgefunden hat.
   b) Erklärt, woran Ole erkennt, dass eine Zahl durch 4 teilbar ist.
   c) Nenne deinem Partner/deiner Partnerin 10 fünfstellige Zahlen, von denen die Hälfte durch 4 teilbar ist. Er/sie muss angeben, welche Zahlen das sind.

3.
```
Ist die Zahl durch 9 teilbar?
151 812   Quersumme 1 + 5 + 1 + 8 + 1 + 2 = 18    9 ist Teiler der Quersumme 18
351 716   Quersumme 3 + 5 + 1 + 7 + 1 + 6 = 23    9 ist kein Teiler der Quersumme 23
407 221   Quersumme 4 + 0 + 7 + 2 + 2 + 1 = 16    9 ist ...
812 367
675 421
334 413
```

   a) Erklärt, wie Tanja herausfindet, ob die gegebene Zahl durch 9 teilbar ist.
   b) Prüft die übrigen Zahlen auf Teilbarkeit durch 9.

4.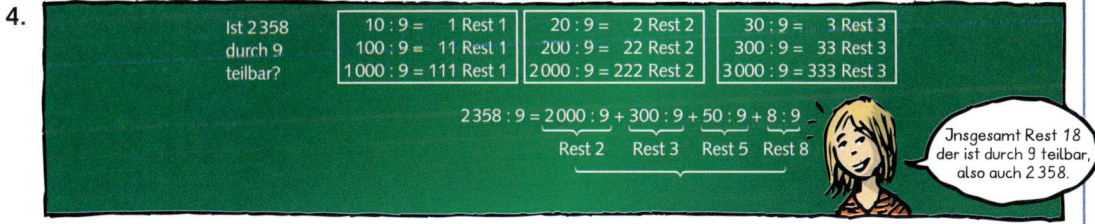

   a) Begründet, warum man an der Quersumme erkennen kann, ob eine Zahl durch 9 teilbar ist.
   b) Prüft wie in Aufgabe a), ob eine selbst gewählte Zahl durch 3 teilbar ist und präsentiert euren Mitschülern den Lösungsweg.
   c) Nenne deinem Partner/deiner Partnerin 10 fünfstellige Zahlen. Er/sie muss angeben, ob die Zahl durch 3 oder durch 9 teilbar ist.

1 Zahlen, Größen und Teilbarkeit

Teilbarkeitsregeln

Eine Zahl ist
durch **2** teilbar, wenn ihre Endziffer 0, 2, 4, 6 oder 8 ist, sonst nicht;
durch **5** teilbar, wenn ihre Endziffer 0 oder 5 ist, sonst nicht;
durch **10** teilbar, wenn ihre Endziffer 0 ist, sonst nicht;
durch **4** teilbar, wenn die Zahl aus den letzten beiden Ziffern durch 4 teilbar ist, sonst nicht;
durch **9** teilbar, wenn ihre Quersumme (Summe der Ziffern) durch 9 teilbar ist, sonst nicht;
durch **3** teilbar, wenn ihre Quersumme durch 3 teilbar ist, sonst nicht.

1. Welche Zahlen sind a) durch 2 teilbar, b) durch 4 teilbar?
   396   2584   12 963   24 756   36 678   74 217   98 278   123 456   7 890 123

2. Schreibe vier sechsstellige Zahlen auf, die teilbar sind
   a) durch 5, b) durch 10, c) durch 2, d) durch 4, e) durch 4 und 5, f) durch 4 und 10.

3. Setze Ziffern so ein, dass die Zahlen durch 4 teilbar sind. Es gibt mehrere Möglichkeiten.
   a) 31■8   b) 56■2   c) 17■4   d) 45■0   e) 535■   f) 192■4   g) 36843■
   2 43■   7 32■   295■   77■6   397■   23 65■   785■8

4. Nicht alle Zahlen sind durch 3 teilbar. Berechne die Quersumme und entscheide dann.
   a) 327   b) 673   c) 1 212   d) 5 273   e) 13 236   f) 27 336   g) 238 236
   432   396   1 523   6 816   21 547   32 183   427 412

5. Schreibe jeweils fünf Zahlen auf, die durch 9 teilbar sind und
   a) sechsstellig sind, b) zwischen 70 000 und 100 000 liegen, c) größer als 33 000 sind.

6. Schreibe jeweils eine fünfstellige Zahl mit der geforderten Eigenschaft auf.
   a) teilbar durch 9 und 10   b) teilbar durch 2 und 9   c) teilbar durch 2, 5 und 9
      teilbar durch 3 und 4   teilbar durch 5 und 9   teilbar durch 3, 4 und 5

7. a) Welche Zahlen auf der Pinnwand sind durch 3, aber nicht durch 9 teilbar?
   b) Welche Zahlen auf der Pinnwand sind durch 2, aber nicht durch 4 teilbar?

   2214   27 345   26 757   6 519   35 784   27 366   3 105   7 041

8. Setze eine Ziffer so ein, dass die Zahl durch 3, aber nicht durch 9 teilbar ist.
   a) 2■7   b) 7■4   c) 14■5   d) 5■73   e) 1■424   f) 3427■   g) 51■41

9. Der Hausmeister einer Schule verkauft in der großen Pause belegte Brötchen für 0,90 €. Er überprüft kurz seine Einnahmen und stellt fest, dass an einem Tag der Betrag nicht stimmen kann.
   Mo.: 63,90 €   Di.: 75,60 €   Mi.: 83,70 €   Do.: 77,60 €   Fr.: 84,60 €
   An welchem Tag kann die Einnahme nicht stimmen? Begründe.

10. Partnerarbeit: Begründet, ob die Aussage wahr oder falsch ist.
    a) „Alle dreistelligen Zahlen mit drei gleichen Ziffern sind durch 3 teilbar."
    b) „Es gibt Zahlen, die durch 9, aber nicht durch 3 teilbar sind."

1 Zahlen, Größen und Teilbarkeit

Vermischte Aufgaben

1. Schreibe alle Teiler der Zahl auf.   a) 12   b) 18   c) 24   d) 25   e) 32

2. Schreibe die ersten zehn Vielfachen der Zahl auf.   a) 7   b) 9   c) 11   d) 15

3. Schreibe alle gemeinsamen Teiler der Zahlen auf und unterstreiche den größten.
a) 12 und 18   b) 18 und 24   c) 24 und 32   d) 30 und 45   e) 34 und 51   f) 20 und 30

4. Schreibe die Vielfachen der größeren Zahl auf, bis du ein gemeinsames Vielfaches beider Zahlen gefunden hast.
a) 3 und 4   b) 6 und 8   c) 6 und 10   d) 3 und 9   e) 8 und 12   f) 10 und 15

5. Bestimme den ggT und das kgV der beiden Zahlen.
a) 12 und 30   b) 9 und 20   c) 8 und 50   d) 18 und 24   e) 40 und 60   f) 90 und 150

LVL 6. Sabine und Markus haben ihre Modellrennbahn aufgebaut. Das rote Rennauto fährt in 15 s eine Runde. Der blaue Sportwagen benötigt 18 s für eine Runde. Beide Flitzer starten gleichzeitig. Nach wie vielen Sekunden wird der blaue Sportwagen zum ersten Mal überrundet?

7. Anke und Tamara trainieren für das Sportabzeichen Dauerlauf. Anke schafft eine Runde in 4 Minuten, Tamara in 5 Minuten. Nach welcher Zeit sind sie wieder gemeinsam am Start?

LVL 8. Die Babylonische Kultur (ca. 3000 bis 2000 v. Chr.) ist Grundlage für unsere Zeit-Rechnung und Unterteilung von Jahr (Vollkreis) und Tag. Untersuche die Anzahl der Teiler von 60 und 360. Siehst du einen Grund für die Unterteilung der Stunde in 60 Minuten und des Vollkreises in 360 Grad?

> 1 Vollkreis hat 360 Grad.
> 1 Jahr hat ca. 360 Tage.
> 1 Stunde hat 60 Minuten
> 1 Minute hat 60 Sekunden

9. Du willst bei der Bank Geld abheben und möchtest nur Geldscheine oder Münzen von einer Sorte. Schreibe auf, wie 120 € (280 €, 550 €) ausgezahlt werden können.

10. Schreibe jeweils drei sechsstellige Zahlen auf, die teilbar sind
a) durch 2,   b) durch 10,   c) durch 5,   d) durch 3,   **e)** durch 2 und durch 3.

11. Untersuche mit der Quersummenregel, ob die Zahl durch 3 teilbar ist.
a) 2 457   b) 3 762   c) 3 705   d) 1 897   e) 33 300   f) 27 936   g) 55 144

12. Nenne die größte fünfstellige Zahl, die gleichzeitig durch 2, 3 und 5 teilbar ist.

LVL 13. a) Einige Zahlen sind durch 6 teilbar. Finde sie heraus und untersuche die Quersumme und die Endstelle.
b) Formuliere eine Regel für die Teilbarkeit durch 6. Vergleiche mit den Lösungen anderer.
c) Nenne eine durch 6 teilbare siebenstellige Zahl.

27 426   73 233   99 303
642 182   31 821   174 321
6 399   37 854   21 540

1 Zahlen, Größen und Teilbarkeit

Die Seriennummern auf den Euro-Scheinen

L Finnland	R Luxemburg	V Spanien
M Portugal	S Italien	X Deutschland
N Österreich	T Irland	Y Griechenland
P Niederlande	U Frankreich	Z Belgien

1. Aus welchen Ländern stammen die abgebildeten Euroscheine?

X0632510424**2**

Buchstabe: Herkunftsland

zehn Ziffern

Prüfziffer, berechnet aus Buchstabe und Ziffern davor

2. Welche Zahlen gehören zu den Buchstaben der Länder?

Buchstaben ersetzen durch eine Zahl: A = 11, B = 12, C = 13, …

Die Prüfziffer wird nach dem „*Modulus-9-Verfahren*" so berechnet:
M4004787948☐ — *gesucht*
– M durch 23 ersetzen:
234004787948☐
– Diese Zahl (*oder* ihre Quersumme) durch 9 dividieren, ergibt den *Rest* 2
– Rest von 9 subtrahieren: 9 – 2 = 7
M40047879487 — *gefunden*

3. a) Warum ist es egal, ob man die Zahl *oder* die Quersumme nimmt?
b) Womit ist die Rechnung einfacher?

4. Kontrolliere die Prüfziffern auf den oben abgebildeten Euroscheinen.

5. Woran erkennt man hier ohne zu rechnen, dass das *keine* Euro-Seriennummer sein kann?
X04508204720

6. Wozu braucht man Seriennummern auf Geldscheinen? Überlege, sprich mit anderen, frage in einer Bank oder Sparkasse.

7. Ändert sich die Prüfziffer, wenn man in der Seriennummer
a) eine einzige Ziffer ändert,
b) zwei Ziffern vertauscht,
c) zwei Ziffern ändert,
d) den Buchstaben ändert?

1 Zahlen, Größen und Teilbarkeit

Sachrechnen mit dem Zweisatz

LVL 1. Beantworte die Fragen zum Bild.

> Bei gleichem Preis für eine bestimmte Menge gilt:
> Für die doppelte (dreifache …) Menge bezahlt man den doppelten (dreifachen …) Preis.
> Für die halbe (ein Drittel …) Menge bezahlt man den halben (ein Drittel …) Preis.

> · 2 ↓ 3 Kiwis kosten 0,60 €. ↓ · 2
> 6 Kiwis kosten 1,20 €.
>
> : 4 ↓ 8 kg Zucker kosten 10,00 €. ↓ : 4
> 2 kg Zucker kosten 2,50 €.

2. Schreibe ab und ergänze den fehlenden Preis.
   a) 4 Apfelsinen kosten 1,80 €.
      8 Apfelsinen kosten ▒ €.
   b) 3 kg Kartoffeln kosten 2,50 €.
      15 kg Kartoffeln kosten ▒ €.
   c) 12 kg Mehl kosten 9,00 €.
      4 kg Mehl kosten ▒ €.

3. Schreibe ab und ergänze die fehlende Menge.
   a) 3 Brötchen kosten 1,20 €.
      ▒ Brötchen kosten 2,40 €.
   b) 4 kg Brot kosten 6,40 €.
      ▒ Brot kosten 3,20 €.
   c) 500 g Tomaten kosten 1,50 €.
      ▒ g Tomaten kosten 3,00 €.

4. Übertrage die Kurztabelle ins Heft und ergänze den fehlenden Wert.

a) | 3 kg | 36 € |
   |------|------|
   | 15 kg | ▒ |

b) | 200 g | 1,50 € |
   |-------|--------|
   | 800 g | ▒ |

c) | 48 l | 72 € |
   |------|------|
   | ▒ l | 9 € |

d) | 36 Stück | 18 € |
   |----------|------|
   | ▒ Stück | 54 € |

e) | 51 l | 60 € |
   |------|------|
   | 255 l | ▒ |

f) | 300 l | 250 € |
   |-------|-------|
   | ▒ | 50 € |

g) | 4,5 kg | 90 € |
   |--------|------|
   | ▒ | 30 € |

h) | 5 kg | 21 € |
   |------|------|
   | 10 kg | ▒ |

5. Auf dem Wochenmarkt kostet ein Korb mit 5 kg Äpfeln 14 €. Wie viel Kilogramm sind in 4 derartigen Körben und was kosten sie insgesamt?

6. Entscheide, welches Angebot günstiger ist. Begründe deine Entscheidung.

a)

b)

7. Joana braucht zum Schuljahresbeginn 12 neue Schulhefte. Im Supermarkt werden Hefte im Dreierpack für 1,10 € angeboten. Wie viele Dreierpacks kauft sie und wie viel € zahlt sie dafür?

1 Zahlen, Größen und Teilbarkeit

Proportionale Zuordnungen

LVL 1. Wie hoch ist der Rechnungsbetrag für die 6 Personen im rechten Bild? Erkläre deinen Rechenweg.

Eine Zuordnung heißt **proportional**, wenn zum Doppelten, Dreifachen ... einer Ausgangsgröße das Doppelte, Dreifache ... der zugeordneten Größe gehört.

Portionen	Preis (€)
3	6
6	12

·2 ↷ ↶ ·2

Portionen	Preis (€)
10	60
2	12

:5 ↷ ↶ :5

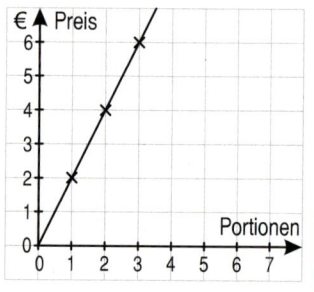

Die Punkte für eine proportionale Zuordnung liegen auf einem Strahl, der vom Nullpunkt ausgeht.

---

2. Berechne die fehlenden Größen der proportionalen Zuordnung.

a)
Kerzen	Preis (€)
6	3
12	■
18	■
30	■

b)
Paar Socken	Preis (€)
4	12
8	■
20	■
40	■

c)
Farbe (ml)	Fläche (m²)
500	6
1 000	■
2 000	■
200	■

d)
Flaschen Limo	Preis (€)
3	2,10
12	■
60	■
2	■

3. a) Lies aus dem abgebildeten Graphen die zugehörigen Preise ab für: 4 kg; 2 kg; 1,5 kg; 4,2 kg.
b) Wie viel kg bekommt man für 2,50 € (3,00 €)?
c) Wie teuer ist 1 kg?
d) Wie viel kg bekommt man für 1 €?

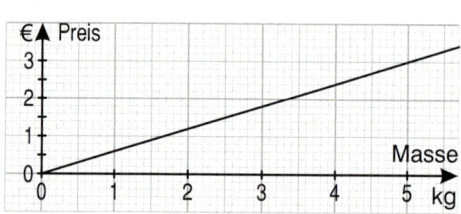

LVL 4. Stellt der Graph eine proportionale Zuordnung dar? Begründe und schreibe eine passende Sachsituation auf.

a) 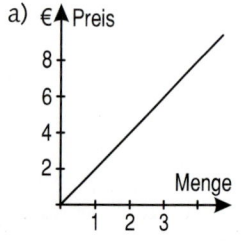   b) 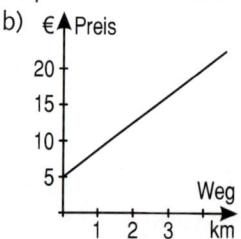   c) 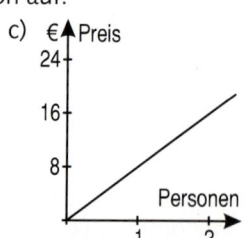   d)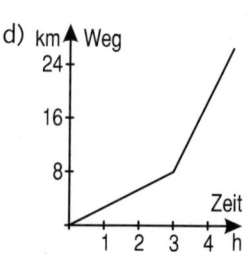

1 Zahlen, Größen und Teilbarkeit

Grafische Lösungen bei proportionalen Zuordnungen

LVL 1. Welche Tachostände in km/h entsprechen den Angaben 10 mph, 20 mph, 30 mph und 40 mph?

> Aufgaben zu proportionalen Zuordnungen löst man grafisch so:
> ① Man legt für die Ausgangsgröße auf der Rechtsachse und für die zugeordnete Größe auf der Hochachse jeweils einen geeigneten Maßstab fest.
> ② Man trägt ein gegebenes Größenpaar ein, indem man den zugehörigen Punkt markiert.
> ③ Man zeichnet die Halbgerade vom Nullpunkt aus durch den markierten Punkt.
> ④ Man liest zu gegebenen Größen die jeweils zugehörigen Größen ab.

2. Für 66 € bekommt man 100 sfr (Schweizer Franken). Zeichne den Graphen der Zuordnung € → sfr, sodass man bis 250 € den Gegenwert in sfr ablesen kann.
  a) Wie viel sfr bekommt man ungefähr für folgende €-Beträge: 50 €, 70 €, 240 €, 80 €, 215 €?
  b) Wie viel € bekommt man ungefähr für folgende sfr-Beträge: 60 sfr, 130 sfr, 40 sfr, 265 sfr?

3. Für 40 l Diesel zahlt man 44 €. Zeichne den Graphen der Zuordnung l → € und löse die folgenden Aufgaben durch Ablesen.
  a) Wie teuer sind ungefähr 20 l Diesel (12 l, 19 l, 24 l, 35 l, 44 l, 50 l)?
  b) Wie viel l Diesel bekommt man ungefähr für 10 € (18 €, 26 €, 45 €, 54 €)?

4. Abgebildet ist die Zuordnung Menge → Preis für Kartoffeln. Lies aus der Tabelle vier Größenpaare ab und schreibe die Aussagen auf.

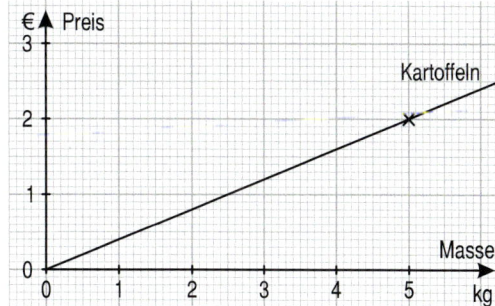

5. 4 kg Mehl kosten 2,40 €, 3 kg Reis 2,50 € und 3,5 kg Zucker 3 €. Zeichne die Preisgraphen auf Millimeterpapier und lies ab:
  ① Wie teuer sind 3 kg Mehl?
  ② Wie viel kg Zucker erhält man für 2 €?
  ③ Wie teuer sind $2\frac{1}{2}$ kg Reis?

LVL 6. Überlege dir selbst den Graphen einer Menge-Preis-Zuordnung, zeichne ihn und stelle deiner Nachbarin/deinem Nachbarn Ableseaufgaben.

7. Löse grafisch und kontrolliere mit einer Rechnung: 6 gleiche Kugeln wiegen 730 g. Wie viel wiegen 11 dieser Kugeln?

1 Zahlen, Größen und Teilbarkeit

Dreisatz bei proportionalen Zuordnungen

LVL 1. Partnerarbeit: Berechnet die Eintrittspreise.

Bei einer proportionalen Zuordnung schließt man mit dem **Dreisatz** von dem gegebenen Vielfachen einer Größe zunächst auf die Einheit und anschließend auf ein anderes Vielfaches der Größe.

8 Brötchen kosten 2,40 €. Wie teuer sind 5 Brötchen?

Die Zuordnung Anzahl → Preis ist proportional, denn: doppelte Anzahl → doppelter Preis …

Anzahl	Preis (€)
8	2,40
1	0,30
5	1,50

:8 ↓   ↓ :8
·5 ↓   ↓ ·5

Antwort: 5 Brötchen kosten 1,50 €.

---

2. Bestimme die fehlenden Größen der proportionalen Zuordnung in der Tabelle. Rechne im Kopf.

a)
Anzahl	g
7	21
1	▪
9	▪

b)
Anzahl	€
14	84
1	▪
15	▪

c)
Personen	€
6	42
1	▪
10	▪

d)
Pakete	Stücke
9	288
1	▪
5	▪

3. Der Preis für eine bestimmte Menge (1 l, 1 kg, 1 Kasten …) ist immer gleich. Schreibe zu jeder Zuordnung eine Kurztabelle ins Heft und berechne die fehlende Größe.

a) 5 l Farbe 14 €; 18 l Farbe — €

b)

c)

LVL 4. Setzt euch in Gruppen zusammen, nehmt Stellung zu den Lösungen und präsentiert sie der Klasse.
 a) Im Jagsttal leben Störche in den Sommermonaten. Eine Familie mit 4 Störchen braucht für den Flug in das 5 000 km entfernte Winterquartier 20 Tage. Wie lange brauchen 24 Störche dafür? Lösung von Rafi: „24 Störche brauchen ca. 4 Monate." Lösung von Bea: „Weniger als 2 Monate."
 b) Tamara hilft einer älteren Dame aus dem Nachbarort 3 Stunden im Garten und erhält dafür 12 €. In der nächsten Woche hilft sie dort an 3 Tagen jeweils 2 Stunden im Garten. Wie viel Euro sollte sie dafür bekommen? Lösung von Sabine: „24 € sollte sie bekommen." Sandro: „28 € sollte ihr die ältere Dame geben."
 c) Ein Pkw hat auf trockener Straße bei 20 km/h einen Bremsweg von 2,50 m. Wie lang ist der Bremsweg bei 200 km/h? Lösung von Kim: „Er ist 25 m lang." Axel: „Er ist über 100 m lang."

1 Zahlen, Größen und Teilbarkeit

1. Überschlage mit vollen Euro-Beträgen.
   a) 33,78 € + 19,31 € + 27,67 € + 4,96 €
   b) 18,61 € + 14,32 € − 7,98 € − 4,15 €

2. Trage in eine Stellenwerttafel ein.
   a) 25 Milliarden 17 Millionen
   b) 2 Billionen 6 Milliarden 51 Millionen

3. Schreibe die Zahlen in Einheiten und Worten.
   a) 13 268 700 000   b) 5 340 600 000 000

4. Runde die Zahlen auf volle Millionen und stelle sie am Zahlenstrahl dar.
   a = 3 146 417   b = 9 868 000   c = 2 098 068
   d = 5 794 300   e = 874 000   f = 7 109 814

5. Welche Zahlen sind dargestellt?

6. Notiere alle Teiler der Zahl. a) 15   b) 28   c) 42

7. Gib alle Vielfachen von 8 (12, 20) bis 120 an.

8. a) ggT(15, 18) b) ggT(16, 24) c) ggT(45, 60)
   d) kgV(8, 10)   e) kgV(15, 25) f) kgV(9, 12)

9. Übertrage ins Heft und kreuze an.

Zahl / teilbar durch	6930	13 412	15 795
2			
3			
4			
5			
9			
10			

10. Gib alle Primzahlen zwischen 100 und 120 an.

11. Berechne die fehlenden Größen der proportionalen Zuordnung.

a)
Menge (kg)	Preis (€)
8	5
24	
120	
56	

b)
Strecke (km)	Zeit (h)
32	2
	1
	3
	8

Eine **Überschlagsrechnung** erfolgt mit gerundeten Zahlen.

1 Milliarde = 1 000 Millionen
1 Billion   = 1 000 Milliarden

Billion	Milliarde	Million	Tausend	
Z E	H Z E	H Z E	H Z E	
5	0 3 2	0 0 5	0 0 0	0 0 0

5 032 005 000 000 = 5 Bio. 32 Mrd. 5 Mio.

Um große Zahlen am Zahlenstrahl darzustellen, muss man die Einheit geeignet wählen; z. B. *1 cm für 100 Mio.*

21 ist ein **Vielfaches** von 3 und von 7.
3 und 7 sind **Teiler** von 21.

Größter gemeinsamer Teiler und kleinstes gemeinsames Vielfaches:
ggT(8, 12) = 4   kgV(8, 12) = 24

Eine Zahl ist nur dann teilbar durch
 2, wenn ihre Endziffer gerade ist,
 5, wenn ihre Endziffer 0 oder 5 ist,
10, wenn ihre Endziffer 0 ist,
 4, wenn die Zahl aus den letzten beiden Ziffern durch 4 teilbar ist.

Eine Zahl ist durch 3 (durch 9) teilbar, wenn ihre Quersumme durch 3 (durch 9) teilbar ist, sonst nicht.

Eine Zahl mit genau zwei Teilern ist eine **Primzahl**. Primzahlen: 2, 3, 5, 7, 11, …

Eine Zuordnung heißt **proportional**, wenn zum Vielfachen einer Ausgangsgröße das entsprechende Vielfache der zugeordneten Größe gehört.

Anzahl	Preis (€)
2	5
6	15
12	30

·3 ↓, ·2 ↓ (links); ·3 ↓, ·2 ↓ (rechts)

Der Graph einer proportionalen Zuordnung ist ein Strahl vom Nullpunkt aus.

TESTEN · ÜBEN · VERGLEICHEN

TÜV

1 Zahlen, Größen und Teilbarkeit

DIAGNOSETEST

Grundaufgaben

1. a) Runde auf einen vollen Eurobetrag: 348,73 €.   b) Runde auf volle 100 m: 4949,6 m

2. a) Schreibe mit Worten: 15 623 400
   b) Schreibe mit Ziffern: 520 Mrd. 75 Mio. vierhundertzwanzigtausendachthundert

3. Prüfe, ob die Zahl 351 990 durch 2, durch 3, durch 4, durch 5, durch 9 bzw. durch 10 teilbar ist.

4. Schreibe die Koordinaten der Punkte A bis F auf.

5. 3 kg Erdbeeren kosten 7,50 €. Welchen Preis muss man für 12 kg Erdbeeren bezahlen?

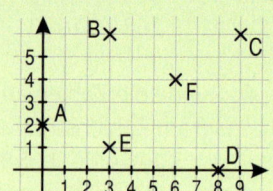

Erweiterungsaufgaben

1. Schreibe die Zahlen in Worten auf: a) 15 430 600 000   b) 5 473 608 000 000

2. Herr und Frau Neumann waren essen. Ermittle mit einem Überschlag was sie zahlen müssen:
   43,75 € oder 50,85 € oder 54,15 € oder 61,35 €.

Rinderbraten	14,90 €
Suppe	3,10 €
Salatteller	4,75 €
Filetsteak	18,80 €
2 Mineralwasser	5,20 €
1 große Cola	4,10 €
Summe:	

3. Ordne den Buchstaben die jeweils richtige Zahl zu.

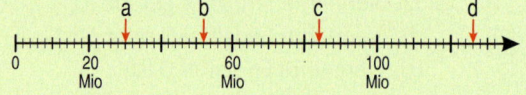

4. Zahlenrätsel! Suche die beiden Zahlen, für die gilt:
   a) Die Zahlen liegen zwischen 77 und 111 und sind durch 3 und durch 5 teilbar.
   b) Die Zahlen liegen zwischen 147 und 189 und sind durch 3, 5 und 10 teilbar.

5. Bestimme: a) ggT(40, 24)   b) ggT(72, 48)   c) kgV(8, 15)   d) kgV(20, 25)

6. Trage die Punkte A(2|1), B(9|1), C(10|7), D(3|7) in ein Gitternetz ein und verbinde sie. Was für ein Viereck entsteht?

7. Trage die Punkte A(6|0) und B(12|6) in ein Gitternetz ein und prüfe, ob sie sich mit zwei weiteren Punkten C(▮|▮) und D(▮|▮) zu einem Quadrat ergänzen lassen.

8. Bestimme die fehlende Größe der proportionalen Zuordnung.

a) 1. Größe	2. Größe	b) 1. Größe	2. Größe	c) 1. Größe	2. Größe	d) 1. Größe	2. Größe
9	16	12	45	13	2,5	420	1372
45			15	78			343

9. 9 l Diesel kosten 10 €. Stelle die Zuordnung Menge → Preis grafisch dar, lies ab und runde.
   a) Wie teuer sind 33 l Diesel?   b) Wie viel Liter Diesel bekommt man für 29 €?

Brüche und Dezimalbrüche (1) 2

Fruchtbowle für Supersportler

$\frac{1}{4}$ l Ananassaft
$\frac{1}{4}$ l Orangensaft
$\frac{1}{4}$ l Zitronensaft

} Zusammenschütten, mit Zucker abschmecken. Falls gewünscht, Kiwischeiben dazugeben.

Alles kühlen und vor dem Servieren mit $\frac{3}{4}$ l Ginger Ale auffüllen. Nicht mehr rühren.

Gesucht: Kommazahlen im Alltag!

In 100 ml Vollmilch sind im Durchschnitt enthalten:

Fett _____ 3,5 g
Eiweiß _____ 3,4 g
Kohlenhydrate _____ 4,8 g
Calcium _____ 120 mg
Phosphor _____

Handcreme 2,79 €
Zahncreme 3,89 €
Duschgel 2,89 €

Total 9,57 €
Bar: 20,00 €
Rückgeld: 10,43 €

2 Brüche und Dezimalbrüche (1)

Stammbrüche

LVL 1. Besprecht, welche Pizza gerecht geteilt wurde. Welchen Anteil bekommt jeder davon?

Brüche wie $\frac{1}{2}$ (ein halb), $\frac{1}{3}$ (ein Drittel), $\frac{1}{4}$ (ein Viertel), … heißen **Stammbrüche**.

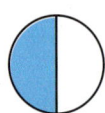 $\frac{1}{2}$ vom Ganzen ist die Hälfte.

 $\frac{1}{3}$ vom Ganzen ist der dritte Teil.

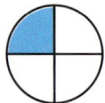 $\frac{1}{4}$ vom Ganzen ist der vierte Teil.

$\frac{1}{6}$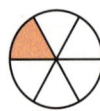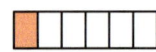

---

2. Zeichne für jede Teilaufgabe zwei Quadrate mit 3 cm Seitenlänge auf Karopapier und markiere in ihnen auf zwei verschiedene Arten
   a) den Bruchteil $\frac{1}{2}$,   b) den Bruchteil $\frac{1}{4}$,   c) den Bruchteil $\frac{1}{3}$.

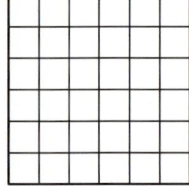

3. Welcher Bruchteil ist gefärbt?

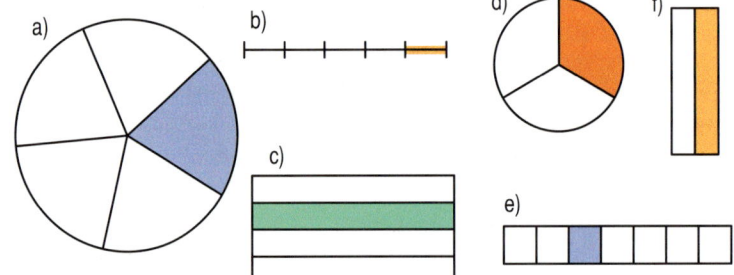
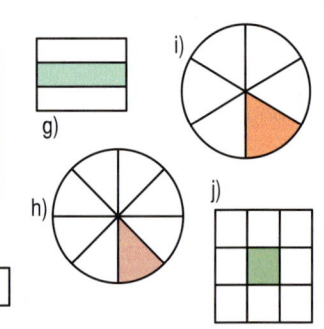

4. Zeichne eine Strecke mit der angegebenen Länge. Markiere den Bruchteil der Strecke farbig.
   a) $\frac{1}{2}$ von 10 cm   b) $\frac{1}{5}$ von 10 cm   c) $\frac{1}{3}$ von 12 cm   d) $\frac{1}{4}$ von 8 cm   e) $\frac{1}{6}$ von 12 cm

LVL 5. Falte ein rechteckiges Blatt Papier so, dass du darauf die Stammbrüche $\frac{1}{3}$, $\frac{1}{4}$, $\frac{1}{6}$ und $\frac{1}{8}$ erkennen und verschieden färben kannst. Wie viele Felder bleiben ungefärbt? Gib den Bruchteil dafür an.

2 Brüche und Dezimalbrüche (1)   31

Rechnen mit Stammbrüchen

Wie viel ist ein Viertel von 20 €?

Die Umrechnung von Größen kannst du im Anhang nachschlagen.

Wie viel ist ein Sechstel von einer Stunde?

LVL 1. Partnerarbeit: Löst die Aufgaben im Bild.

2. Berechne.
   a) ein halb von 20 €
   b) ein Achtel von 72 €
   c) ein Fünftel von 40 €
   d) ein Viertel von 40 €
   e) ein Sechstel von 42 €
   f) ein Achtel von 40 €

3. Bruchteile von einer Stunde: Wie viele Minuten sind es?
   a) $\frac{1}{2}$ h b) $\frac{1}{4}$ h c) $\frac{1}{3}$ h d) $\frac{1}{5}$ h e) $\frac{1}{10}$ h f) $\frac{1}{12}$ h g) $\frac{1}{15}$ h

4. In einem Streichelzoo gibt es 150 Tiere. Davon sind $\frac{1}{3}$ Meerschweinchen, $\frac{1}{5}$ Ziegen und $\frac{1}{6}$ Esel.
   a) Wie viele Esel, Ziegen und Meerschweinchen sind im Streichelzoo vertreten?
   b) Es gibt außerdem 15 Schafe. Welcher Bruchteil ist das?
   c) Die restlichen Tiere sind Hasen. Wie viele Hasen hat der Streichelzoo? Welcher Bruchteil ist das?

5. a) $\frac{1}{5}$ von 100 kg b) $\frac{1}{2}$ von 1 000 km c) $\frac{1}{9}$ von 810 kg d) $\frac{1}{3}$ von 900 l
   e) $\frac{1}{7}$ von 140 kg f) $\frac{1}{5}$ von 500 km g) $\frac{1}{4}$ von 360 kg h) $\frac{1}{8}$ von 640 l

6. Wie viel Gramm sind es? Rechne erst in die kleinere Einheit um. 1 kg = 1 000 g.
   a) $\frac{1}{2}$ von 3 kg b) $\frac{1}{5}$ von 4 kg c) $\frac{1}{4}$ von 2 kg d) $\frac{1}{8}$ von 1 kg e) $\frac{1}{6}$ von 3 kg

7. a) $\frac{1}{2}$ von 5 m b) $\frac{1}{10}$ von 2 m c) $\frac{1}{4}$ von 3 m d) $\frac{1}{5}$ von 6 m e) $\frac{1}{6}$ von 9 m
   f) $\frac{1}{4}$ von 1 km g) $\frac{1}{2}$ von 3 km h) $\frac{1}{8}$ von 2 km i) $\frac{1}{5}$ von 7 km j) $\frac{1}{12}$ von 6 km

LVL 8. In der Zeichnung siehst du Tante Lilos Pflanzen. $\frac{1}{3}$ ihrer Pflanzen sind Grünlilien, $\frac{1}{4}$ sind Veilchen, $\frac{1}{6}$ sind Pfennigbäumchen und der Rest sind Farne. Stelle Fragen und beantworte sie.

2 Brüche und Dezimalbrüche (1)

Bruchteile vom Ganzen

LVL 1. Welchen Bruchteil des Kuchens isst das Mädchen; welcher Bruchteil ist im letzten Bild übrig?

Man erhält den **Bruchteil eines Ganzen** so:
① Das Ganze wird in so viele gleiche Teile zerlegt, wie der Nenner angibt.
② Man nimmt so viele Teile, wie der Zähler angibt.

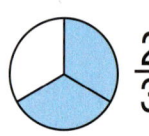 $\dfrac{2}{3}$ Zähler — Zählt die Bruchteile!
Nenner — Nennt die Bruchteile!

$\dfrac{3}{8}$ eines Kreises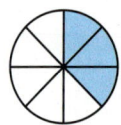

Zerlegen in 8 gleiche Teile, 3 Teile nehmen.

$\dfrac{5}{12}$ eines Rechtecks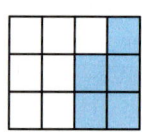

Zerlegen in 12 gleiche Teile, 5 Teile nehmen.

---

2. Welcher Bruchteil ist eingefärbt, welcher nicht?
   a) 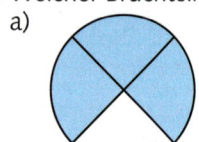 b) 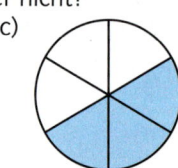 c) 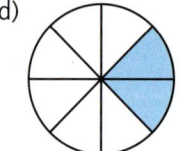 d) 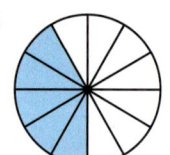 e)

3. Welcher Bruchteil der Pizza ist gegessen, welcher ist noch übrig?
   a) 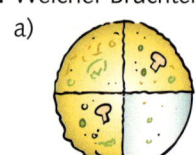 b) 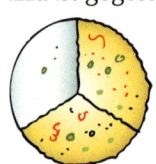 c)  d) 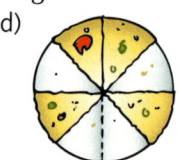 e)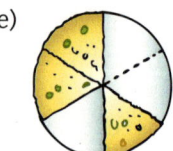

4. a)  b)  c) 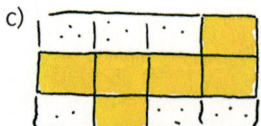 d)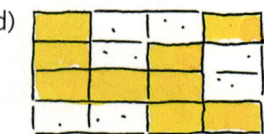

14
78
79

2 Brüche und Dezimalbrüche (1)   33

5. Gib den gefärbten Bruchteil an.

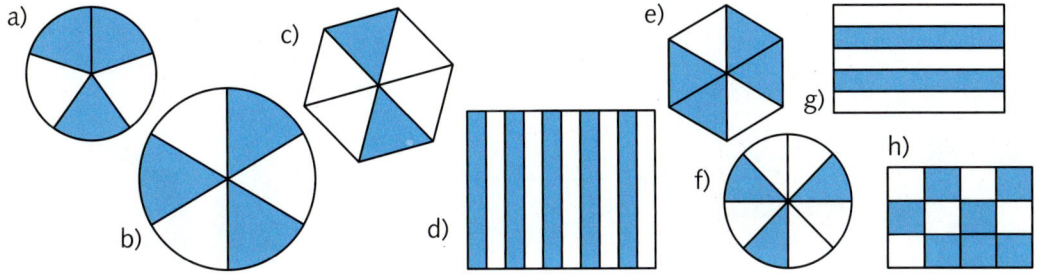

6. Zeichne die angegebene Strecke und markiere den Bruchteil darauf farbig.

a) $\frac{5}{6}$ von 6 cm b) $\frac{2}{5}$ von 10 cm c) $\frac{3}{4}$ von 8 cm d) $\frac{3}{7}$ von 14 cm

e) $\frac{3}{5}$ von 5 cm f) $\frac{2}{3}$ von 9 cm g) $\frac{5}{6}$ von 12 cm h) $\frac{3}{8}$ von 16 cm

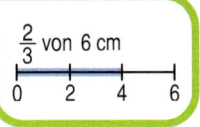

7. Zeichne die Strecke und markiere die angegebenen Bruchteile.

a) Streckenlänge: 6 cm   b) Streckenlänge: 9 cm   c) Streckenlänge: 12 cm

$\frac{2}{3}$ $\frac{1}{2}$ $\frac{3}{4}$ $\frac{5}{6}$ $\frac{1}{2}$ $\frac{6}{9}$ $\frac{2}{3}$ $\frac{5}{9}$ $\frac{2}{3}$ $\frac{4}{6}$ $\frac{5}{8}$ $\frac{8}{12}$

8. Zeichne ein Rechteck, 6 Karos lang, 4 Karos breit. Färbe den Bruchteil.

a) $\frac{1}{2}$ b) $\frac{1}{4}$ c) $\frac{3}{4}$ d) $\frac{1}{6}$ e) $\frac{5}{6}$ f) $\frac{3}{8}$ g) $\frac{8}{12}$ h) $\frac{15}{24}$

9. Die Schokolade hatte 18 Stücke. Welcher Bruchteil ist gegessen?

a)    b)    c) 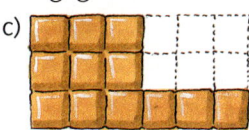   d)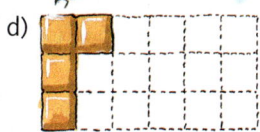

10. Zeichne ein Quadrat, jede Seite 10 Karos lang. Färbe die Bruchteile in den angegebenen Farben. Welcher Bruchteil bleibt ungefärbt?

LVL 11. Tanja hat das in der 5. Klasse selbstgebastelte Nagelbrett mitgebracht. Sie erklärt, dass das rote Gummiband das „Ganze" bedeutet und das blaue Gummiband den Bruchteil des Ganzen umschließt. Maike behauptet, dass ein Halb dargestellt ist. Kerim entscheidet sich für ein Drittel und Lena für ein Viertel.
Überprüft die Aussagen der drei Schülerinnen und Schüler und entscheidet, wer recht hat.

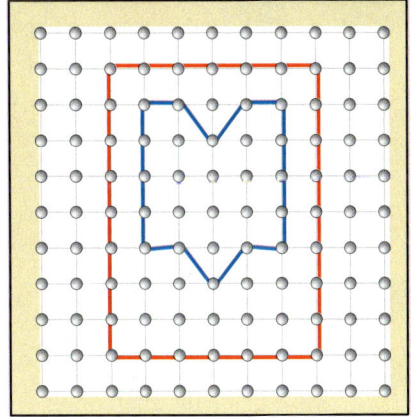

LVL 12. Auf dem Nagelbrett (oder auf Karopapier) sollen $\frac{3}{8}$ veranschaulicht werden. Überlege mit anderen, aus wie vielen Kästchen das „Ganze" am besten bestehen sollte. Findet mindestens vier verschiedene Möglichkeiten.

13. Lege das „Ganze" auf dem Nagelbrett so fest, dass die Brüche dargestellt werden können.

a) vier Fünftel   b) drei Viertel   c) zwei Drittel   d) sieben Zehntel   e) vier Neuntel

LVL 14. Partnerarbeit: Stellt Bruchteile am Nagelbrett dar und bestimmt sie dann abwechselnd.

2 Brüche und Dezimalbrüche (1)

Berechnen von Bruchteilen

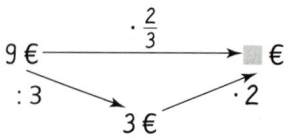

Wie viel Euro sind $\frac{2}{3}$ von 9 €?

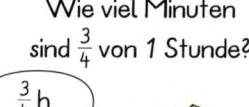

Wie viel Minuten sind $\frac{3}{4}$ von 1 Stunde?

9 € : 3 = 3 €
3 € · 2 = ■ €

LVL 1. Partnerarbeit: Löst gemeinsam die Aufgaben. Schreibt einen Rechenweg wie im Beispiel einmal mit Pfeilen (Operatoren) und einmal mit Gleichheitszeichen auf.

2. Berechne. Notiere den Lösungsweg mit Pfeilen.
 a) $\frac{3}{4}$ von 36 €   b) $\frac{5}{6}$ von 42 €   c) $\frac{7}{12}$ von 84 €   d) $\frac{7}{9}$ von 99 €   e) $\frac{3}{8}$ von 64 €
 f) $\frac{2}{3}$ von 24 €   g) $\frac{3}{5}$ von 30 €   h) $\frac{3}{10}$ von 80 €   i) $\frac{5}{8}$ von 96 €   j) $\frac{7}{11}$ von 121 €

3. Wie viele Minuten sind es? Berechne den Bruchteil einer Stunde.
 a) $\frac{2}{3}$ h   b) $\frac{2}{5}$ h   c) $\frac{5}{6}$ h   d) $\frac{7}{10}$ h   e) $\frac{5}{12}$ h   f) $\frac{8}{15}$ h   g) $\frac{7}{30}$ h

4. a) $\frac{2}{5}$ von 650 kg   b) $\frac{7}{9}$ von 441 l   c) $\frac{2}{7}$ von 84 m   d) $\frac{5}{6}$ von 330 t
 e) $\frac{7}{10}$ von 900 kg   f) $\frac{2}{3}$ von 744 l   g) $\frac{5}{9}$ von 81 m   h) $\frac{11}{12}$ von 264 t

TIPP: Die Umrechnung von Größen kannst du im Anhang nachschlagen.

LVL 5. In Uschis Klasse sind 27 Kinder.
 a) Zwei Drittel von ihnen haben ein Haustier.
 b) Zwei Neuntel haben einen Hund.
 c) Niemand hat zwei Haustiere. Wie viele Kinder haben ein Haustier, aber keinen Hund? Welcher Bruchteil der Klasse ist das?

6. Gib den Bruchteil in der kleineren Einheit an.
 a) $\frac{3}{4}$ kg = ■ g   b) $\frac{2}{5}$ kg = ■ g   c) $\frac{5}{8}$ kg = ■ g   d) $\frac{3}{5}$ t = ■ kg   e) $\frac{3}{8}$ t = ■ kg   f) $\frac{7}{10}$ t = ■ kg

7. a) $\frac{3}{5}$ von 2 kg   b) $\frac{3}{4}$ von 5 kg   c) $\frac{7}{8}$ von 2 t   d) $\frac{3}{10}$ von 5 t   e) $\frac{4}{5}$ von 3 t   f) $\frac{2}{8}$ von 4 t

8. a) $\frac{3}{4}$ m = ■ cm   b) $\frac{4}{5}$ m = ■ cm   c) $\frac{7}{10}$ m = ■ cm   d) $\frac{3}{8}$ km = ■ m   e) $\frac{2}{5}$ km = ■ m   f) $\frac{3}{4}$ km = ■ m

9. a) $\frac{3}{4}$ von 2 m   b) $\frac{2}{5}$ von 3 m   c) $\frac{7}{10}$ von 4 km   d) $\frac{5}{8}$ von 2 km   e) $\frac{4}{5}$ von 6 m   f) $\frac{2}{3}$ von 9 km

10. a) Nach dem Fest sind noch $\frac{2}{5}$ der Limonade und $\frac{3}{8}$ der Würstchen übrig. Wie viele Flaschen und Würstchen sind das?
 b) Außerdem sind 6 Flaschen Cola übrig. Welcher Bruchteil des Cola-Vorrats ist das?
 c) Chips gingen auch nicht so gut weg. Vier Tüten blieben übrig. Welcher Bruchteil ist das?

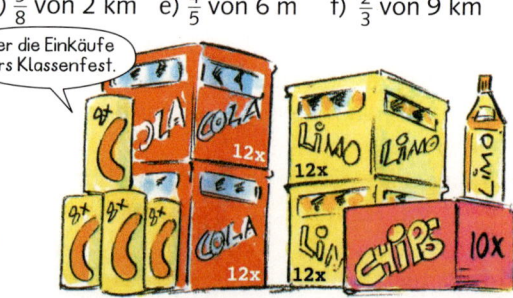

2 Brüche und Dezimalbrüche (1)

Bruchteile beim Dividieren

LVL 1. Gruppenarbeit: Schneidet drei gleich große Kreise als Pizzas aus. Wie würdet ihr teilen, welchen Anteil bekommt jeder? Stellt euer Ergebnis der Klasse vor.

> Beim Dividieren kann das Ergebnis ein Bruch sein. Beispiel:
>
> 2 Pizzas   verteilt an 3 Kinder   jedes Kind bekommt an Pizza
> $2 : 3 = \frac{1}{3}$ von $2 = \frac{2}{3}$

2. Übertrage ins Heft und zeichne, wie geteilt wird. Notiere den Bruchteil, den jeder bekommt.

a)    2 Pizzas an 4 Kinder
b) 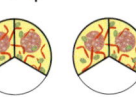 3 Pizzas an 4 Kinder
c) 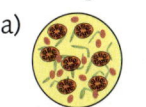 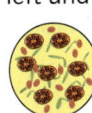 2 Kuchen an 6 Kinder
d) 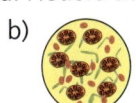   2 Kuchen an 5 Kinder

3. Zeichne mit Rechtecken, wie Tafeln Schokolade verteilt werden. Notiere den Bruchteil, den jedes Kind bekommt.
   a) 2 Tafeln an 3 Kinder   b) 3 Tafeln an 4 Kinder   c) 4 Tafeln an 6 Kinder

4. Welchen Bruchteil bekommt jedes Kind, wenn gerecht geteilt wird? Schreibe als Divisionsaufgabe und gib den Bruchteil an, den jedes Kind bekommt.
   a) 5 Pizzas an 8 Kinder   b) 3 Kuchen an 5 Kinder   c) 4 Waffeln an 6 Kinder
   d) 3 Pfannkuchen an 4 Kinder   e) 8 Waffeln an 8 Kinder   f) 4 Torten an 12 Kinder

LVL 5. a) Anna: „Zwei Fünftel stelle ich mir vor als 1 Fünftel von 2". Maxi: „Ich meine, 2 geteilt durch 5 ergibt auch zwei Fünftel". Wie stellst du dir $\frac{2}{5}$ vor?
   b) Ergänze fehlende Zahlen:

   $2 : 5 = \frac{1}{\blacksquare}$ von $\blacksquare = \frac{\blacksquare}{\blacksquare}$ $4 : \blacksquare = \frac{1}{9}$ von $4 = \frac{\blacksquare}{\blacksquare}$ $\blacksquare : 6 = \frac{1}{\blacksquare}$ von $2 = \frac{\blacksquare}{\blacksquare}$ $5 : \blacksquare = \frac{1}{8}$ von $5 = \frac{\blacksquare}{\blacksquare}$

6. Wie viele Pizzas wurden verteilt?

a)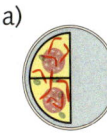
b)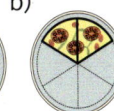

2 Brüche und Dezimalbrüche (1)

Brüche größer als ein Ganzes

LVL 1. Überlegt, wie viel ganze Pizzas und wie viel Viertel Pizzas zusätzlich im Karton sind. Berechnet anschließend, wie viel Euro für die Bestellung bezahlt werden muss. Präsentiert eure Überlegungen der Klasse.

> **TIPP**
> Ganze plus Bruch
> gemischte Zahl

Brüche, die größer als ein Ganzes sind, kann man als **gemischte Zahl** schreiben. $\frac{5}{4} = \frac{4}{4} + \frac{1}{4} = 1\frac{1}{4}$

2. Notiere als Bruch und als gemischte Zahl.

a) b) c)

d) e) f)

3. Schreibe den Bruch als gemischte Zahl.

a) $\frac{3}{2}$ b) $\frac{7}{4}$ c) $\frac{7}{2}$ d) $\frac{8}{5}$ e) $\frac{14}{4}$

f) $\frac{4}{3}$ g) $\frac{8}{3}$ h) $\frac{11}{4}$ i) $\frac{15}{6}$ j) $\frac{12}{5}$

k) $\frac{25}{6}$ l) $\frac{29}{10}$ m) $\frac{9}{7}$ n) $\frac{15}{7}$ o) $\frac{25}{8}$

> Der Bruch $\frac{7}{4}$ als gemischte Zahl:
> $\frac{7}{4} = 1\frac{3}{4}$ (denn $\frac{4}{4} = 1$)

4. Notiere die gemischte Zahl als Bruch.

a) $2\frac{1}{2}$ b) $1\frac{4}{5}$ c) $4\frac{1}{3}$ d) $3\frac{3}{8}$ e) $5\frac{2}{7}$

f) $1\frac{2}{3}$ g) $2\frac{3}{4}$ h) $3\frac{3}{5}$ i) $8\frac{5}{6}$ j) $2\frac{5}{9}$

k) $7\frac{5}{7}$ l) $10\frac{8}{9}$ m) $4\frac{2}{5}$ n) $8\frac{5}{8}$ o) $9\frac{7}{10}$

> Die gemischte Zahl $2\frac{2}{3}$ als Bruch:
> $2\frac{2}{3} = \frac{8}{3}$ (denn $1 = \frac{3}{3}$; $2 = \frac{6}{3}$)

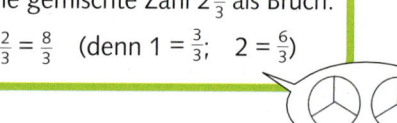

LVL 5. Die vier Daltons haben bei einem Überfall sieben Geldsäcke erbeutet. In jedem Sack sind 60 Bündel 50-Dollar-Scheine, jedes Bündel mit 10 Scheinen.
a) Wie würdest du die Beute verteilen? Erkläre deine Lösung deinen Mitschülern.
b) Wie viele Säcke müssen die Daltons öffnen?
c) Wie viel Dollar enthält jeder Sack?

2 Brüche und Dezimalbrüche (1)   37

Addieren und Subtrahieren bei gleichem Nenner

 **1.** Partnerarbeit: Welcher Bruchteil der Pizza wurde vom ersten Blech, welcher vom zweiten Blech verkauft? Welcher Bruchteil wurde von beiden Blechen zusammen verkauft?

> Brüche mit gleichem Nenner werden addiert oder subtrahiert, indem man die Zähler addiert oder subtrahiert und den Nenner unverändert lässt.
>
> $\frac{2}{4} + \frac{1}{4} = \frac{2+1}{4} = \frac{3}{4}$
>
> $\frac{5}{6} - \frac{2}{6} = \frac{5-2}{6} = \frac{3}{6}$

2. Bei Florians Geburtstagsparty sind fünf Sechstel Pizza übrig geblieben. Florians kleine Schwester isst noch zwei Sechstel.
 a) Wie viel Pizza ist jetzt noch vorhanden?
 b) Nachdem Florians Hund auch noch etwas erwischt hat, liegt noch ein Sechstel Pizza auf dem Teller.

3. a) $\frac{1}{9} + \frac{2}{9}$ b) $\frac{2}{7} + \frac{4}{7}$ c) $\frac{1}{5} + \frac{3}{5}$ d) $\frac{2}{8} + \frac{3}{8}$ e) $\frac{2}{10} + \frac{7}{10}$ f) $\frac{2}{6} + \frac{3}{6}$

4. a) $\frac{4}{7} - \frac{3}{7}$ b) $\frac{6}{9} - \frac{3}{9}$ c) $\frac{2}{3} - \frac{1}{3}$ d) $\frac{6}{8} - \frac{3}{8}$ e) $\frac{4}{5} - \frac{3}{5}$ f) $\frac{7}{9} - \frac{5}{9}$

5. Berechne. Ist das Ergebnis größer als 1, schreibe als gemischte Zahl.
 a) $\frac{2}{5} + \frac{4}{5}$ b) $\frac{3}{4} + \frac{3}{4}$ c) $\frac{4}{6} + \frac{3}{6}$ d) $\frac{7}{8} + \frac{3}{8}$ e) $\frac{4}{7} + \frac{5}{7}$ f) $\frac{4}{6} + \frac{2}{6}$

6. a) $\frac{1}{6} + \frac{4}{6}$ b) $\frac{4}{5} - \frac{2}{5}$ c) $\frac{7}{9} - \frac{5}{9}$ d) $\frac{5}{7} - \frac{3}{7}$ e) $\frac{8}{10} - \frac{5}{10}$ f) $\frac{3}{9} + \frac{4}{9}$

 g) $\frac{3}{8} + \frac{4}{8}$ h) $\frac{2}{7} + \frac{6}{7}$ i) $\frac{6}{6} - \frac{2}{6}$ j) $\frac{4}{5} + \frac{4}{5}$ k) $\frac{8}{9} + \frac{5}{9}$ l) $\frac{7}{10} - \frac{3}{10}$

7. a) ■ $+ \frac{3}{7} = \frac{4}{7}$ b) $\frac{4}{9} -$ ■ $= \frac{2}{9}$ c) $\frac{5}{8} +$ ■ $= \frac{7}{8}$ d) ■ $- \frac{5}{10} = \frac{3}{10}$ e) $\frac{3}{8} +$ ■ $= \frac{7}{8}$

8. Lies die Texte. Stelle eine Frage. Schreibe deine Antwort auf.

a)    b)    c)

2 Brüche und Dezimalbrüche (1)

Vermischte Aufgaben

1. a) $4 + \frac{1}{3}$ b) $2 + \frac{2}{5}$ c) $3 + \frac{1}{7}$ d) $6 + \frac{2}{9}$

e) $9 + \frac{2}{11}$ f) $4 + \frac{3}{10}$ g) $5 + \frac{1}{13}$ h) $8 + \frac{8}{9}$

$2 + \frac{1}{4} = 2\frac{1}{4}$

2. a) $2\frac{1}{2} + 3$ b) $3\frac{4}{7} + 1$ c) $5\frac{1}{4} + 4$ d) $6\frac{2}{5} + 3$

e) $2\frac{3}{8} + 4$ f) $4\frac{3}{7} + 6$ g) $8\frac{3}{5} + 4$ h) $9\frac{2}{9} + 5$

$2\frac{1}{5} + 4 = 2 + 4 + \frac{1}{5} = 6\frac{1}{5}$

3. a) $2\frac{1}{7} + \frac{3}{7}$ b) $3\frac{2}{5} + \frac{1}{5}$ c) $3\frac{5}{9} + \frac{2}{9}$ d) $2\frac{3}{7} + \frac{1}{7}$

e) $4\frac{4}{10} + \frac{3}{10}$ f) $7\frac{2}{6} + \frac{2}{6}$ g) $6\frac{1}{3} + \frac{1}{3}$ h) $5\frac{2}{7} + \frac{3}{7}$

$3\frac{2}{6} + \frac{3}{6} = 3 + \frac{2}{6} + \frac{3}{6} = 3\frac{5}{6}$

4. Wie viel Liter entstehen?
   a) $\frac{3}{8}\,l$ Himbeersirup werden mit $1\,l$ Wasser verdünnt.
   b) Sabine stellt Apfelschorle aus $1\frac{1}{4}\,l$ Apfelsaft und $\frac{2}{4}\,l$ Mineralwasser her.
   c) Jan mischt $1\frac{1}{8}\,l$ Cola mit $\frac{3}{8}\,l$ Orangenlimonade.
   d) Herstellung von Früchtetee:
     Zu $2\frac{2}{10}\,l$ Tee werden $\frac{5}{10}\,l$ Fruchtsaft gegeben.

5. a) $2\frac{1}{6} - 1$ b) $4\frac{7}{8} - 3$ c) $9\frac{3}{4} - 2$ d) $7\frac{2}{5} - 5$

e) $5\frac{2}{7} - 3$ f) $8\frac{5}{8} - 5$ g) $19\frac{2}{7} - 4$ h) $12\frac{1}{2} - 4$

$3\frac{4}{7} - 2 = 3 - 2 + \frac{4}{7} = 1\frac{4}{7}$

6. a) $1\frac{2}{3} - \frac{1}{3}$ b) $4\frac{5}{6} - \frac{2}{6}$ c) $7\frac{3}{4} - \frac{2}{4}$ d) $6\frac{5}{9} - \frac{2}{9}$

e) $3\frac{4}{5} - \frac{4}{5}$ f) $9\frac{4}{6} - \frac{3}{6}$ g) $2\frac{5}{11} - \frac{2}{11}$ h) $5\frac{8}{14} - \frac{5}{14}$

$1\frac{3}{5} - \frac{2}{5}$
$1 + \frac{3}{5} - \frac{2}{5} = 1\frac{1}{5}$

7. Eine volle Flasche enthält $1\frac{3}{4}\,l$ Essig. Für eine Salatsoße verbraucht Frau Bauer $\frac{1}{4}\,l$. Wie viel Liter Essig bleiben übrig?

8. a) $1 - \frac{3}{5}$ b) $2 - \frac{9}{10}$ c) $4 - \frac{4}{9}$ d) $1 - \frac{2}{6}$

e) $3 - \frac{2}{3}$ f) $4 - \frac{3}{8}$ g) $1 - \frac{1}{4}$ h) $5 - \frac{4}{7}$

i) $2 - \frac{5}{8}$ j) $5 - \frac{7}{10}$ k) $6 - \frac{2}{5}$ l) $1 - \frac{1}{20}$

$1 - \frac{3}{4} = \frac{4}{4} - \frac{3}{4} = \frac{1}{4}$ $\frac{4}{4} = 1$
$2 - \frac{3}{4} = 1\frac{4}{4} - \frac{3}{4} = 1\frac{1}{4}$

9. Ramona besucht ihre Patentante. Sie fährt zunächst $2\frac{3}{4}$ h mit dem Zug und anschließend noch $\frac{1}{4}$ h mit dem Bus. Wie lang ist die gesamte Fahrtzeit?

10. a) $\frac{3}{4} + \frac{2}{4}$ b) $\frac{5}{6} + \frac{4}{6}$ c) $\frac{3}{7} + \frac{6}{7}$ d) $\frac{8}{10} + \frac{9}{10}$

e) $\frac{2}{3} + \frac{1}{3}$ f) $\frac{5}{8} + \frac{4}{8}$ g) $\frac{3}{5} + \frac{3}{5}$ h) $\frac{8}{9} + \frac{7}{9}$

i) $\frac{3}{5} + \frac{4}{5}$ j) $\frac{5}{6} + \frac{5}{6}$ k) $\frac{5}{7} + \frac{4}{7}$ l) $\frac{6}{10} + \frac{7}{10}$

$\frac{2}{3} + \frac{2}{3} = \frac{4}{3} = 1\frac{1}{3}$ 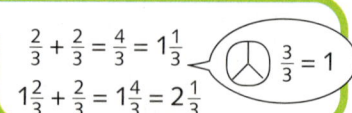 $\frac{3}{3} = 1$
$1\frac{2}{3} + \frac{2}{3} = 1\frac{4}{3} = 2\frac{1}{3}$

11. a) $2\frac{3}{5} + \frac{4}{5}$ b) $\frac{3}{7} + 1\frac{6}{7}$ c) $3\frac{2}{4} + \frac{3}{4}$ d) $\frac{5}{8} + 2\frac{7}{8}$ e) $4\frac{8}{10} + \frac{6}{10}$ f) $5\frac{5}{6} + \frac{4}{6}$

g) $3\frac{4}{9} + \frac{6}{9}$ h) $6\frac{4}{8} + \frac{6}{8}$ i) $\frac{9}{10} + 4\frac{8}{10}$ j) $\frac{2}{3} + 6\frac{1}{3}$ k) $3\frac{4}{7} + \frac{6}{7}$ l) $\frac{3}{6} + 7\frac{5}{6}$

2 Brüche und Dezimalbrüche (1)   39

12. Max fährt mit dem Zug zu seiner Tante nach Hannover, genau 4 h dauert die Fahrt nach Plan. Nach $\frac{3}{4}$ h schaut Max ungeduldig auf die Uhr. Wie lange wird die Fahrt noch dauern?

LVL 13.

14.
a) $4\frac{2}{10} + 3\frac{6}{10}$
b) $2\frac{1}{3} + 3\frac{1}{3}$
c) $1\frac{4}{7} + 2\frac{2}{7}$
d) $5\frac{3}{10} + 2\frac{4}{10}$
e) $2\frac{1}{4} + 1\frac{1}{4}$
f) $4\frac{1}{5} + 2\frac{3}{5}$
g) $7\frac{2}{6} + 2\frac{1}{6}$
h) $2\frac{2}{9} + 4\frac{3}{9}$
i) $8\frac{3}{20} + 1\frac{11}{20}$
j) $4\frac{5}{12} + 1\frac{6}{12}$
k) $2\frac{7}{10} + 3\frac{2}{10}$
l) $3\frac{3}{8} + 2\frac{2}{8}$

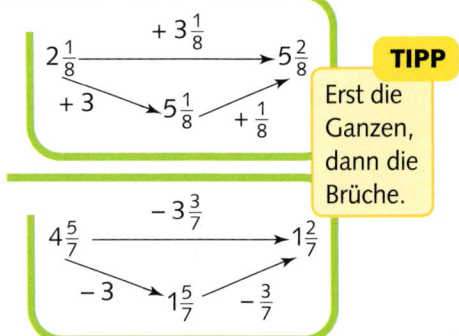

TIPP Erst die Ganzen, dann die Brüche.

15.
a) $3\frac{5}{9} - 2\frac{1}{9}$
b) $4\frac{3}{6} - 2\frac{1}{6}$
c) $5\frac{6}{7} - 2\frac{3}{7}$
d) $9\frac{7}{10} - 3\frac{5}{10}$
e) $5\frac{5}{6} - 4\frac{2}{6}$
f) $4\frac{3}{4} - 3\frac{2}{4}$
g) $6\frac{5}{8} - 4\frac{3}{8}$
h) $9\frac{4}{5} - 6\frac{2}{5}$
i) $8\frac{13}{20} - 5\frac{7}{20}$
j) $8\frac{13}{15} - 2\frac{5}{15}$
k) $3\frac{9}{12} - 1\frac{4}{12}$
l) $7\frac{7}{11} - 4\frac{3}{11}$

16. Sabine und Jörg radeln sich entgegen. Bis zum Treffpunkt zwischen ihren Wohnungen radelt Sabine $5\frac{3}{4}$ km, Jörg $4\frac{3}{4}$ km. Wie weit wohnen die beiden voneinander entfernt?

17.
a) $2\frac{2}{6} + 3\frac{5}{6}$
b) $1\frac{3}{5} + 2\frac{4}{5}$
c) $3\frac{5}{7} + 4\frac{6}{7}$
d) $4\frac{3}{8} + 2\frac{5}{8}$
e) $9\frac{7}{10} + 3\frac{9}{10}$
f) $3\frac{7}{9} + 1\frac{5}{9}$
g) $5\frac{4}{9} + 1\frac{8}{9}$
h) $4\frac{4}{7} + 3\frac{5}{7}$
i) $8\frac{6}{10} + 6\frac{8}{10}$

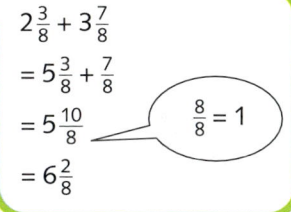

18. Familie Teske wandert auf einem $12\frac{3}{4}$ km langen Rundweg. $8\frac{1}{4}$ km haben sie zurückgelegt. Wie viel km sind noch zu wandern?

19.
a) $2\frac{2}{7} - \frac{5}{7}$
b) $3\frac{1}{4} - \frac{3}{4}$
c) $4\frac{5}{8} - \frac{7}{8}$
d) $4\frac{2}{5} - \frac{4}{5}$
e) $5\frac{3}{6} - \frac{5}{6}$
f) $4\frac{1}{3} - 1\frac{2}{3}$
g) $4\frac{2}{6} - \frac{3}{6}$
h) $2\frac{2}{7} - \frac{4}{7}$
i) $3\frac{2}{5} - \frac{4}{5}$
j) $5\frac{1}{8} - \frac{6}{8}$
k) $4\frac{3}{9} - \frac{5}{9}$
l) $3\frac{2}{10} - \frac{5}{10}$

$3\frac{1}{3} - \frac{2}{3}$
$= 2\frac{4}{3} - \frac{2}{3}$
$= 2\frac{2}{3}$
1 Ganzes umwandeln: $1 = \frac{3}{3}$

LVL 20.
a) Würdest du die Entfernungen auf der Karte auch so angeben?
b) Wie lang ist der Weg vom Parkplatz aus über den Minigolfplatz zum Wildgehege?
c) Wie weit ist es vom Parkplatz am Hünengrab vorbei zur Grillhütte?
d) Stelle selbst drei weitere Fragen und berechne die Lösungen.

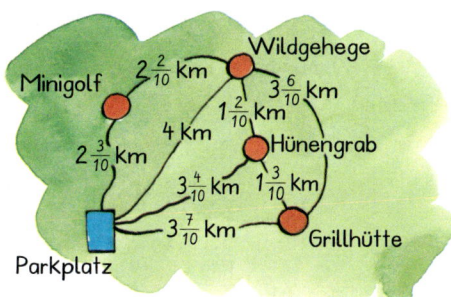

21. Thorsten füllt aus einer 1-l-Limonadenflasche $\frac{1}{4}$ l in sein Glas. Wie viel Liter bleiben in der Flasche?

BLEIB FIT!

Die Ergebnisse der Aufgaben ergeben fünf Flüsse in Deutschland.

1. Berechne.
   a) 236 + 78 + 123
   b) 5543 : 23
   c) 1292 : 19
   d) 15 · 402

2. Wandle um.
   a) 1,86 m = ☐ cm
   b) 1 m 5 cm = ☐ cm
   c) 1 km 35 m = ☐ m

3. Berechne die fehlende Zahl.
   a) ☐ : 3 = 27   b) 12 · ☐ = 156   c) 25 = 400 : ☐
   d) ☐ · 5 = 720   e) 242 : ☐ = 22   f) 192 = ☐ · 24

4. a) Ein Auto wiegt 780 kg, es darf 335 kg zuladen. Wie hoch ist das zulässige Gesamtgewicht?

b) Auf einem Lastwagen sind 5 Paletten Gemüse zu je 150 kg und 3 Paletten Obst zu je 125 kg. Wie viel kg hat der Lastwagen geladen?

c) Eine Reparatur dauert 4,5 Arbeitseinheiten. Jede Arbeitseinheit kostet 24 €. Zusätzlich benötigt man Ersatzteile für 35,50 €. Was kostet die Reparatur mit Ersatzteilen?

5. Wie viel km ist 1 cm auf der Karte mit folgendem Maßstab?
   a) 1 : 100 000 (Wanderkarte)
   b) 1 : 4 500 000 (Atlas)
   c) 1 : 30 000 (Wanderkarte)

6. Wie viel Quadratmillimeter ist die Fläche groß?

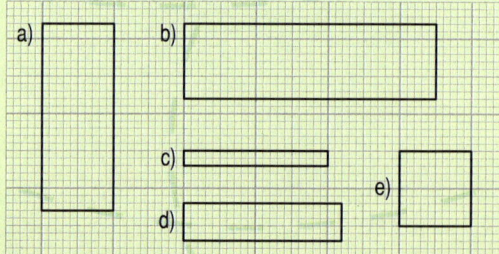

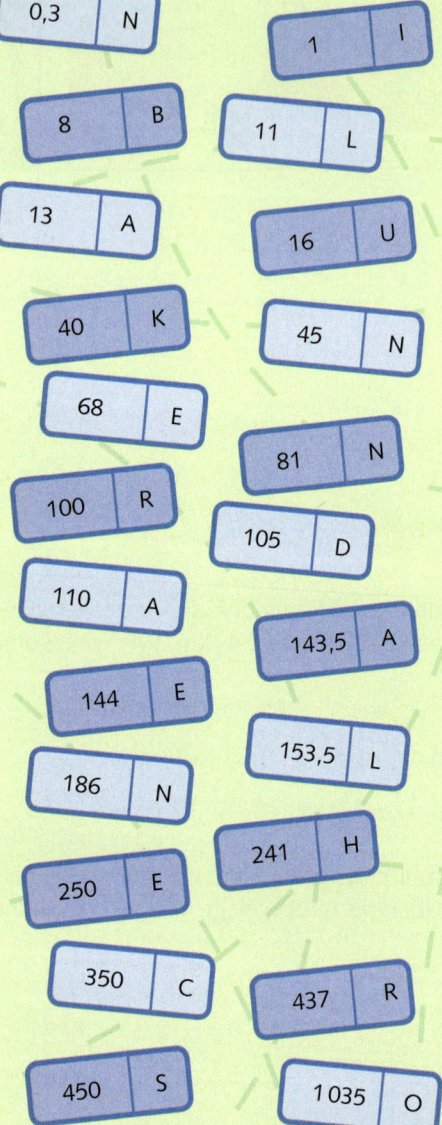

2 Brüche und Dezimalbrüche (1) — 41

Dezimalbrüche

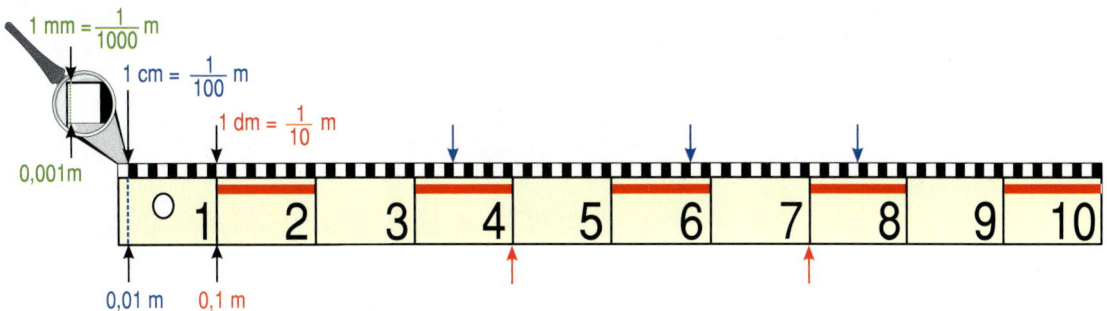

1. a) Wie viel Dezimeter markieren die roten Pfeile? Wandle dann die Angabe in Meter um, schreibe als Bruch und als Dezimalbruch.
   b) Wie viel Zentimeter markieren die blauen Pfeile? Wandle dann die Angabe in Meter um, schreibe als Bruch und als Dezimalbruch.
   c) An welcher Stelle müsste ein Pfeil für die Angabe 0,975 m stehen?

Brüche mit dem Nenner 10, 100, 1 000, … kann man als **Dezimalbrüche** mit Komma schreiben.

$\frac{1}{10} = 0{,}1 \quad \frac{1}{100} = 0{,}01 \quad \frac{1}{1000} = 0{,}001 \quad …$

$0{,}7 = \frac{7}{10}$ $\qquad 0{,}09 = \frac{9}{100}$ $\qquad 0{,}23 = \frac{2}{10} + \frac{3}{100} = \frac{23}{100}$ $\qquad 0{,}045 = \frac{4}{100} + \frac{5}{1000} = \frac{45}{1000}$ (Null Komma null vier fünf)

---

2. Schreibe als Dezimalbruch.
a) $\frac{9}{10}$ b) $\frac{3}{1000}$ c) $\frac{7}{1000}$ d) $\frac{6}{100}$ e) $\frac{5}{10}$ f) $\frac{7}{100}$ g) $\frac{4}{100}$ h) $\frac{9}{1000}$

3. Schreibe als Bruch.
a) 0,6 b) 0,008 c) 0,04 d) 0,006 e) 0,8 f) 0,009 g) 0,03 h) 0,08

4. Schreibe als Dezimalbruch.
a) $\frac{3}{10} + \frac{7}{100}$ b) $\frac{7}{10} + \frac{3}{100}$ c) $\frac{2}{10} + \frac{3}{100}$ d) $\frac{6}{100} + \frac{2}{1000}$ e) $\frac{1}{10} + \frac{3}{100} + \frac{7}{1000}$ f) $\frac{9}{10} + \frac{2}{100} + \frac{6}{1000}$

5. Schreibe als Summe von Brüchen mit dem Nenner 10, 100 oder 1 000.
a) 0,34 b) 0,75 c) 0,94 d) 0,387 e) 0,254 f) 0,264

6. Schreibe als Bruch mit dem angegebenen Nenner und dann als Dezimalbruch.
a) $\frac{80}{100} = \frac{\square}{10} = 0{,}\square$ b) $\frac{10}{1000} = \frac{\square}{100} = 0{,}\square$ c) $\frac{100}{1000} = \frac{\square}{10} = 0{,}\square$ d) $\frac{70}{100} = \frac{\square}{10} = 0{,}\square$
e) $\frac{300}{1000} = \frac{\square}{10} = 0{,}\square$ f) $\frac{60}{100} = \frac{\square}{10} = 0{,}\square$ g) $\frac{80}{100} = \frac{\square}{10} = 0{,}\square$ h) $\frac{500}{1000} = \frac{\square}{10} = 0{,}\square$

TIPP
10 cm = $\frac{10}{100}$ m
10 cm = 1 dm = $\frac{1}{10}$ m

7. Schreibe als Dezimalbruch bzw. als Bruch.
a) $\frac{28}{100}$ b) 0,63 c) $\frac{47}{100}$ d) 0,94 e) 0,146 f) $\frac{237}{1000}$ g) 0,938 h) $\frac{905}{1000}$
i) $\frac{33}{100}$ j) 0,74 k) $\frac{98}{100}$ l) 0,59 m) 0,421 n) $\frac{128}{1000}$ o) 0,277 p) $\frac{785}{1000}$

2 Brüche und Dezimalbrüche (1)

Stellenwerttafel

1. Übertrage die Stellenwerttafel ins Heft, trage dann die Dezimalbrüche ein.

> Zur Darstellung von Dezimalbrüchen wird die Stellenwerttafel nach rechts erweitert.
> An der ersten Stelle nach dem Komma stehen die Zehntel, an der zweiten die Hundertstel …

100	10	1	$\frac{1}{10}$	$\frac{1}{100}$	$\frac{1}{1000}$
		7	3	4	5

7,345
$= 7 + \frac{3}{10} + \frac{4}{100} + \frac{5}{1000} = \frac{7345}{1000} = 7\frac{345}{1000}$

100	10	1	$\frac{1}{10}$	$\frac{1}{100}$	$\frac{1}{1000}$
		2	0	5	

2,05
$= 2 + \frac{0}{10} + \frac{5}{100} = \frac{205}{100} = 2\frac{5}{100}$

2. Schreibe die Zahl aus der Stellenwerttafel als Dezimalbruch und dann als Bruch.

3. Trage in eine Stellenwerttafel ein und schreibe als Dezimalbruch.
a) $\frac{7}{100}$ b) $\frac{503}{100}$ c) $\frac{2204}{100}$ d) $\frac{42}{10}$ e) $\frac{7}{1000}$
f) $\frac{234}{10}$ g) $\frac{875}{1000}$ h) $\frac{1715}{10}$ i) $\frac{23}{1000}$ j) $\frac{18475}{1000}$

	100	10	1	$\frac{1}{10}$	$\frac{1}{100}$	$\frac{1}{1000}$
a)			1	2	2	4
b)				9	5	7	3
c)			2	7	0	2	4
d)				1	2	0	5
e)		3	4	8	7	
f)			2	3	5	0	4
g)		5	3	1	0	6	

4. Welche Nullen darf man bei der Zahl in der Stellenwerttafel weglassen, ohne dass sich der Wert der Zahl ändert? Schreibe als Dezimalbruch so kurz wie möglich.

5. Trage in eine Stellenwerttafel ein. Lass dabei unnötige Nullen weg. Schreibe auch als Bruch.
a) 1,070 b) 10,100 c) 23,060 d) 5,002
e) 2,004 f) 7,300 g) 17,305 h) 2,050

	100	10	1	$\frac{1}{10}$	$\frac{1}{100}$	$\frac{1}{1000}$
a)			1	0	2	0
b)			0	1	7	4
c)		1	0	0	5	0
d)			6	0	0	0
e)	2	1	0	1	0	6
f)			0	0	0	8
g)		0	0	3	0	0

Tipp: Die Nullen am Ende sind unnötig 7,05̶0̶0̶

LVL 6. a) Lies den Wasserverbrauch ab. Schreibe als Dezimalbruch und als Bruch.
b) Wie genau zeigt die Wasseruhr den Verbrauch an?

2 Brüche und Dezimalbrüche (1)

Ordnen von Dezimalbrüchen

LVL 1. Beratet in Partnerarbeit: Wie heißt der Gewinner, wie der zweite, dritte und vierte?

Am Zahlenstrahl liegt die kleinere Zahl links von der größeren.

0,2 < 0,3

Dezimalbrüche werden der Größe nach verglichen, indem man ihre Ziffern stellenweise von links nach rechts vergleicht.

Der erste Unterschied entscheidet.

6,3**4**8
6,3**5**2
6,348 < 6,352

---

2. In Reihenfolge dieser Dezimalbrüche ergeben die zugehörigen Buchstaben ein Lösungswort.

a) 5,2   8,6   0,9   5,7   12,4   11,2   2,7   10,5

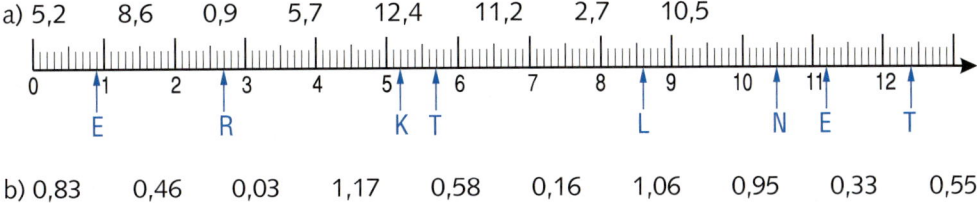

b) 0,83   0,46   0,03   1,17   0,58   0,16   1,06   0,95   0,33   0,55

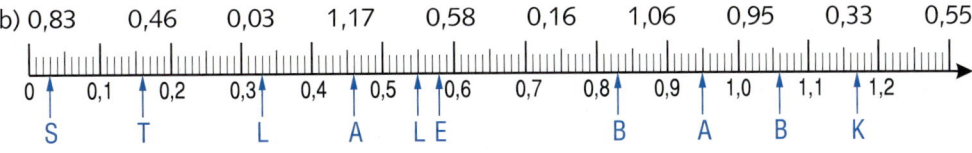

3. Übertrage ins Heft und setze das richtige Zeichen ein: <, > oder =.
a) 1,7 ■ 1,07
b) 2,4 ■ 2,40
c) 0,03 ■ 0,13
d) 4,67 ■ 4,86
e) 2,03 ■ 2,04
f) 1,7 ■ 1,70
g) 6,040 ■ 6,041
h) 7,87 ■ 78,7

4. Ordne nach der Größe, die kleinste Zahl zuerst.
a) 0,889; 0,901; 0,92; 0,891   b) 13,80; 14,75; 13,09; 14,599   c) 0,21; 0,214; 0,313; 0,241

LVL 5. Wie genau wurden beim Schwimmwettkampf die Zeiten gestoppt? Stelle die Siegerliste auf.

a) 50 m Brust	
Oord	36,10 s
Kempf	35,78 s
Berg	35,78 s
Donner	36,04 s
Wollny	35,43 s

b) 50 m Rücken	
Beer	39,90 s
Nagel	39,59 s
Schmitt	40,36 s
Siek	39,49 s
Wiese	40,16 s

2 Brüche und Dezimalbrüche (1)

Runden von Dezimalbrüchen

LVL 1. Partnerarbeit: Schreibt euch abwechselnd Dezimalbrüche mit drei Stellen hinter dem Komma ins Heft und lasst sie anschließend auf Zehntel oder Hundertstel runden.

Dezimalbrüche rundet man nach derselben Rundungsregel wie natürliche Zahlen.
Bei 0, ..., 4 als nächster Ziffer **abrunden**. Bei 5, ..., 9 als nächster Ziffer **aufrunden**.

1. Runde die Zahlen auf Zehntel.
   a) 2,738 ≈ 2,7   b) 3,092 ≈ 3,1

2. Runde die Zahlen auf Hunderstel.
   a) 0,342 ≈ 0,34   b) 2,685 ≈ 2,69

---

2. Runde auf Zehntel.
   a) 5,64   b) 3,75   c) 2,94   d) 3,17   e) 9,35   f) 8,42   g) 4,63
      6,28   2,354   8,379   4,298   5,279   6,028   5,309

3. Runde auf Hundertstel.
   a) 8,475   b) 7,218   c) 2,653   d) 6,781   e) 9,352   f) 3,794   g) 3,555
      7,549   2,3674   4,3999   5,4321   7,4583   6,5278   9,8765

4. Runde auf Tausendstel.   a) 2,3947   b) 0,8342   c) 7,4389   d) 6,5139   e) 8,0808

5. Durch Runden wurde es eine Stelle weniger.
   Fertige eine Tabelle an und trage ein.
   a) 3,74   b) 2,80   c) 5,65   d) 3,04
   e) 1,253 f) 7,549 g) 6,356 h) 8,130

mindestens	gerundete Zahl	höchstens
1,375	1,38	1,384

6. Runde auf Kilogramm.

a) 19,834 kg   b) 7,24 kg   c) 13,784 kg   d) 3,943 kg   e) 18,64 kg   (19 kg)

7. Runde auf Zentimeter.
   a) 3,743 m   b) 5,639 m   c) 6,720 m   d) 5,647 m   e) 2,384 m   f) 9,271 m
      9,838 m   4,725 m   9,342 m   4,325 m   8,125 m   8,624 m

8. Runde sinnvoll. Gib jeweils an, auf welche Stelle du gerundet hast.

a)
DER NEUE TAZDA 237
Verbrauch: nur 7,634 l pro 100 km

b)
O je! Schon wieder 1,523 kg zugenommen.

c)
Meine Bestleistung liegt bei 4,4375 m.

LVL 9. Wie viel könnte es mindestens, wie viel höchstens sein?
a) Ich fahre etwa 1,2 km bis zur Schule.   b) Den 75-m-Lauf schaffe ich in ca. 11,7 Sekunden.

2 Brüche und Dezimalbrüche (1) 45

Addieren und Subtrahieren von Dezimalbrüchen

LVL 1. Besprecht die Bildfolge und berechnet dann die Summe der Dezimalbrüche auf zwei Weisen.

> Dezimalbrüche werden addiert oder subtrahiert
> ① als Brüche mit gleichem Nenner   oder   ② wie natürliche Zahlen
> $2{,}3 + 0{,}8 = \frac{23}{10} + \frac{8}{10} = \frac{31}{10} = 3{,}1$ in der Stellenwerttafel,
> d. h. gleiche Stellenwerte
> addieren oder subtrahieren.

2. Rechne im Kopf.
   a) 0,2 + 0,3   b) 1,3 + 1,2   c) 1,5 − 0,4   d) 0,23 + 0,15   e) 0,25 − 0,13
      0,7 + 0,2   2,5 − 1,3   2,4 − 0,3   0,16 + 0,32   0,78 − 0,56
   f) 0,6 − 0,3   g) 0,4 + 0,3   h) 3,4 + 2,5   i) 0,13 + 0,25   j) 0,74 − 0,51
      0,8 − 0,4   0,1 + 0,6   2,9 − 1,7   0,25 + 0,33   0,73 − 0,62

3.
   | 5,3 − 0,6 S | 0,7 + 0,9 U | 0,3 + 0,8 B | 2,9 + 0,7 E | 3,5 + 0,9 K |
   | 3,2 − 0,5 R | 2,4 − 0,6 T | 1,6 + 0,6 T | 2,7 + 0,4 K | 1,8 + 0,5 E |

   Der Größe nach: süß und lecker.

4. Rechne im Kopf. Achte darauf, immer nur gleiche Stellenwerte zu addieren oder zu subtrahieren.
   a) 0,4 + 0,03   b) 0,2 + 0,23   c) 0,34 − 0,02   d) 0,78 − 0,4   e) 0,64 − 0,03
      0,05 + 0,2   0,37 + 0,4   0,07 − 0,03   0,20 − 0,05   1,45 + 0,4
   f) 1,3 + 0,02   g) 1,4 + 0,28   h) 1,48 − 0,20   i) 0,5 − 0,01   j) 0,81 − 0,7
      0,24 + 1,02   0,14 + 1,5   3,08 − 1,06   0,3 − 0,02   1,8 + 0,05

5. Die Kinder kaufen ein. Überlege dir verschiedene Aufgaben und berechne die Lösungen.

Peter	Sara	Andreas	Dénise
Chips 1,50 €	Bonbons 1,39 €	Eis 1,20 €	Bananen 1,55 €
Cola 0,59 €	Kaugummi 0,60 €	Schokolade 0,78 €	Kekse 1,35 €

6. a) Auf einem Stoffballen sind noch 9,85 m Stoff. Eine Kundin verlangt 2,35 m.
   b) Herr Sonters sägt von einer 3,80 m langen Holzlatte 1,24 m ab.
   c) Carina hat zum Ausflug 6,50 € mitgenommen. Davon hat sie 4,75 € ausgegeben.

LVL 7. Entscheide selbst, wie du rechnest. Schreibe den Rechenweg und das Ergebnis auf.
   a) $0{,}3 + \frac{6}{10}$ b) $0{,}5 - \frac{4}{10}$ c) $\frac{9}{10} - 0{,}6$ d) $\frac{9}{10} + 0{,}2$ e) $\frac{3}{10} + 0{,}8$
   f) $0{,}09 - \frac{7}{100}$ g) $\frac{7}{100} + 0{,}01$ h) $0{,}02 + \frac{6}{100}$ i) $0{,}07 - \frac{4}{100}$ j) $\frac{6}{100} + 0{,}05$

2 Brüche und Dezimalbrüche (1)

Schriftlich addieren und subtrahieren

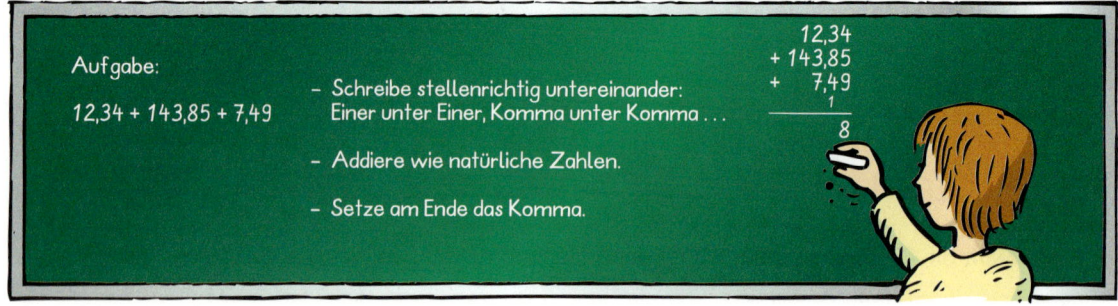

Aufgabe:
12,34 + 143,85 + 7,49

- Schreibe stellenrichtig untereinander: Einer unter Einer, Komma unter Komma …
- Addiere wie natürliche Zahlen.
- Setze am Ende das Komma.

LVL 1. Übertrage die Aufgabe in dein Heft und beende anschließend die Rechnung.

2. a) 26,36 + 89,45 b) 95,72 + 29,88 c) 122,94 + 31,68 d) 156,8 + 79,7 e) 89,83 + 76,52 f) 297,942 + 58,696

LVL 3. Beim Skislalom gibt es zwei Wertungsläufe, deren Ergebnisse addiert werden. Sieger ist der Läufer mit der besten Gesamtzeit. Berechne für jeden Läufer die Gesamtzeit. Stelle eine Siegerliste auf.

Läufer	1. Lauf	2. Lauf
Spitzer	54,76 s	55,84 s
Mollenhauer	52,95 s	53,47 s
Sperling	53,48 s	54,75 s
Wetzke	55,39 s	53,85 s
Schleef	54,13 s	52,59 s

4.
| 133,78 + 81,42 | O | 159,73 + 219,81 | R | 72,34 + 18,93 | I | 273,9 + 119,2 | K |
| 132,5 + 63,8 | D | 256,94 + 37,65 | O | 42,73 + 192,13 | K | 23,7 + 58,4 | L |

Vom Größten zum Kleinsten: ein Tier.

5. a) 123,75 + 245,83 + 89,04 b) 35,73 + 126,94 + 83,61 c) 254,942 + 82,825 + 76,437 d) 85,62 + 181,73 + 294,34 e) 291,74 + 72,31 + 44,95 f) 336,454 + 83,746 + 126,928

6. a) 48,35 − 29,64 b) 93,47 − 86,93 c) 76,4 − 63,9 d) 67,49 − 33,72 e) 95,62 − 53,99 f) 95,93 − 67,29

7. a) 538,74 − 116,93 b) 633,5 − 89,4 c) 482,34 − 216,68 d) 285,76 − 89,34 e) 492,456 − 113,243 f) 666,437 − 258,135

8.
| 275,4 − 83,9 | H | 72,35 − 48,42 | G | 352,3 − 53,6 | C | 64,37 − 57,52 | E |
| 86,93 − 47,69 | A | 93,54 − 56,96 | N | 152,86 − 78,49 | L | 857,21 − 248,10 | S |

Und noch ein Tier.

TIPP Ergänze Nullen.
38,54
+ 122,80

9. Schreibe richtig untereinander und rechne schriftlich.
   a) 38,54 + 122,8   b) 87,3 + 19,358   c) 189,74 + 37,6   d) 123,54 + 26,456
   e) 56,82 − 38,4   f) 89,354 − 46,9   g) 85,174 − 59,67   h) 98,7 − 64,35

2 Brüche und Dezimalbrüche (1)

10. Addiere immer zwei Zahlen in nebeneinander liegenden Feldern. Schreibe das Ergebnis in das Feld darüber. Kontrolliere mit dem obersten Feld.

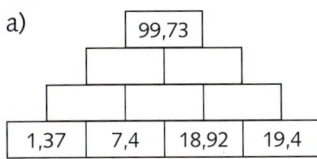
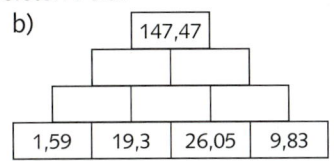
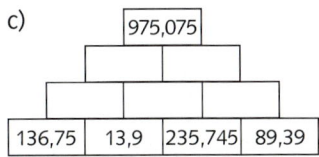

11. Subtrahiere die kleinere Zahl von der größeren Zahl.
  a) 9,745 und 9,754   b) 145,949 und 145,999   c) 1034,78 und 1043,78   d) 32,123 und 23,79
  e) 8,634 und 8,346   f) 213,886 und 213,868   g) 1053,62 und 1503,62   h) 52,86 und 52,862

12. Berechne das Gesamtgewicht.

13. a) 12,25 + ■ = 17,13   b) 18,75 − ■ = 16,34   c) ■ + 19,43 = 83,75
  d) 85,22 − ■ = 49,28   e) ■ − 23,43 = 47,58   f) 62,43 + ■ = 192,38
  g) 13,04 + ■ = 27,5   h) ■ + 62,4 = 81,47   i) 91,7 − ■ = 36,43

14. Wie viel Kilogramm wiegt die Verpackung ohne Inhalt?

15. Wie hoch war das alte Guthaben auf dem Sparbuch?

a) altes Guthaben ■ € Auszahlung 150,00 € neues Guthaben 375,58 €	b) altes Guthaben ■ € Einzahlung 153,23 € neues Guthaben 548,75 €	c) altes Guthaben ■ € Auszahlung 275,80 € neues Guthaben 592,53 €

16. a) 35,83 − (7,41 + 9,38)   b) 126,7 + (38,42 − 29,7)   c) 574,8 − (38,834 − 27,93)
  d) 125,67 + (79,75 − 38,39)   e) 538,52 − (126,3 + 329,49)   f) 645,93 − (312,4 + 147,528)
  g) 136,52 − (18,61 + 19,34)   h) 124,8 + (18,3 − 7,42)   i) 483,4 − (49,452 + 112,8)

TIPP: Zuerst was in der Klammer steht, sonst von links nach rechts.

17. a) 38,57 + 39,54 − 18,75   b) 195,6 − 79,4 + 28,35   c) 597,13 + 276,349 − 183,56
  d) 98,34 + 76,58 − 19,37   e) 226,48 − 68,5 + 83,9   f) 813,7 − 219,364 + 56,78
  g) 46,25 + 53,81 − 29,23   h) 348,7 − 96,58 + 52,8   i) 942,61 − 116,34 + 18,73

18.

a)   1*,84   b) 117,83   c) *2,347   d) *43,26   e) ***,**   f) 3748,94
  + 123,*3   − **,**   + 43,8**   + 31,*4   − 404,81   − ****,26
   9,2*   39,21   86,*49   + 5,6*   144,44   1125,**
                                                     741,43

Sportfest

Einnahmen:	1. Tag	2. Tag
Eintritt	935 €	812 €
Getränkestand	753,50 €	729,50 €
Cafeteria	676,50 €	621,50 €
Würstchenbude	420 €	392 €

1. Zum Sportfest kamen:
am 1. Tag: 561 Zuschauer, davon $\frac{1}{3}$ Kinder.
am 2. Tag: 464 Zuschauer, davon $\frac{1}{4}$ Kinder.

2. a) Berechne die Gesamteinnahmen des Sportfestes durch Eintrittsgelder und Speisen- und Getränkeverkauf.
b) Für Pokale, Würstchen und Getränke wurde vorher 1386,75 € ausgegeben. Wie viel Geld bleibt von den Einnahmen übrig?

4. Ist die Auswertung für den 50-m-Lauf schon fertig?

3. – In der Siegerstaffel über 4 × 100 m lief die Startläuferin 15,0 s, die zweite Läuferin 15,3 s, die dritte 15,4 s und die Schlussläuferin 14,8 s.
– Die langsamste Staffel benötigte 61,2 s.

Ergebnisse 50-m-Lauf:	Berg, S.	Wang, D.	Lehn, P.	Helmdach, T.	Hermsmeier, B.	Laufenberg, M.
	7,5 s	7,8 s	7,3 s	8,1 s	8,4 s	8,0 s

2 Brüche und Dezimalbrüche (1)   49

5. Beim Kugelstoßen wird für die Vergabe der Plätze nur der beste Stoß gewertet!

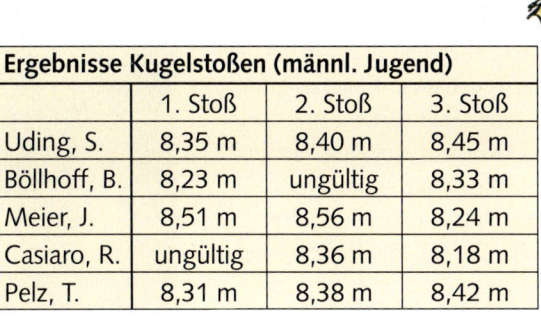

Ergebnisse Kugelstoßen (männl. Jugend)			
	1. Stoß	2. Stoß	3. Stoß
Uding, S.	8,35 m	8,40 m	8,45 m
Böllhoff, B.	8,23 m	ungültig	8,33 m
Meier, J.	8,51 m	8,56 m	8,24 m
Casiaro, R.	ungültig	8,36 m	8,18 m
Pelz, T.	8,31 m	8,38 m	8,42 m

6. Der LC Adorf nahm mit der größten Mannschaft am Sportfest teil. Er stellte beim
– Weitsprung $\frac{1}{5}$ von 15 Teilnehmern,
– Kugelstoßen $\frac{3}{8}$ von 24 Teilnehmern,
– Hochsprung $\frac{2}{9}$ von 18 Teilnehmern,
– 1 000-m-Lauf $\frac{2}{7}$ von 21 Teilnehmern.

7. Eine Kugel für die männliche A-Jugend wiegt 6,25 kg, die für die weibliche A-Jugend 4 kg.

Ergebnisse Weitsprung (weibl. Jugend)			
	1. Sprung	2. Sprung	3. Sprung
Adrians, J.	3,48 m	3,42 m	ungültig
Handlanger, K.	3,48 m	3,35 m	3,41 m
Moser, A.	ungültig	3,47 m	3,53 m
Seipel, A.	3,43 m	3,52 m	3,36 m
Busch, M.	3,26 m	3,18 m	3,23 m
Özlar, S.	ungültig	3,24 m	3,33 m

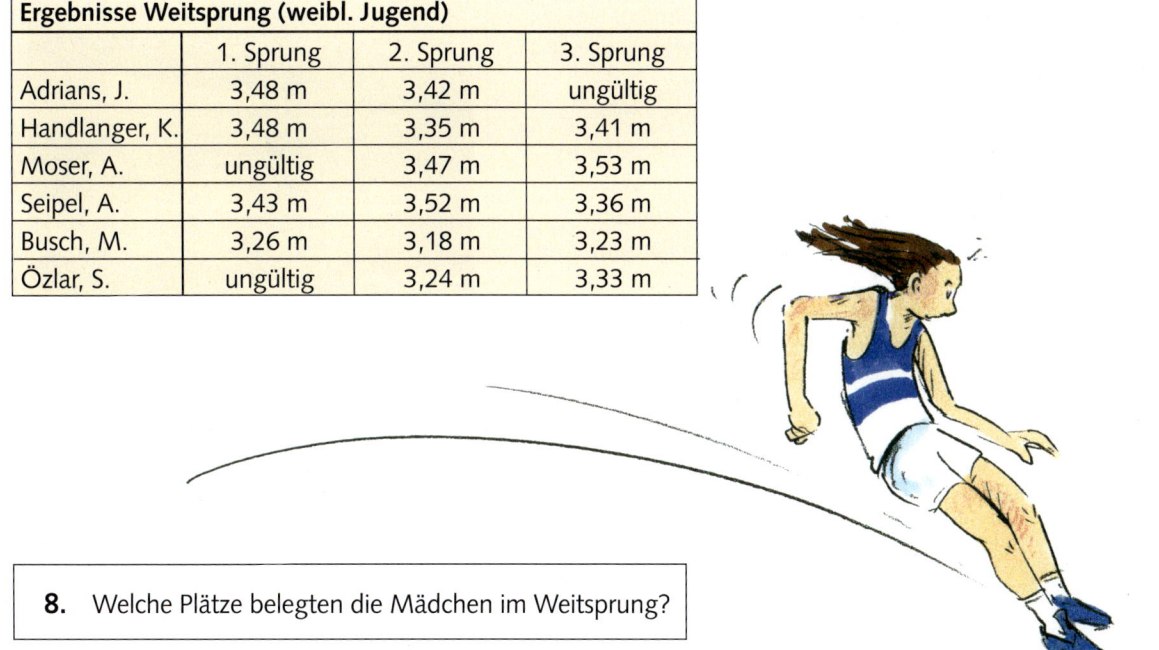

8. Welche Plätze belegten die Mädchen im Weitsprung?

2 Brüche und Dezimalbrüche (1)

Zahlen und Daten in Texten und Listen

1. Aus einem Tierlexikon:

„**Igel** leben in Gärten mit Hecken und Sträuchern, wo sie sich tagsüber gut verstecken können und nachts genügend Insekten als Nahrung finden. Igel halten Winterschlaf in einer Laubhöhle. Ein ausgewachsener Igel wiegt 800 bis 1 200 Gramm, seine normale Körpertemperatur beträgt etwa 35 °C, und sein Herz schlägt etwa 180-mal pro Minute. Während des Winterschlafs sinkt seine Körpertemperatur auf $\frac{1}{7}$ des normalen Wertes, die Zahl der Herzschläge auf $\frac{1}{25}$ des Normalwertes, und er verliert etwa $\frac{1}{4}$ seines Gewichts. Wenn sein Gewicht unter 350 g sinkt, wird es für den Igel lebensgefährlich."

a) Lies den Text genau durch. Lege dir im Heft eine Tabelle mit 3 Spalten an. Trage alle Informationen in die passende Spalte ein.

Lebensgewohnheiten	Körpertemperatur	Körpergewicht

b) Beantworte diese beiden Fragen und zwei *weitere* Fragen, die du selbst stellst.
   (1) Wo kannst du Igel tagsüber antreffen?
   (2) Wie hoch ist die Körpertemperatur eines Igels im Januar?
c) Carina und Christian finden Ende Oktober einen Igel mit 490 g Körpergewicht und sind unsicher, ob sie ihn zur Igelstation bringen sollen.

2. Das Ehepaar Käfer will mit seinen Kindern (4, 6, 8 Jahre alt) in den Osterferien den Urlaub in der JH Todtnauberg „Fleinerhaus" verbringen. Sie haben sich vorher Unterlagen über das Haus mit einer Preisliste schicken lassen.

Jugendherberge „Fleinerhaus", 1150 m ü. M.

a) Der Fahrplan zeigt die Anreise der Familie Käfer. Sie reisen vom Stuttgarter Hauptbahnhof mit dem IC 2266 um 09 : 11 Uhr ab. Schreibe auf, wie die Reise weiter verläuft.
b) Berechne die reine Fahrzeit (ohne Pausen) von Stuttgart nach Todtnauberg.
c) Familie Käfer überlegt, ob 900 € für 7 Tage Übernachtung mit Halbpension reichen.
d) Erfinde eigene Aufgaben und löse sie.

Bahnhof/Haltestelle	Zeit	Verkehrsmittel
Stuttgart Hbf	ab 09 : 11	IC 2266
Karlsruhe Hbf	an 09 : 53	
Karlsruhe Hbf	ab 10 : 00	ICE 373
Freiburg (Brsg) Hbf	an 10 : 59	
Freiburg (Brsg) Hbf	7 min	Fußweg
Freiburg (Brsg) ZOB		
Freiburg (Brsg) ZOB	ab 11 : 35	Bus 7215
Todtnauberg Rathaus	an 12 : 37	

Preise 2010 incl. Bettwäsche (in Euro)

		Ü/F	HP	VP
Junior (bis 26 Jahre)	1. Nacht	19,50	24,70	28,70
	jede weitere Nacht	16,20	21,60	24,10
27 plus (ab 27 Jahre)	1. Nacht	22,50	27,70	31,70
	jede weitere Nacht	19,20	24,60	27,10

Familien mit mindestens einem minderjährigen Kind zahlen den Juniorpreis. Für Kinder unter 6 Jahren wird keine Unterkunft und Verpflegung berechnet.

2 Brüche und Dezimalbrüche (1)

1. a) $\frac{1}{2}$ von 40 €   b) $\frac{1}{3}$ von 60 €
   c) $\frac{1}{8}$ von 56 €   d) $\frac{1}{7}$ von 42 €
   e) $\frac{1}{5}$ von 300 €   f) $\frac{1}{4}$ von 120 €

2. a) $\frac{3}{5}$ von 10 m   b) $\frac{6}{8}$ von 8 m
   c) $\frac{2}{3}$ von 18 m   d) $\frac{2}{7}$ von 21 m
   e) $\frac{3}{10}$ von 50 m   f) $\frac{5}{6}$ von 24 m

3. Schreibe als gemischte Zahl.
   a) $\frac{5}{3}$ b) $\frac{8}{7}$ c) $\frac{9}{5}$ d) $\frac{11}{4}$
   e) $\frac{17}{4}$ f) $\frac{25}{6}$ g) $\frac{29}{3}$ h) $\frac{19}{5}$

4. a) $\frac{3}{7} + \frac{2}{7}$ b) $\frac{4}{5} - \frac{3}{5}$ c) $\frac{5}{12} + \frac{9}{12}$
   d) $\frac{9}{10} - \frac{2}{10}$ e) $\frac{2}{6} + \frac{5}{6}$ f) $\frac{7}{8} - \frac{3}{8}$

5. a) $1\frac{1}{3} + 2$ b) $2\frac{2}{5} + 3\frac{1}{5}$ c) $4\frac{2}{7} + 2\frac{1}{7}$
   d) $4\frac{3}{8} - 2$ e) $7\frac{5}{7} - 1\frac{3}{7}$ f) $5\frac{2}{3} - 3\frac{1}{3}$

6. a) $1 - \frac{7}{8}$ b) $3 - \frac{2}{3}$ c) $3\frac{3}{5} - \frac{4}{5}$
   d) $3\frac{2}{3} + 1\frac{2}{3}$ e) $2\frac{3}{7} - \frac{6}{7}$ f) $1\frac{3}{4} + 2\frac{3}{4}$

7. Schreibe als Dezimalbruch.
   a) $\frac{3}{10}$ b) $\frac{17}{100}$ c) $\frac{14}{10}$ d) $\frac{200}{100}$
   e) $\frac{5}{1000}$ f) $\frac{273}{100}$ g) $\frac{45}{100}$ h) $\frac{123}{10}$

8. Schreibe als Bruch.
   a) 0,73   b) 1,6   c) 1,03
   d) 0,048   e) 1,40   f) 7,031

9. Runde auf Zehntel.
   a) 1,58   b) 13,75   c) 9,42
   d) 8,03   e) 7,52   f) 8,36

10. Runde auf Hundertstel.
    a) 1,347   b) 2,083   c) 0,926
    d) 5,426   e) 13,5256   f) 0,0519

11. a) 0,3 + 0,4   b) 0,9 + 0,2   c) 0,8 – 0,4
    d) 1,3 + 1,6   e) 2,8 – 2,4   f) 1,2 + 1,9
    g) 1,3 – 0,7   h) 2,2 – 0,4   i) 2,4 + 3,9

12. a)   5,34   b)   13,68   c)   15,74
         + 7,15   + 8,25   – 6,51

$\frac{1}{2}$ (ein halb), $\frac{1}{3}$ (ein Drittel), $\frac{1}{4}$ (ein Viertel) … heißen **Stammbrüche**.

Man erhält einen **Bruchteil eines Ganzen** so:
(1) Das Ganze wird in so viele Teile zerlegt, wie der Nenner angibt.
(2) Man nimmt so viele Teile, wie der Zähler angibt.

Brüche, die größer als ein Ganzes sind, kann man als **gemischte Zahl** schreiben.

$\frac{5}{4} = 1\frac{1}{4}$

Brüche mit gleichem Nenner werden **addiert** (**subtrahiert**), indem man die Zähler addiert (subtrahiert) und den Nenner unverändert lässt.

$\frac{1}{5} + \frac{2}{5} = \frac{1+2}{5} = \frac{3}{5}$ $\frac{4}{5} - \frac{2}{5} = \frac{4-2}{5} = \frac{2}{5}$

Man **addiert** (**subtrahiert**) eine gemischte Zahl, indem man zuerst die Ganzen addiert (subtrahiert) und dann den Bruch addiert (subtrahiert).

$2\frac{3}{5} + 1\frac{1}{5} = 3\frac{3}{5} + \frac{1}{5} = 3\frac{4}{5}$ $8 - 2\frac{1}{4} = 6 - \frac{1}{4} = 5\frac{3}{4}$

Brüche mit dem Nenner 10, 100, 1000, … kann man als **Dezimalbrüche** mit Komma schreiben.

$\frac{1}{10} = 0{,}1$ $\frac{1}{100} = 0{,}01$ $\frac{1}{1000} = 0{,}001$

Man **rundet** Dezimalbrüche nach derselben Rundungsregel wie natürliche Zahlen.
$2{,}73 \approx 2{,}7$ $3{,}55 \approx 3{,}6$
(gerundet auf Zehntel)

Dezimalbrüche können **addiert** (**subtrahiert**) werden als Brüche mit gleichem Nenner *oder* wie natürliche Zahlen in der Stellenwerttafel.

$3{,}3 + 8{,}9$
$= \frac{33}{10} + \frac{89}{10} = \frac{122}{10} = 12{,}2$

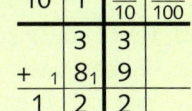

TÜV · TESTEN · ÜBEN · VERGLEICHEN

2 Brüche und Dezimalbrüche (1)

Grundaufgaben

1. Berechne.   a) $\frac{1}{3}$ von einer 30 m langen Schnur   b) $\frac{5}{7}$ von 420 km

2. Schreibe als gemischte Zahl oder natürliche Zahl.   a) $\frac{19}{12}$ b) $\frac{35}{7}$ c) $\frac{87}{10}$ d) $\frac{21}{4}$

3. Ordne die Dezimalbrüche. Beginne mit dem kleinsten.
   a) 0,031; 0,314; 0,341   b) 17,40; 17,085; 17,049

4. a) $2\frac{9}{12} + \frac{2}{12}$ b) $5\frac{8}{10} - 2\frac{3}{10}$

5. Tim möchte sich einen Bausatz für 49,95 € kaufen. Er hat 24,75 € gespart. Als Oma zu Besuch kommt, schenkt sie ihm 10 €. Wie viel Euro fehlen ihm noch?

Erweiterungsaufgaben

1. Auf einem Bauernhof leben 60 Tiere, davon sind $\frac{1}{4}$ Schweine, $\frac{1}{3}$ Kühe, $\frac{1}{6}$ Stallhasen und $\frac{1}{10}$ Katzen. Sonst gibt es dort noch Hühner und einen Wachhund.
   a) Wie viele Schweine, Kühe, Hasen, Katzen gibt es?
   b) Wie viele Hühner gibt es auf dem Bauernhof?

2. Ordne die Dezimalbrüche. Beginne mit dem kleinsten.
   a) 3,6; 3,06; 0,66; 0,307; 0,606   b) 0,4; 0,44; 0,41; 0,412; 0,402

3. Berechne. Mache vorher einen Überschlag.
   a) 129,48 + 89,145 + 320,047   b) 741,457 − 255,98

4. Onkel Hartmut kommt zum Geburtstag. Er fragt Tobias: „Ich habe 20 € mitgebracht. Möchtest du davon lieber $\frac{1}{5}$ oder $\frac{1}{4}$ haben?"

5. Eine Schulsekretärin berichtet: „Von unseren 480 Schülern kommen $\frac{5}{12}$ mit dem Bus, $\frac{2}{6}$ fahren mit dem Rad und der Rest kommt zu Fuß." Berechne, wie viele Schüler zu Fuß zur Schule kommen.

6. a) $3\frac{3}{4} + 4\frac{1}{4}$ b) $7\frac{2}{6} + 3\frac{5}{6}$

7. a) $4\frac{1}{3} - \frac{2}{3}$ b) $2\frac{1}{8} - 1\frac{5}{8}$

8. Bei einem Schulfest sollen von den Einnahmen $\frac{2}{3}$ einem Kinderheim gespendet werden. Der Rest bleibt für die Klassenkassen. Die Klasse 6a hat mit ihrer Tombola 147 € eingenommen, die Klasse 6b mit ihrem Trödelmarkt 258 €, die Klasse 6c mit ihrer Milchbar 453 €. Berechne für jede Klasse die Spende an das Kinderheim. Wie hoch ist der Gesamtbetrag der Spenden?

9. Zwei Reisegruppen mit je 20 Personen besuchen Freiburg. Drei Viertel der ersten Gruppe und zwei Fünftel der zweiten Gruppe machen eine gemeinsame Stadtführung. Welche Gruppe ist bei der Stadtführung stärker vertreten? Gib an, wie viel Personen es mehr sind.

10. Herr Ludwig kocht Marmelade aus 3,5 kg Johannisbeeren und 1,75 kg Erdbeeren. Dazu gibt er ebenso viel Kilogramm Zucker wie Früchte. Beim Kochen verdunsten 300 g Wasser. Wie viel wiegt die fertige Marmelade?

Kreise, Winkel, Symmetrien

3

Zeichne ab und ergänze weitere Geraden und Kreise.

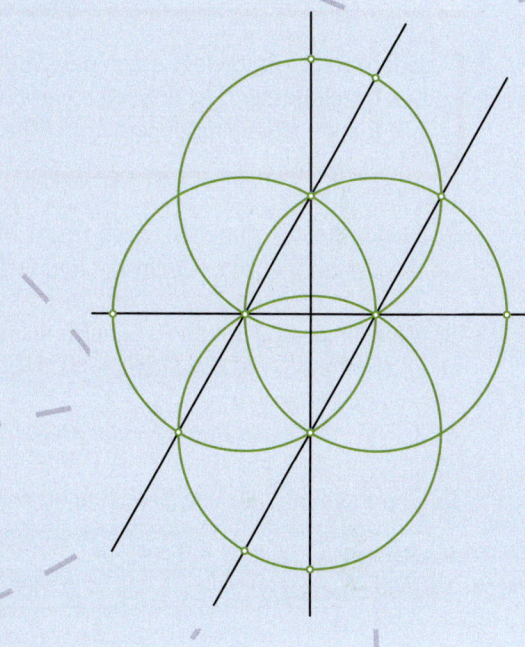

120 Grad

60 Grad

3 Kreise, Winkel, Symmetrien

Kreis

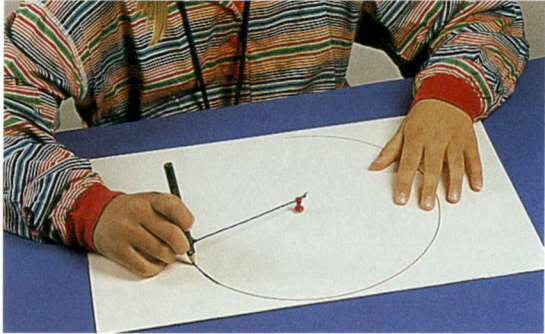 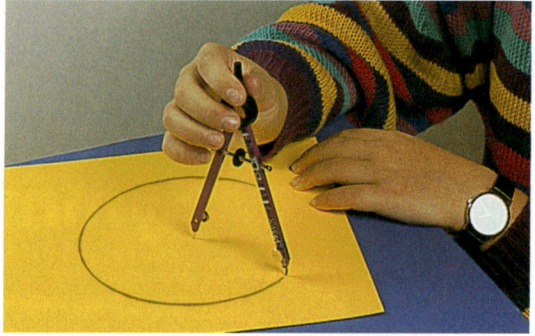

1. a) Partnerarbeit: Zeichnet Kreise wie auf den Fotos. Gibt es auch noch andere Möglichkeiten?
b) Welche Angaben werden benötigt, um einen bestimmten Kreis zu zeichnen?

> Jeder Kreis ist festgelegt durch den **Mittelpunkt** M und den **Radius** r.
> Der **Durchmesser** d ist doppelt so groß wie der Radius.
> Alle Punkte eines Kreises sind vom Mittelpunkt gleich weit entfernt.

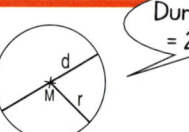

Durchmesser = 2 · Radius

2. Markiere einen Punkt M, zeichne um ihn den Kreis mit Radius r und gib den Durchmesser an.
a) r = 4 cm   b) r = 3 cm   c) r = 2,5 cm   d) r = 3,5 cm   e) r = 1,6 cm   f) r = 4,3 cm

3. Markiere einen Punkt M und zeichne um ihn den Kreis mit Durchmesser d. Tipp: Berechne zuerst r.
a) d = 4 cm   b) d = 8 cm   c) d = 7 cm   d) d = 5 cm   e) d = 7,4 cm   f) d = 5,6 cm

4. Zeichne um einen Punkt M vier Kreise mit den Radien 1 cm, 3 cm, 5 cm und 7 cm.

5. Übertrage ins Heft und berechne die fehlende Größe des Kreises.

Radius r	a) 4,6 cm	b)	c) 12,60 m	d)	e)	f) 1 km	g)
Durchmesser d		7,0 mm		10,0 cm	1,00 m		620 mm

6. Zeichne in dein Heft. Überlege: Wo ist der Mittelpunkt eines Kreises, wie groß ist sein Radius?

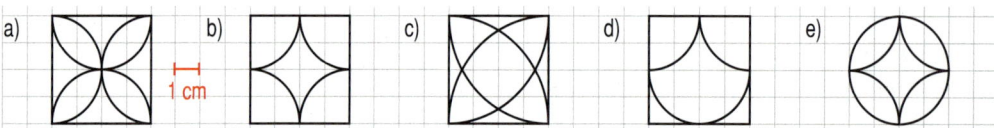

7. Zeichne die Kreisfigur ins Heft. Wähle für den äußeren Kreis einen Radius von 6 cm und einen Gitterpunkt als Kreismittelpunkt.

a) 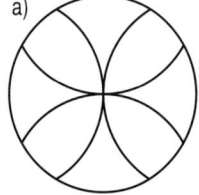   b) 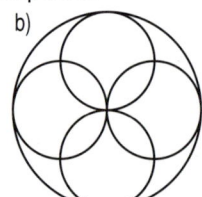   c)    d)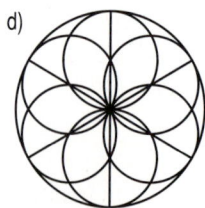

8. Entwirf selbst eine Kreisfigur.

3 Kreise, Winkel, Symmetrien 55

9. Zeichne das Muster mit dem Zirkel. Überlege zuerst die Zeichenschritte.

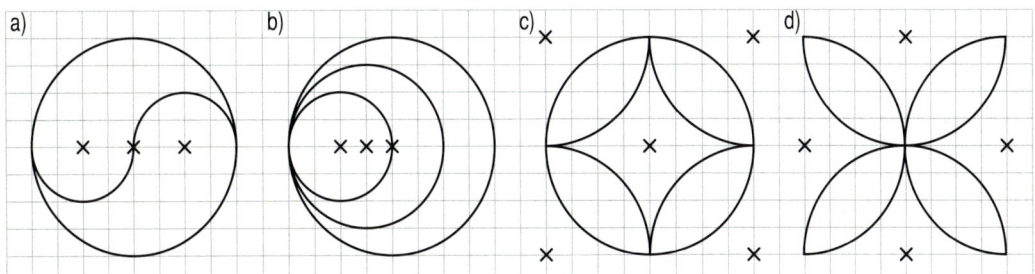

10. Zeichne mit doppelt so vielen Karolängen. Markiere jeden Kreismittelpunkt und notiere den Radius.

11. Zeichne das „Windrädchen" mit doppelt so vielen Karolängen ins Heft.

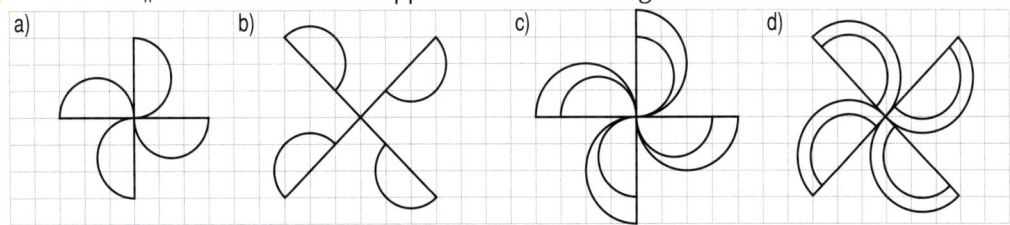

12. Miss den Durchmesser der Münze, berechne den Radius und zeichne einen Kreis dieser Größe.

13. Miss den Durchmesser des Gegenstandes und berechne den Radius.
a) Uhrglas   b) Bierdeckel   c) Tortenplatte   d) Fahrradfelge   e) CD-Scheibe

14. Miss die Radien und Durchmesser der abgebildeten Kreise.

15. a) Zeichne vier Kreise mit gemeinsamem Mittelpunkt M und den Radien 1,5 cm;   3,5 cm;   5,5 cm;   7,5 cm.
b) Wie groß ist der Abstand zwischen benachbarten Kreisen?

16. a) Zeichne zwei Kreise mit gemeinsamem Mittelpunkt M und den Durchmessern 4 cm und 6 cm.
b) Wie breit ist der Ring zwischen beiden Kreisen?

17. Zeichne sechs Punkte auf einer Geraden mit je 2 cm Abstand und um jeden drei Kreise mit 1 cm, 2 cm und 3 cm Radius.

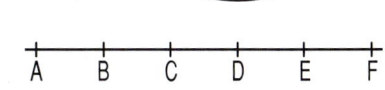

18. Zeichne zwei Kreise mit 4 cm und 3 cm Radius, sodass sich beide Kreise
a) in 2 Punkten schneiden,   b) in 1 Punkt von innen berühren,   c) in 1 Punkt von außen berühren.

LVL 19. Zeichne die fünf olympischen Ringe (siehe erste Kapitelseite) mit 5 cm Durchmesser.

3 Kreise, Winkel, Symmetrien

Winkel

LVL 1. Die Winkelmessung in Grad mit 90° für den rechten Winkel geht vermutlich auf die alten Babylonier zurück (ca. 2000 v. Chr.), die das Jahr als Kreis darstellten, wobei zu jedem Tag ein Winkel von 1° gehörte. Überlege zusammen mit anderen und begründe.
a) Warum wählten die Babylonier für eine Jahreszeit 90°?
b) Vergleiche den Babylonischen mit unserem heutigen Kalender.

2. Wie heißt in dem abgebildeten Dreieck
a) der Winkel mit den Schenkeln a und b,
b) der Winkel mit den Schenkeln b und c,
c) die Schenkel von Winkel β,
d) die Schenkel von Winkel γ,
e) der Scheitelpunkt von Winkel α?

Jeder **Winkel** besitzt einen **Scheitelpunkt S** und zwei **Schenkel** (Strahlen, die in S beginnen).

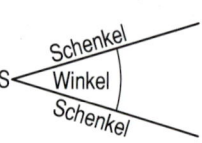

Winkel werden in **Grad** gemessen. Ein Winkel mit zueinander senkrechten Schenkeln misst **90°**.

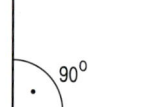

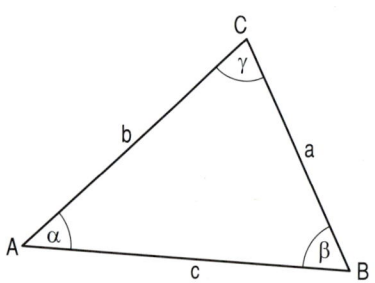

Winkel werden häufig mit kleinen griechischen Buchstaben bezeichnet:

α (alpha)   β (beta)   γ (gamma)
δ (delta)   ε (epsilon)

3. Zeichne den Winkel. Kennzeichne ihn mit dem griechischen Buchstaben und einem Winkelbogen.
a) Winkel α, kleiner als 90°.   b) Winkel β, größer als 90°, mit Scheitelpunkt B.
c) Winkel γ, der Scheitelpunkt heißt C und die Schenkel x und y.

4. a) Welchen Winkel bilden der Stunden- und der Minutenzeiger einer Uhr um 9:00 Uhr?
b) Wie bewegt sich der kleine Zeiger einer Uhr, während der große eine Stunde durchläuft?
c) Wie lange braucht der Minutenzeiger um einen Winkel von 60° zu überstreichen?

5. Wie groß ist der Winkel zwischen den Zeigern der Uhr?

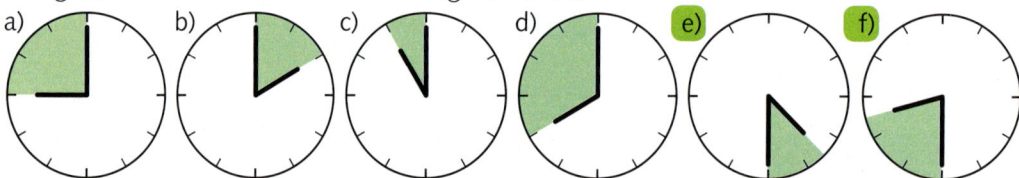

LVL 6. Schneide zwei Kreise aus Papier oder dünner Pappe aus und färbe sie mit verschiedenen Farben. Schneide wie im Bild die beiden Kreisscheiben bis zum Mittelpunkt ein und stecke sie ineinander. Jetzt kannst du Winkel und auch Bruchteile darstellen.

3 Kreise, Winkel, Symmetrien

Winkelarten

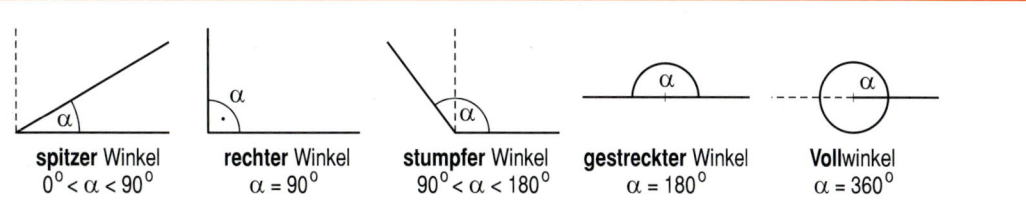

spitzer Winkel	rechter Winkel	stumpfer Winkel	gestreckter Winkel	Vollwinkel
$0° < α < 90°$	$α = 90°$	$90° < α < 180°$	$α = 180°$	$α = 360°$

LVL 1. Partnerarbeit: Jeder zeichnet zehn verschiedene Winkel auf ein Blatt Papier so, dass von jeder Winkelart mindestens einer dabei ist. Anschließend werden die Blätter ausgetauscht. Partner A gibt zu jedem Winkel an, um welche Winkelart es sich handelt, Partner B kontrolliert.

2. Notiere zu jedem markierten Winkel die Winkelart.

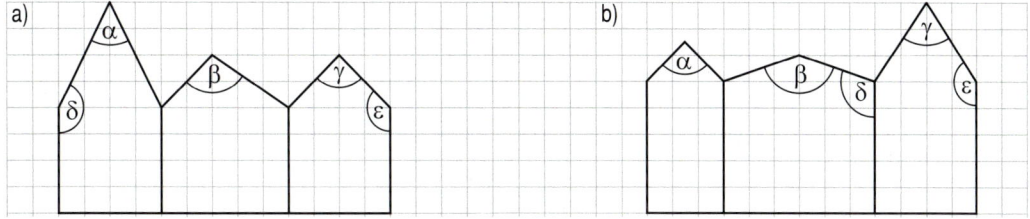

LVL 3. Falte ein Blatt Papier zweimal und wieder auseinander. Kennzeichne die entstandenen Winkel und notiere ihre Art. a) Es soll ein spitzer Winkel dabei sein. b) Es soll ein rechter Winkel dabei sein.

4. Notiere die Winkelart für $α$ und $β$.

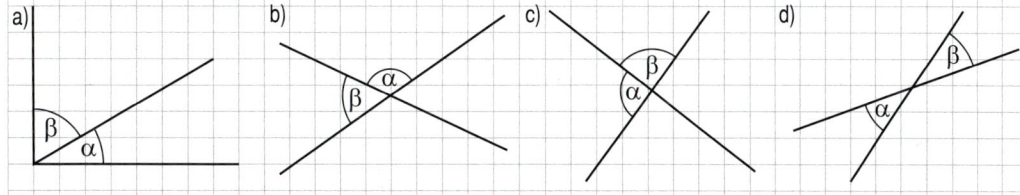

LVL 5.

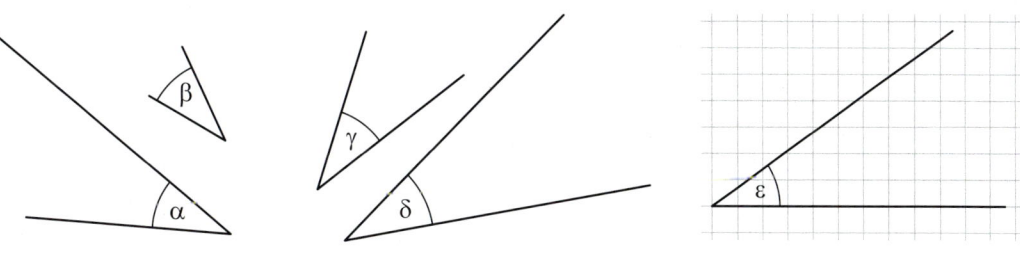

a) Vergleiche die Winkel $α, β, γ, δ$ nach Augenmaß und ordne sie der Größe nach.
b) Übertrage den Winkel $ε$ ins Heft und fertige durch Ausschneiden eine Schablone von ihm an.
c) Lege die Schablone von $ε$ auf die Winkel $α, …, δ$ und vergleiche. Was stellst du fest?

6. Zeichne ein Dreieck mit
   a) drei spitzen Winkeln,   b) einem rechten Winkel,   c) einem stumpfen Winkel.

7. Zeichne ein Viereck mit
   a) zwei stumpfen und zwei spitzen Winkeln,   b) mindestens zwei rechten Winkeln.

3 Kreise, Winkel, Symmetrien

Winkel messen mit dem Geodreieck

1.

1. Nullmarke auf den Scheitelpunkt legen
2. Kante an den einen Schenkel legen
3. Ablesen an dem anderen Schenkel (auf der richtigen Skala!)

a) Auf dem Geodreieck kannst du zwei Winkelmaße ablesen. Wie groß ist der Winkel α?

b) Wie groß ist der Winkel β?

2. a) $\alpha = $ ____   b) $\alpha = $ ____ $\beta = $ ____

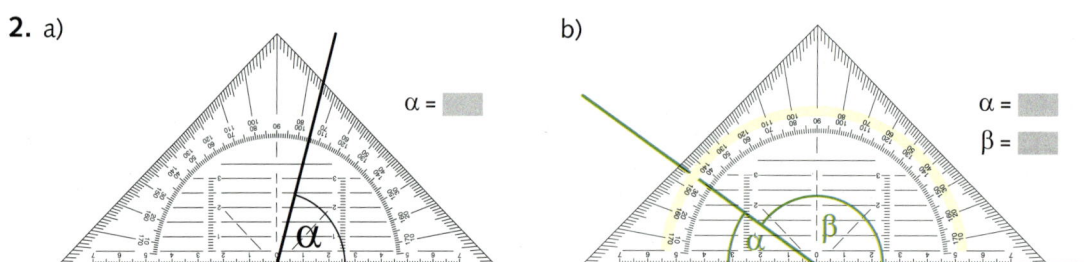

3. Übertrage den Winkel mit Hilfe der markierten Punkte ins Heft und miss ihn mit dem Geodreieck.

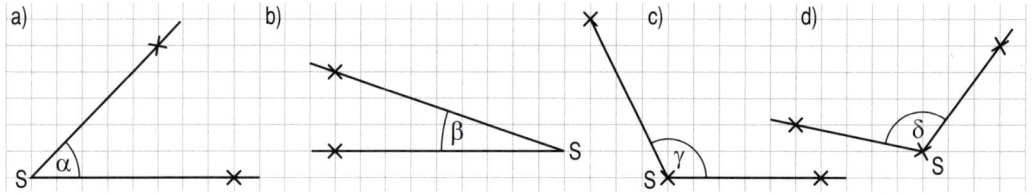

a) α b) β c) γ d) δ

4. Zeichne ein Rechteck mit 12 cm und 8 cm Seitenlängen und seine Diagonalen. Miss die Winkel
a) zwischen den Diagonalen   b) zwischen Diagonalen und Rechteckseiten.

5. Übertrage das Dreieck ins Heft, schätze zunächst die Größe der Winkel und miss sie anschließend nach. Berechne die Summe der drei Winkel des Dreiecks und besprich dein Ergebnis mit anderen.

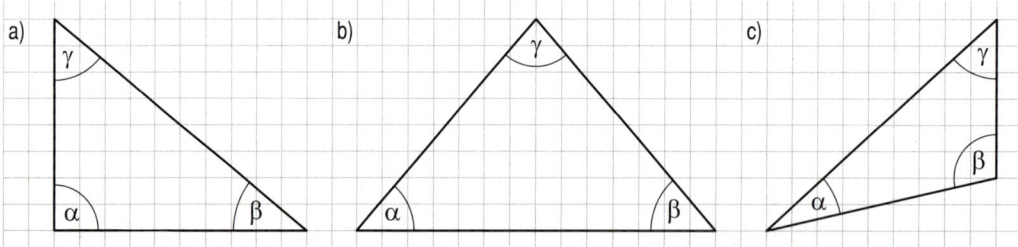

13
42
75

3 Kreise, Winkel, Symmetrien

Winkel zeichnen und messen

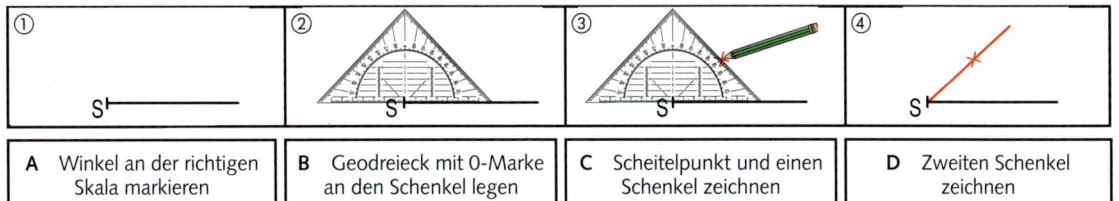

A Winkel an der richtigen Skala markieren	B Geodreieck mit 0-Marke an den Schenkel legen	C Scheitelpunkt und einen Schenkel zeichnen	D Zweiten Schenkel zeichnen

1. Partnerarbeit: In den Abbildungen ① bis ④ ist dargestellt, wie Winkel gezeichnet werden.
 a) Ordnet den Abbildungen jeweils den zugehörigen beschreibenden Text A bis D zu.
 b) Zeichnet nach den angegebenen Schritten die Winkel 60°, 80° und 100° in euer Heft. Tauscht eure Hefte aus und kontrolliert gegenseitig durch Messen die Winkelmaße.

2. Zeichne α und berechne den Winkel β, der bis zum rechten Winkel fehlt (α + β = 90°).
 a) α = 45°   b) α = 70°   c) α = 35°   d) α = 82°   e) α = 65°   f) α = 15°

3. Zeichne α und berechne den Winkel β, der bis zum gestreckten Winkel fehlt (α + β = 180°).
 a) α = 90°   b) α = 135°   c) α = 110°   d) α = 98°   e) α = 155°   f) α = 103°

4. Zeichne zwei Straßen als Geraden, die sich unter einem Winkel von 40° schneiden. Welchen anderen Winkel könntest du auch als Schnittwinkel angeben?

5. Zeichne eine Strecke $\overline{AB}$ = 10 cm und an den Endpunkten zweimal den Winkel α wie im Bild. Die Schenkel der beiden Winkel schneiden sich, miss den Schnittwinkel γ.
 a) α = 60°   b) α = 45°   c) α = 30°   d) α = 38°

6. In einem Neubaugebiet ist für die Dachneigung ein Winkel α von mindestens 27° und höchstens 34° vorgeschrieben. Zeichne zwei Dächer, die gerade noch zulässig sind. Die Frontlänge soll 12 m betragen. Zeichne 1 cm für 1 m und miss die Dachhöhen.

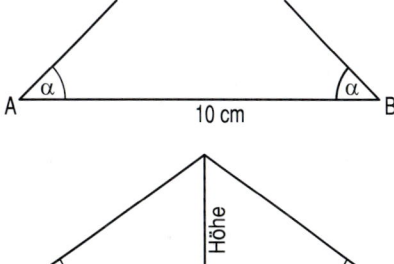

7. In der Gauß-Schule wird eine Rampe für Rollstuhlfahrer gebaut. Sie soll höchstens mit 5° ansteigen und 10 m lang werden. Welchen Höhenunterschied überwindet sie? Zeichne (1 cm für 1 m) zwei Möglichkeiten und miss.

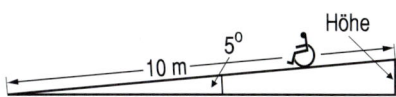

8. Bei einem Parkhaus soll die Rampe zum nächsten Stockwerk mit maximal 8° ansteigen. Wie lang muss sie für 3 m Höhenunterschied sein? Zeichne (1 cm für 1 m) zwei Möglichkeiten und miss.

9. Eine kreisförmige Torte soll in 3 gleiche Teile geteilt werden. Zeichne mit r = 5 cm als Radius. Berechne zuerst den Winkel α.

10. Teile einen Kreis mit 5 cm Radius in gleiche Teile. Berechne zuerst den Winkel α am Mittelpunkt.
 a) 5 Teile   b) 6 Teile   c) 8 Teile   d) 9 Teile   e) 12 Teile

11. Zeichne einen Winkel so groß wie den hier gezeichneten.

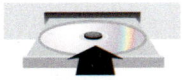

13
42
75

3 Kreise, Winkel, Symmetrien

12. S ist der Scheitelpunkt des Winkels γ, dessen Schenkel durch die Punkte A bzw. B gehen. Zeichne ein Gitternetz und miss den Winkel γ.
  a) S(2|2) A(4|1) B(2|4)   b) S(7|7) A(5|5) B(10|6)
  c) S(8|8) A(2|0) B(4|0)   d) S(3|1) A(1|8) B(7|0)

Verlängern; γ = 116°

13. Zeichne ein Rechteck mit 3 cm und 4 cm Seitenlänge und seine Diagonalen. Miss die Winkel, unter denen sie sich schneiden.

14. Ein Scheinwerferkegel hat den Öffnungswinkel α. Das Licht hat die Reichweite r. Zeichne den beleuchteten Bereich mit 1 cm für 10 m.
  a) α = 20° r = 50 m   b) α = 45° r = 30 m   c) α = 5° r = 80 m

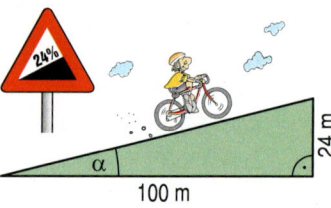

15. Ein Bewegungsmelder erfasst den Winkel α mit der Reichweite r. Zeichne den erfassten Bereich mit 1 cm für 5 m.
  a) α = 120° r = 10 m   b) α = 90° r = 15 m   c) α = 75° r = 20 m

16. a) Zeichne drei Straßen, die auf einen Platz münden, Goethe- und Schillerstraße mit 90° Winkel, Goethe- und Lessingstraße mit 100°.
  b) Wie groß ist der Winkel zwischen Lessing- und Schillerstraße?
  c) Die Straßenbahnlinie halbiert den Winkel zwischen Goethe- und Lessingstraße. Zeichne sie.

17. a) Der Lombardepass in Frankeich hat 24% Steigung. Zeichne 1 cm für 10 m und miss den Steigungswinkel α.
  b) Mit welchem Winkel α steigt ein Berghang mit 35% Steigung? Zeichne und miss den Winkel.
  c) Bei welchem Winkel α ist die Steigung 100%?

18.
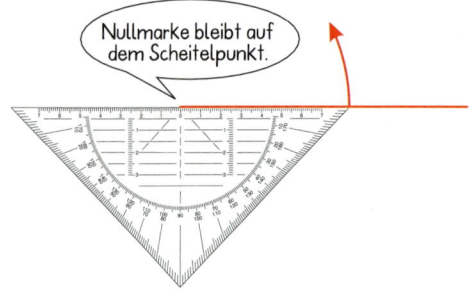

Zeichne den Winkel nach dieser Methode.
  a) 19°   b) 87°   c) 121°   d) 167°   e) 139°   f) 41°   g) 102°   h) 179°

19. a) Zeichne einen 6-zackigen Stern. Die äußeren Ecken sollen auf einem Kreis mit r = 4 cm, die inneren Ecken auf einem Kreis mit r = 2 cm liegen.
  b) Zeichne einen 5-zackigen und einen 12-zackigen Stern. Der äußere Radius soll 5 cm und der innere 3 cm sein.

20. Winkel zwischen 180° und 360° bezeichnet man als „überstumpfe Winkel." Zeichne den Winkel α.
  a) α = 200°   b) α = 270°   c) α = 300°   d) α = 340°   e) α = 333°

3 Kreise, Winkel, Symmetrien

61

LVL

Segeltörn auf dem IJsselmeer

Was wir zur Kursbestimmung benötigen: Kompassskizze und Windrose, Geodreieck, Transparentpapier, Zeichenpapier

1. Tag: Unser Schiff liegt im Ausgangshafen Hoorn. Wir wollen direkt nach Lelystadhaven. Welchen Kurs muss das Schiff halten?

2. Tag: Am Morgen geht es ziemlich genau NNO. Welchen Ort peilen wir an? Es geht noch weiter. Nach einer Wende so nah an Land wie möglich halten wir Kurs nach Enkhuizen.
Welche Richtung müssen wir segeln? Dort legen wir für die Nacht an.

3. Tag: Unser Ziel ist Makkum. Bestimme selbst den Kurs.

4. Tag: Landausflug zum Abschlussdeich. Bei der Raststätte halten wir. Der Damm verläuft hier schnurgerade. Welche Richtung nimmt er?

5. Tag: Heute haben wir eine große Strecke vor uns. An Staveren vorbei halten wir Kurs nach Urk. Im Hafen liegen wir über Nacht.

6. Tag: Unser letzter Tag auf See. Der Hafen ist verlassen, wir segeln zunächst in nördliche Richtung, später ändert sich der Kurs auf 36° nach Nordost. In welcher Stadt liegt unser Zielhafen?

NNO heißt Nord-Nord-Ost

Kurs 45° (NO)

WISSEN · ANWENDEN · VERNETZEN

1. Theater

Auch in diesem Jahr sollen die Aufführungen der Theater-AG im Gymnastikraum der Sporthalle stattfinden. Für die Besucher werden 100 Stühle in 10 gleichlangen Reihen aufgestellt.

a) Die Sitze sollen nummeriert werden. Hierzu sollen selbstklebende einzelne Ziffern verwendet werden.
   - Wie viele Einser müssen gekauft werden?
     ☐ 10   ☐ 11   ☐ 19   ☐ 21
     Begründe deine Auswahl.
   - Wie viele einzelne Ziffern müssen insgesamt gekauft werden?

b) Hannah möchte die Vorstellung gemeinsam mit ihren Eltern besuchen. Sie kauft drei Karten. Ihr Vater möchte wissen, in welcher Reihe sie sitzen werden. Darauf antwortet Hannah geheimnisvoll: „Wir sitzen nebeneinander in einer Reihe. Einer von euch sitzt am Rand und eure Sitznummern sind Primzahlen. Ich sitze zwischen euch und meine Sitzplatznummer ist durch 6 teilbar."
Reichen Hannahs Angaben, um die Frage des Vaters zu beantworten?

c) Insgesamt sind 4 Aufführungen geplant. Falls zu jeder Aufführung mindestens drei Viertel der Karten verkauft werden, soll das Theaterstück noch ein weiteres Mal aufgeführt werden. Bodo meint „Wenn also insgesamt 300 Karten verkauft werden, dann stehe ich ein weiteres Mal auf der Bühne!" Inga entgegnet skeptisch: „Da sei dir mal nicht so sicher!"
Begründe Ingas Einwand!

2. Planetarium

Tom geht an seinem Geburtstag zusammen mit seinem Vater und seinen Freunden ins Planetarium. Treffpunkt ist vor dem Haupteingang. Die Vorführung beginnt um 17:15 Uhr.

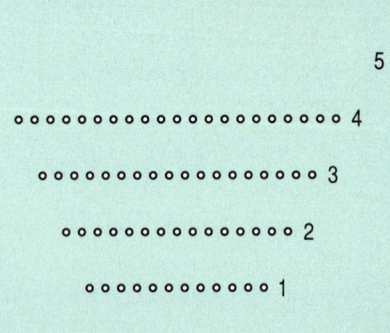

a) Tom schaut auf die Uhr und sagt: „Die Vorführung beginnt in 37 Minuten, jetzt müssen wir aber losfahren." Wie spät ist es, als Tom auf die Uhr schaut?

b) Am Planetarium angekommen, geht Toms Vater sofort zur Kasse. Als er an der Reihe ist, muss er für die Karten insgesamt 40 Euro bezahlen. Für wie viele Kinder oder Jugendliche hat er bezahlt? Notiere alle Möglichkeiten und begründe durch eine Rechnung.

c) Die Sitze im Planetarium sind nach folgendem Muster angeordnet. In der ersten Reihe sind 12 Plätze, in der zweiten Reihe 15, in der dritten Reihe 18 usw. bis hin zur letzten Reihe.
   - Wie viele Plätze hat die Reihe 5?
   - Tom sitzt in einer Reihe mit 30 Plätzen. Welche Reihe ist das?
   - Gibt es eine Reihe mit 35 Plätzen? Begründe deine Antwort.
   - Das Planetarium hat insgesamt 255 Sitze. Wie kann man herausfinden, wie viele Reihen es sind? Beschreibe deinen Lösungsweg.

d) Zum Planetarium gehört ein kleinerer Kinosaal, in dem die Sitzreihen genauso wie im Planetarium angeordnet sind. Es gibt aber nur 5 Reihen. Wie groß ist die Gesamtzahl der Sitzplätze in diesem Kinosaal?

3. Zahlenmuster und Figuren

Bei Figuren lassen sich häufig Muster erkennen. Die erste Figur in der Abbildung besteht aus 1 Punkt, die zweite Figur aus 3 Punkten usw. Schreibt man zu jeder Figur die zugehörige Punktzahl auf, so ergibt sich die Zahlenfolge 1, 3, 6, 10, …

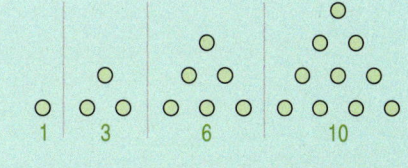

a) Setze das Muster um zwei weitere Figuren fort.
- Warum spricht man bei diesem Muster wohl von Dreieckszahlen? Formuliere eine Begründung.
- Wie heißt die achte Dreieckszahl? Beschreibe, wie du vorgegangen bist.
- Ist die Zahl 45 eine Dreieckszahl? Begründe deine Antwort.

b) Multipliziert man eine Zahl mit sich selbst, so nennt man das Ergebnis Quadratzahl. Auch Quadratzahlen bilden ein Muster.
- Skizziere die nächste Figur und schreibe die ersten zehn Quadratzahlen als Zahlenfolge.
- Manchmal ergibt die Summe von zwei Quadratzahlen wieder eine Quadratzahl. Gib ein Beispiel an.

c) Berrit ermittelt die Quadratzahlen so: 1 + 3 = 4, 4 + 5 = 9, 9 + 7 = 16. Sie behauptet: „Auf diese Weise erhalte ich alle Quadratzahlen!" Erkläre Berrits Überlegung mit Hilfe der Quadratzahlmuster.

d) Paul interessiert sich für ganz besondere Quadratzahlen. Er berechnet die neben stehenden Aufgaben. Kurz darauf wettet er mit seiner Tischnachbarin, dass er das Produkt von 111 111 und 111 111 ohne Taschenrechner und ohne schriftliches Multiplizieren angeben kann. Hat Paul eine Chance, die Wette zu gewinnen?

$11 \cdot 11 =$
$111 \cdot 111 =$
$1111 \cdot 1111 =$
…

4. Brüche darstellen

Mira soll alle Stammbrüche mit einem Nenner kleiner als 13 als Bruchteile verschiedener Flächen darstellen.

a) Für die Stammbrüche $\frac{1}{3}, \frac{1}{4}, \frac{1}{7}, \frac{1}{8}$ und $\frac{1}{9}$ hat Mira schon passende Veranschaulichungen gefunden. Ordne zu.

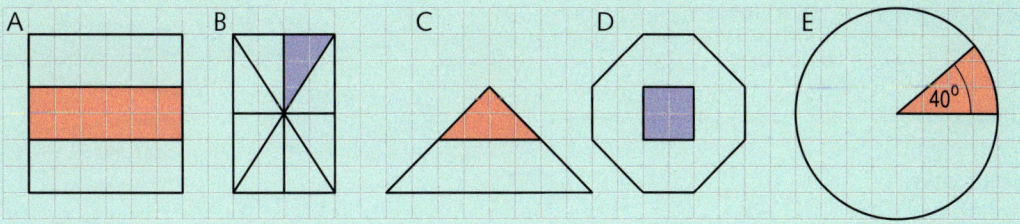

b) Führe Miras Arbeit fort, indem du passende Veranschaulichungen für die Stammbrüche $\frac{1}{2}, \frac{1}{5}, \frac{1}{6}, \frac{1}{10}, \frac{1}{11}$ und $\frac{1}{12}$ aufzeichnest.

c) Es gibt zwei verschiedene Stammbrüche, deren Nenner kleiner als 10 ist und deren Summe wieder ein Stammbruch ist. Welche sind es?

BLEIB FIT!

Die Ergebnisse der Aufgaben ergeben drei Berge in Deutschland.

1. Berechne.
  a) $\frac{1}{2}$ von 26
  b) $\frac{2}{3}$ von 66
  c) $\frac{3}{4}$ von 68
  d) $\frac{3}{8}$ von 24

2. Lässt sich aus diesem Netz ein Quader falten?

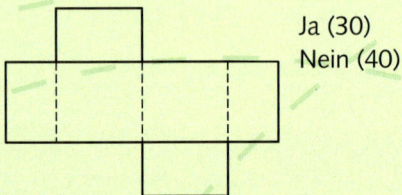

Ja (30)
Nein (40)

3. Wie viel fehlt zu 20 €?
  a) 2,99 € + 7,29 €
  b) 6,23 € + 3,97 € + 8,19 €

4. Berechne die fehlenden Werte.

Anfang	13:20 Uhr	8:45 Uhr	6:20 Uhr
Dauer	4 h 55 min	▩ h ▩ min	▩ h ▩ min
Ende	▩ : ▩ Uhr	12:35 Uhr	11:45 Uhr

5.
  a) Berechne die Summe der Zahlen 15 und 48. Dividiere das Ergebnis durch 9.
  b) Berechne die Differenz der Zahlen 49 und 35. Dividiere das Ergebnis durch 7.
  c) Multipliziere 7 und 8. Addiere zum Ergebnis 19.

6. Berechne den Umfang und den Flächeninhalt des Rechtecks.
u = ▩ cm
A = ▩ cm²

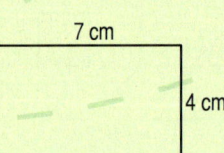

7. Berechne.
  a) 19 · 63
  b) 984 : 41
  c) 88 · 7 + 12 · 7

8. Berechne.
  a) 44 + 5745 + 18971 + 318
  b) 7098 − 685 − 704 − 291

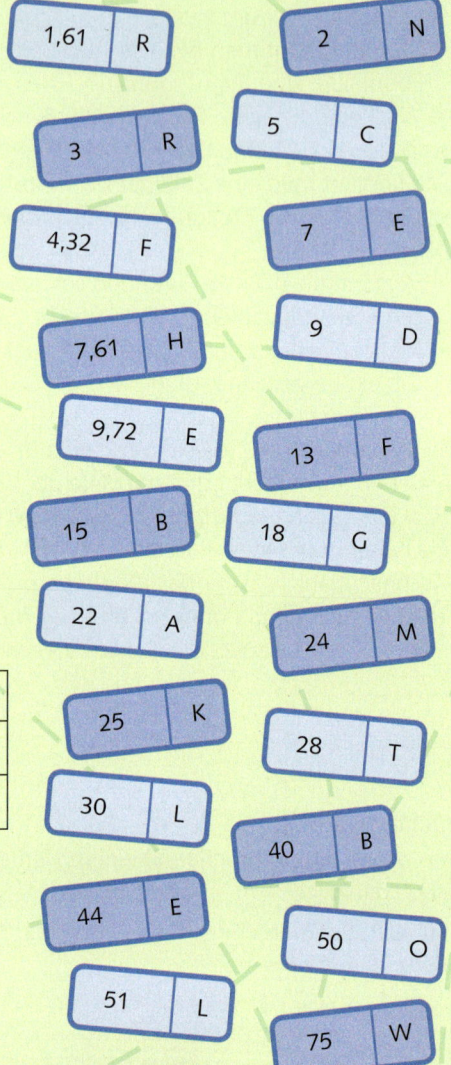

3 Kreise, Winkel, Symmetrien

LVL

Falten und Schneiden

1. Falte ein kariertes Blatt längs einer Gitterlinie. Schneide aus, welche Figur entsteht?

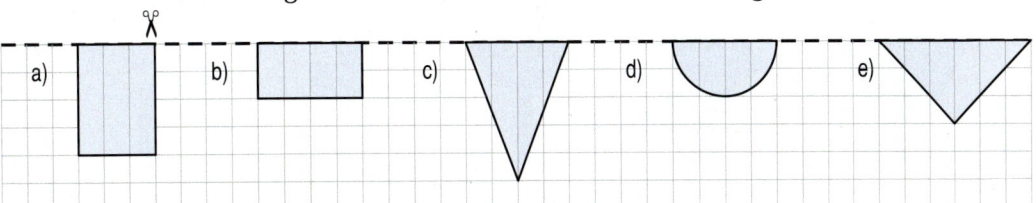

2. a) Falte ein Blatt Papier zweimal. Schneide die Ecken beliebig ab. Falte auseinander. Welche Symmetrieeigenschaften hat die Figur?
   b) Mache eigene Versuche, indem du Papier mehrfach faltest (auch diagonal) und Figuren an der Faltlinie, am Rand und an den Ecken ausschneidest.

3. Durch Falten und Schneiden von Papier, wie in der Abbildung gezeigt, kann man schöne Ziermuster herstellen. Versuche, diese oder ähnliche Ziermuster zu erhalten.

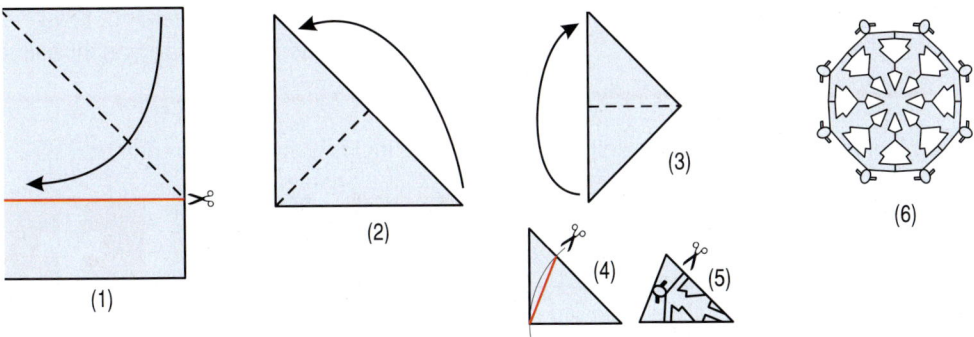

4. Die Abbildung zeigt, wie man durch mehrfaches Falten eines Papierstreifens ein sogenanntes Streifenmuster herstellt. Versuche, das gezeigte oder eigene Muster herzustellen.

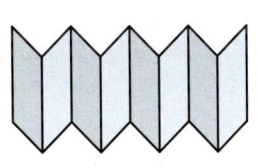 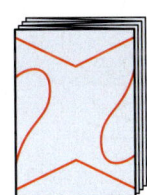 

5. Ein Laufhase läuft davon, wenn er angepustet wird.
   So kannst du ihn herstellen:
   ① Falte ein DIN-A5-Blatt in der Mitte.
   ② Zeichne darauf eine halbe Hasenfigur; unten bleibt ein Rand von ca. 6 cm frei.
   ③ Schneide die vorgezeichnete Figur (rote Linie) aus.
   ④ Klappe das Blatt auf, knicke den Papierstreifen am unteren Papierrand, sodass die Figur darauf stehen kann.
   ⑤ Sobald die Figur sicher steht, kann man den Hasen laufen lassen, indem man ihn von hinten anpustet. Jemand von gegenüber kann ihn dann zurückpusten.
   Du kannst auch andere Figuren ausschneiden.

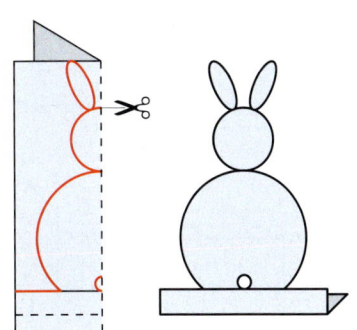

3 Kreise, Winkel, Symmetrien

Achsensymmetrie und Achsenspiegelung

1.

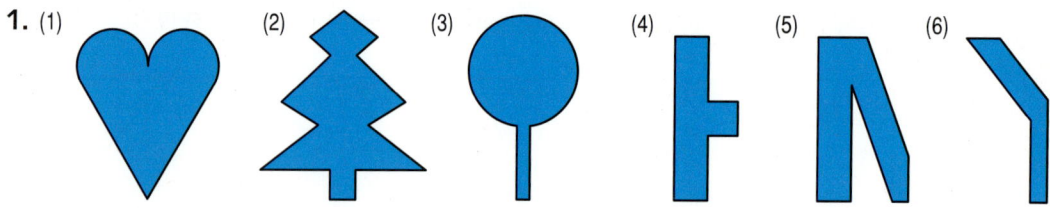

a) Falte und schneide Papier so, dass du ungefähr die abgebildeten Figuren (1), (2) und (3) erhältst.

b) Zeichne mit dem Geodreieck zu den halben Figuren (4), (5) und (6) die ganze Figur.

Achsensymmetrie
Eine Figur ist achsensymmetrisch, wenn sie mindestens eine Symmetrieachse besitzt.

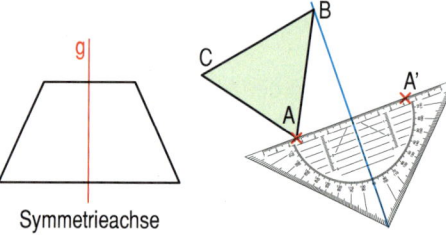

Achsenspiegelung
Bei der Achsenspiegelung ist die Verbindungsstrecke AA' zwischen Original- und Bildpunkt senkrecht zur Spiegelachse und wird von ihr halbiert.

---

2. Wie viele Symmetrieachsen haben die Flaggen? Skizziere im Heft mit den Symmetrieachsen.

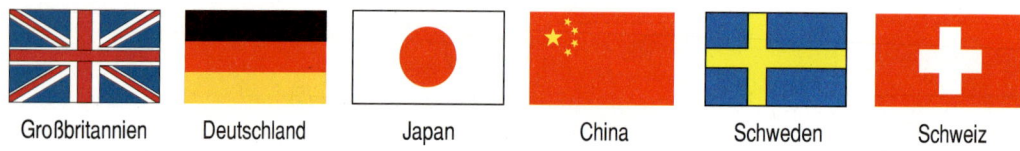

Großbritannien   Deutschland   Japan   China   Schweden   Schweiz

3. Ergänze die Figur in deinem Heft zu einer achsensymmetrischen Figur.

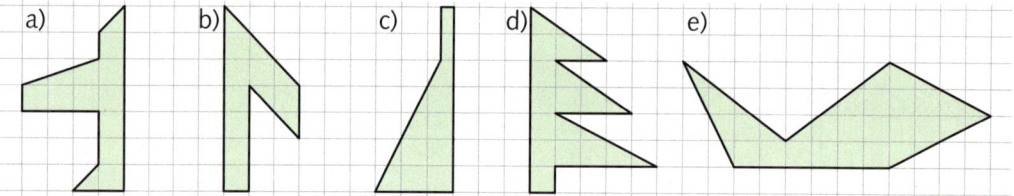

4. Zeichne das Viereck ABCD in ein Gitternetz (Gittereinheit 1 cm). Spiegele das Viereck ABCD an der Geraden g, die durch die Punkte P(2|6) und Q(6|2) verläuft.

a) A(0|4)   B(2|4)   C(2|6)   D(0|6)   b) A(1|1)   B(6|1)   C(4|3)   D(3|3)

5. Übertrage die Figur ins Heft und spiegele sie an der roten Spiegelachse.

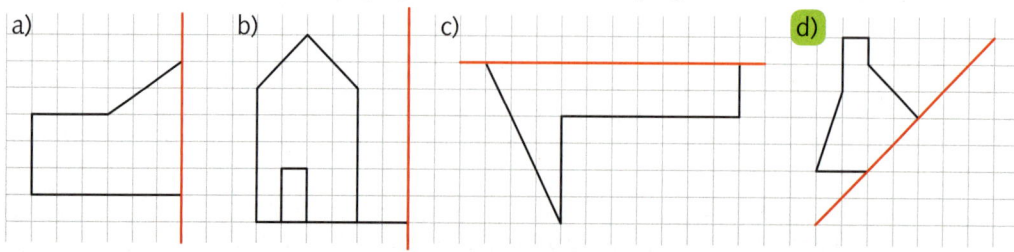

3 Kreise, Winkel, Symmetrien 67

Punktsymmetrie und Punktspiegelung

1. Partnerarbeit: Dreht die Spielkarten in Gedanken um 180° (= halbe Drehung) und überlegt: Welchen Karten würde man nicht ansehen, dass sie gedreht wurden?

2. a) Partnerarbeit: Zeichnet ein Parallelogramm, schneidet es aus und prüft durch Falten, ob es achsensymmetrisch ist.
b) Kann man ihm ansehen, ob es um 180° gedreht wurde? Begründet eure Meinung.
c) Zeichnet drei Figuren, denen man die 180°-Drehung nicht ansehen würde, und präsentiert sie.

Punktsymmetrische Figur

Eine Figur heißt punktsymmetrisch, wenn ihr eine 180°-Drehung nicht anzusehen ist.

Punktspiegelung

$\overline{ZA} = \overline{ZA'}$

Ein Punkt A wird an einem Punkt Z gespiegelt, indem man die Gerade AZ zeichnet und auf ihr den Punkt A' so markiert, dass Z der Mittelpukt von $\overline{AA'}$ ist.

---

3. Übertrage die Figur. Zeichne das Symmetriezentrum ein, wenn sie punktsymmetrisch ist.

a) b) c) d)

4. Zeichne den Punkt A in ein Gitternetz mit 1 cm Gittereinheit und spiegele ihn an Z.
a) A(1,5|2) Z(5,5|5,5)   b) A(10|1) Z(6|2)   c) A(4|9) Z(6|5)   d) A(9|8,5) Z(7|5,5)

5. Übertrage ins Heft, ergänze zu einer punktsymmetrischen Figur mit Z als Symmetriezentrum.

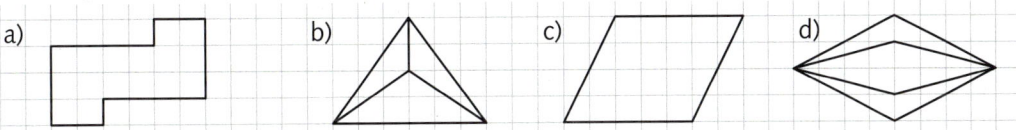

a) b) c) d)

6. Übertrage die Figur. Spiegele sie am Punkt Z.

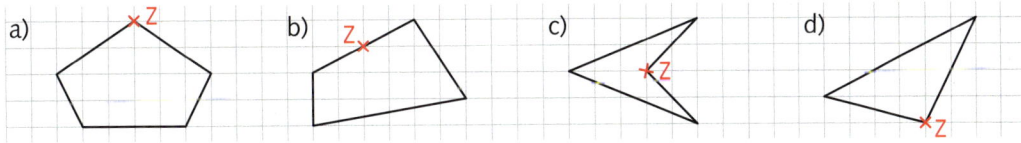

a) b) c)

7. Zeichne die Figur ABCDE und spiegele sie am Punkt Z.
a) A(0,5|1) B(4|0) C(6|3,5) D(3|8) E(0|6) Z(7|4,5)
b) A(2|4)   B(9|5) C(9,5|7) D(8,5|9) E(4|9) Z(5|5)

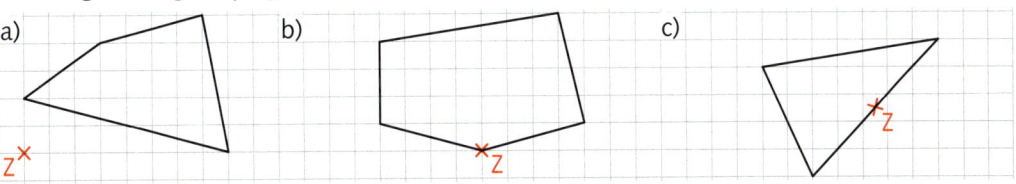

3 Kreise, Winkel, Symmetrien

Drehsymmetrie und Drehung

LVL 1. Partnerarbeit: Zeichnet zwei Kreise und in jedem durch mehrfaches Abtragen des Radius ein regelmäßiges Sechseck. Schneidet beide Sechsecke aus.
   a) Prüft an dem einen Sechseck, ob es achsensymmetrisch ist. Zeichnet vorhandene Symmetrieachsen ein.
   b) Prüft an dem anderen Sechseck: Kann man es so drehen (um welchen Punkt, mit welchem Winkel), dass man ihm die Drehung nicht ansieht?

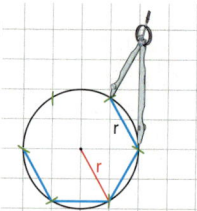

Eine Figur heißt **drehsymmetrisch**, wenn sie nach einer Drehung mit sich selbst zur Deckung kommt.

Eine Drehung ist festgelegt durch einen **Drehpunkt Z** und einen **Drehwinkel α** (α < 360°).

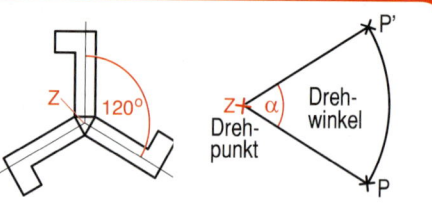

---

2. Die Fotos zeigen drehsymmetrische Figuren. Wo liegt der Drehpunkt, wie groß ist der Drehwinkel?
   a) b) c)

3. Nenne mindestens 4 weitere Beispiele für drehsymmetrische Figuren aus deiner Umwelt. Gib nach Möglichkeit auch Drehpunkt und Drehwinkel an.

4. Prüfe, ob die gegebene Figur drehsymmetrisch ist. Wenn ja, gib den Drehwinkel an.
   a) b) c) d) e) f)

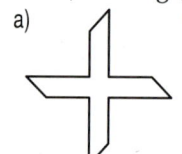 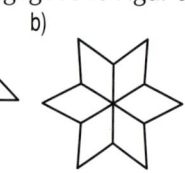 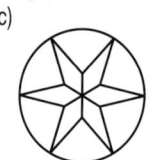 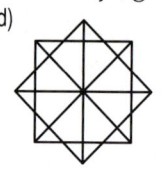 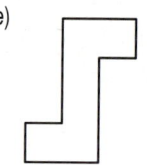 

5. Übertrage die Figur ins Heft. Zeichne Drehpunkt und Drehwinkel ein, wenn sie drehsymmetrisch ist.

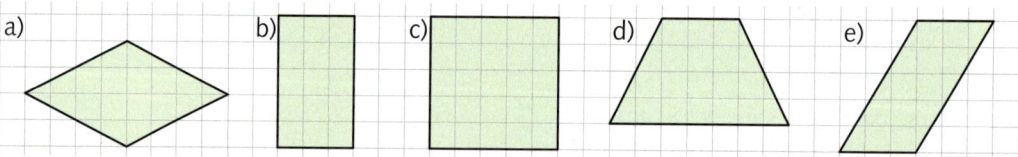

6. Übertrage die grüne Originalfigur und die blaue Bildfigur ins Heft. An welchem Drehpunkt und mit welchem Drehwinkel kann die grüne auf die blaue Figur gedreht werden?

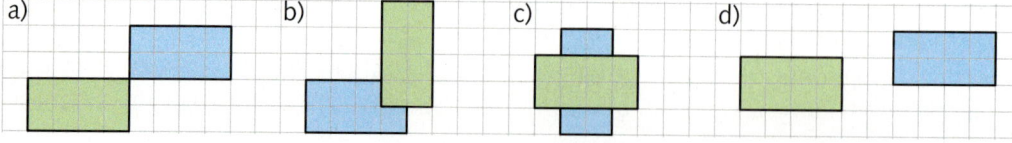

3 Kreise, Winkel, Symmetrien

Vermischte Aufgaben

1.

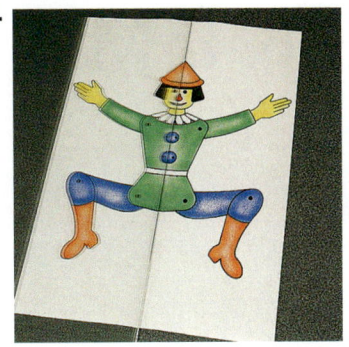  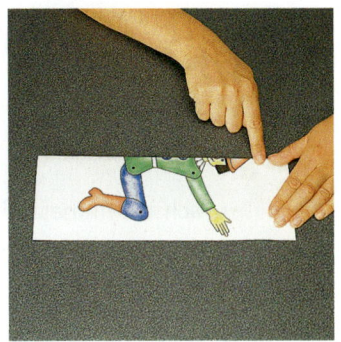

a) Nicola hat einen Spiegel auf das Hampelmannbild gestellt. Du siehst die rechte Seite und ihr Spiegelbild und dann die linke Seite und ihr Spiegelbild. Was fällt dir auf?

b) Christian faltet das Hampelmannbild. Was wird er feststellen, wenn er das gefaltete Bild gegen das Licht hält? Könnte er dafür auch an einer anderen Linie falten?

2.

a) Welche Fotos könntest du so falten, dass die eine Hälfte der Figur genau auf die andere fällt? Welche Figuren haben mehrere dieser Faltgeraden?

b) Welche Figuren könntest du so drehen, dass man ihnen hinterher nicht ansieht, dass sie gedreht worden sind?

3. Vorsicht Fälschung! Welche Karten sind „gefälscht", und woran erkennst du die Fälschung?

(1)  (2)  (3) 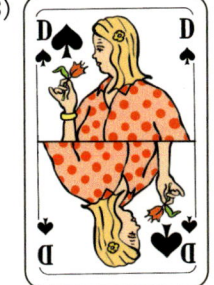 (4)

3 Kreise, Winkel, Symmetrien

4. Welche Buchstaben des Alphabets in der gegebenen Schriftart (Helvetica 55) sind achsensymmetrisch? Zeichne sie mit ihren Symmetrieachsen in dein Heft.

A B C D E F G H I J K L M N
O P Q R S T U V W X Y Z

5. Notiere achsensymmetrische Ziffern mit ihren Symmetrieachsen.

6. Wurde richtig gespiegelt? Gib an, wo Fehler gemacht wurden.

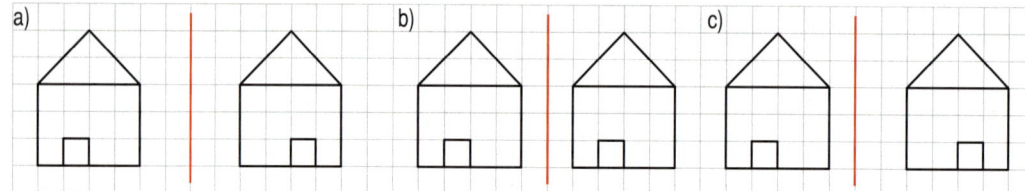

7. Übertrage die Figur ins Heft und spiegele sie an der Spiegelachse g.

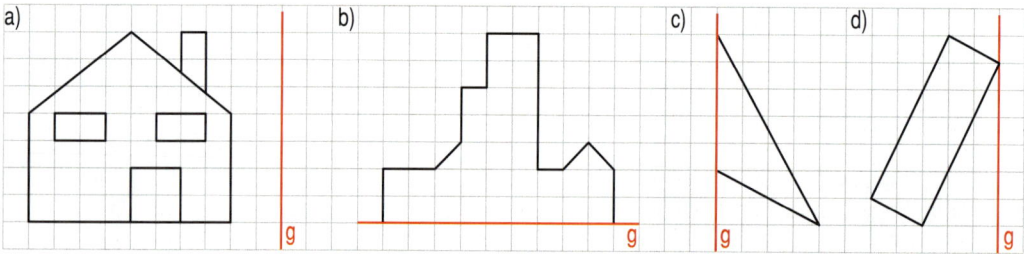

8. Übertrage die Figur und spiegele sie an der Geraden g. Verwende das Geodreieck.

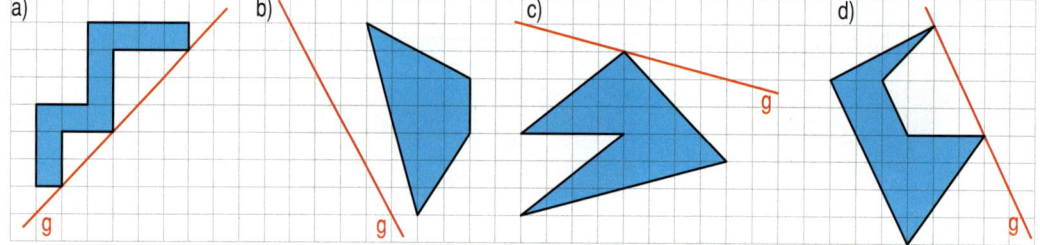

9. Die Punkte A bis G sollen an der Geraden g gespiegelt werden. Nenne die Bildpunkte A' bis G' (lies: „A Strich bis G Strich"). Gib die Koordinaten der Bildpunkte an.

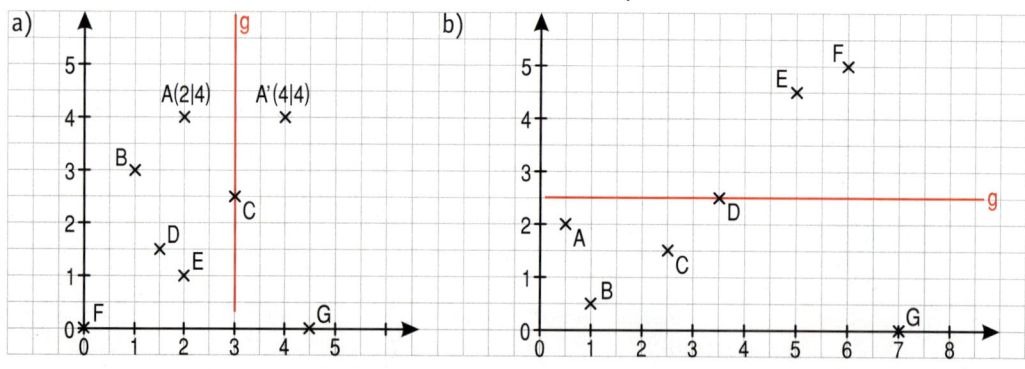

3 Kreise, Winkel, Symmetrien

10. Zeichne das Viereck ABCD ins Gitternetz (Gittereinheit 1 cm). Zeichne alle Symmetrieachsen farbig.
  a) A(1|6) B(3|5) C(5|6) D(3|7)   b) A(0|8) B(3|8) C(3|10) D(0|10)
  c) A(4|7) B(9|7) C(8|9) D(6|9)   d) A(0|2) B(1|0) C(2|2) D(1|3)

11. A' (lies: „A Strich") ist das Spiegelbild von A. Zeichne mit dem Geodreieck die Spiegelachse ein.
  a) A(1|3) A'(3|3)   b) A(1|0) A'(1|4)   c) A(2|1) A'(4|3)   d) A(0|1) A'(1|2,5)

12. Was kann Spiegelbild des Wortes „HALLO" sein? Probiere mit einem Spiegel.
  a) OJJAH   b) HAJJO (mirrored)   c) HAJJO   d) OTTAH (mirrored)   e) OLLAH

13. Wie musst du einen Spiegel halten, sodass du ein identisches Spiegelbild des Wortes erhältst? Finde weitere „achsensymmetrische Wörter".
  a) **UHU**   b) **BOX**   c) **MUM**   d) **OTTO**   e) **CODE**

14. Entschlüssele die Geheimschrift.
  a) ICH BOXE HEINE (mirrored)
  b) Geheimschrift-Defektiv? Bist du ein guter (mirrored)
  c) (symbols)
  d) WICHTIGE NACHRICHT: SCHULE MACHT SPASS! (mirrored)
  e) (symbols)

15. Skizziere die Seitenflächen eines Spielwürfels im Heft.
  a) Zeichne alle Symmetrieachsen rot.
  b) Zeichne Drehpunkte blau ein.

16. Kommt die linke Figur mit der rechten durch Spiegeln, Drehen oder Verschieben zur Deckung?
  a) b) c) d) e) f) g) h)

17. Zeichne das Rechteck mit den Eckpunkten A(2|7), B(5|7), C(5|9) und D(2|9) in dein Heft.
  a) Bestimme die Koordinaten des Symmetriepunktes des Rechtecks.
  b) Zeichne die Gerade g durch P(1|4,5) und Q(6|4,5). Spiegele das Rechteck ABCD an g.
  c) Drehe das Rechteck ABCD um 90° nach rechts um den Drehpunkt Z(6|7).

18. Zeichne das Viereck in dein Heft. Prüfe, ob und welche Symmetrieeigenschaften vorliegen. Zeichne alle Symmetrieachsen bzw. den Drehpunkt (Symmetriepunkt) ein.
  a) Rechteck   b) Parallelogramm   c) Quadrat   d) Drachen   e) Raute

19. Übertrage ins Heft und ergänze mit *einem* Kästchen zu einer achsensymmetrischen Figur.

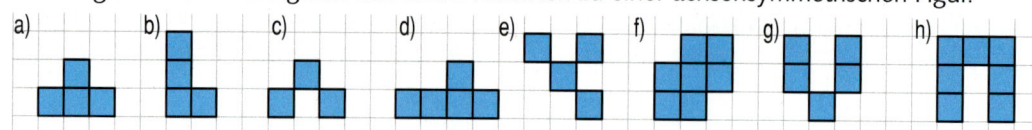

20. Übertrage die Figur ins Heft. Wenn Achsensymmetrie vorliegt, zeichne die Symmetrieachsen ein. Zeichne bei Drehsymmetrie den Drehpunkt Z ein. Manchmal liegt beides vor.

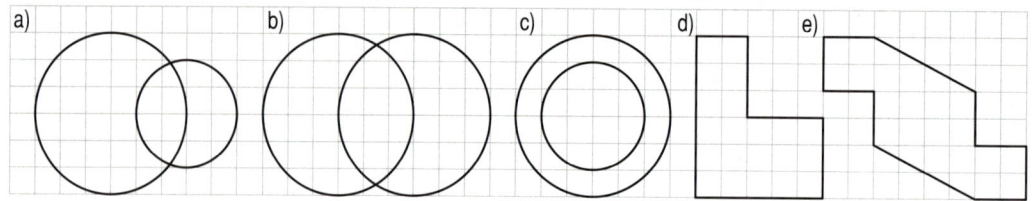

LVL 21. Suche in Zeitungen, Illustrierten und Reklameprospekten Firmenlogos, schneide sie aus und klebe sie ins Heft. Prüfe, ob sie Symmetrieeigenschaften haben, und wenn ja, welche. Zeige sie zur Kontrolle deinem Sitznachbarn.

22. Übertrage die Figur ins Heft. Färbe sie so, dass sie nur die angegebene Symmetrie hat.

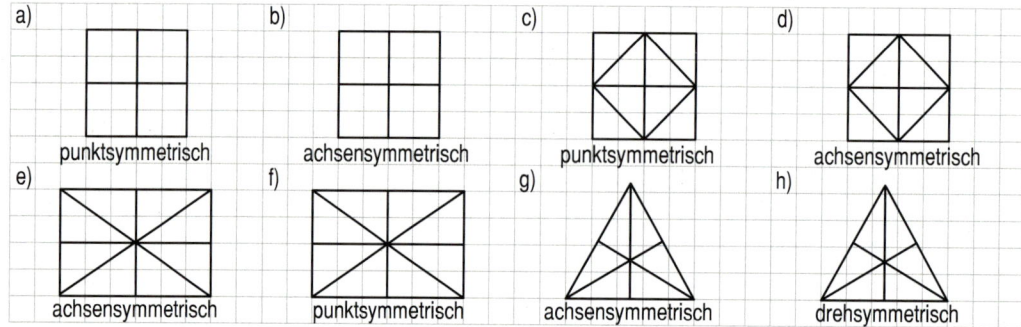

LVL 23. Partnerarbeit: Symmetrische Körper haben statt einer Symmetrieachse eine Symmetrieebene. Hier ist bei einem Quader eine Symmetrieebene eingezeichnet.
a) Wie viele Symmetrieebenen haben die abgebildeten Körper?
b) Wie liegen die Symmetrieebenen? Skizziert.

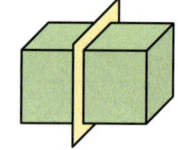

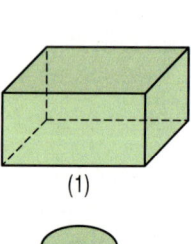
(1)

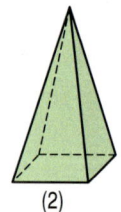
(2)

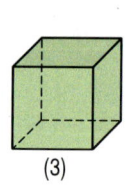
(3)

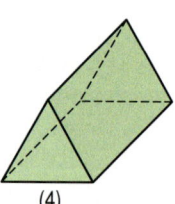
(4)

(5)

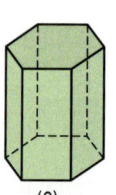
(6)

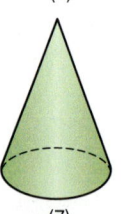
(7)

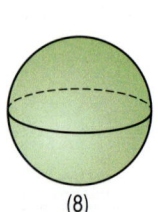
(8)

3 Kreise, Winkel, Symmetrien

1. Markiere einen Punkt M und zeichne um ihn den Kreis mit dem Radius r.
   a) r = 4 cm   b) r = 4,5 cm   c) r = 5,6 cm

2. Zeichne um M den Kreis mit dem Durchmesser d.
   a) d = 10 cm   b) d = 7 cm   c) d = 6,8 cm

3. Berechne aus dem Radius den Durchmesser.
   a) r = 8 cm   b) r = 5,3 cm   c) r = 4,7 cm

4. Zeichne eine Strecke $\overline{AB}$ = 6 cm und um die Endpunkte A und B zwei Kreise, beide mit
   a) r = 4 cm,   b) r = 3 cm,   c) r = 2 cm.

5. Welche Arten von Winkeln liegen vor?

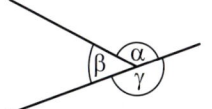 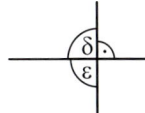

6. 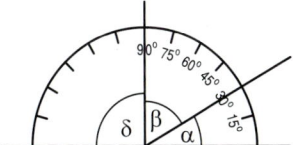   Notiere im Heft:
   α =
   β =
   δ =

7. Zeichne einen Winkel.
   a) α = 35°   b) α = 80°   c) α = 120°

8. Zeichne eine kreisförmige Torte (r = 5 cm) und teile sie in 6 gleiche Teile. Berechne zuerst den Winkel.

9. Übertrage die Figur und den Punkt Z. Führe eine Punktspiegelung an Z durch.

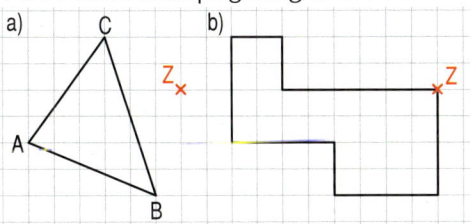

10. Übertrage die Figur ins Heft und bestimme ihre Symmetrieeigenschaften. Zeichne Symmetrieachsen und Drehpunkt ein.

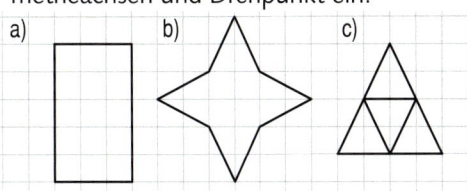

Kreis
Jeder Kreis ist festgelegt durch den **Mittelpunkt** M und den **Radius** r.
Der **Durchmesser** d ist doppelt so groß wie der Radius.
Alle Punkte eines Kreises sind vom Mittelpunkt gleich weit entfernt.

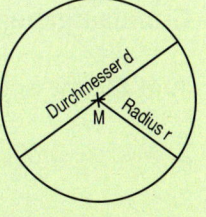

Winkel
Jeder Winkel besitzt einen **Scheitelpunkt** S und zwei **Schenkel** (Strahlen, die in S beginnen).

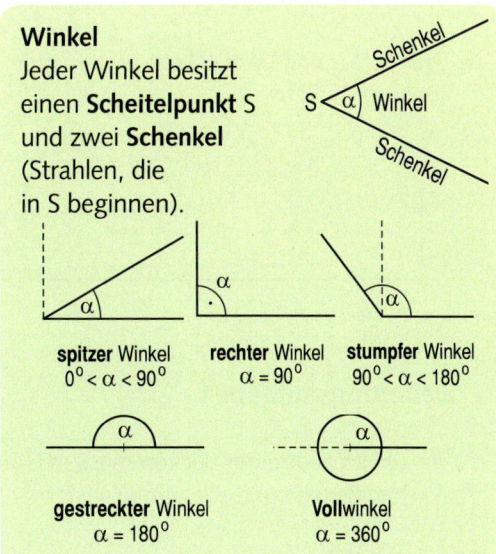

spitzer Winkel $0° < α < 90°$
rechter Winkel $α = 90°$
stumpfer Winkel $90° < α < 180°$
gestreckter Winkel $α = 180°$
Vollwinkel $α = 360°$

Achsensymmetrie und Achsenspiegelung

Symmetrieachse g
A und A' haben gleichen Abstand von g

Punktsymmetrie und Punktspiegelung

$\overline{ZA} = \overline{ZA'}$

Drehsymmetrie und Drehung

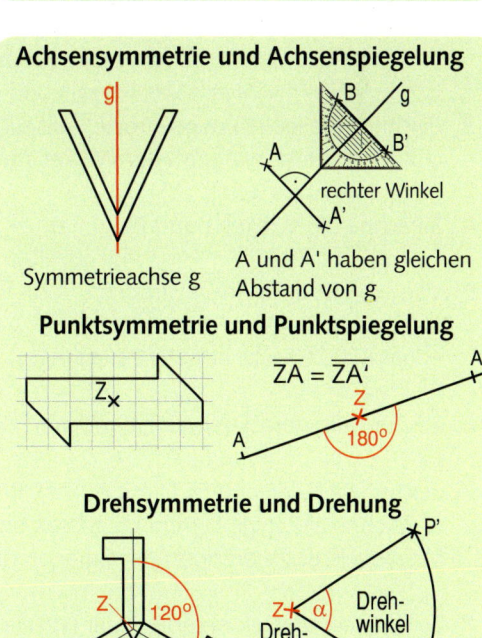

Drehpunkt
Drehwinkel

TÜV — TESTEN · ÜBEN · VERGLEICHEN

3 Kreise, Winkel, Symmetrien

Grundaufgaben

1. a) Zeichne einen Kreis mit Radius 2,5 cm.   b) Zeichne einen Kreis mit Durchmesser 6,4 cm.

2. Miss die Größe der Winkel α und β mit dem Geodreieck und notiere α = ▪; β = ▪.

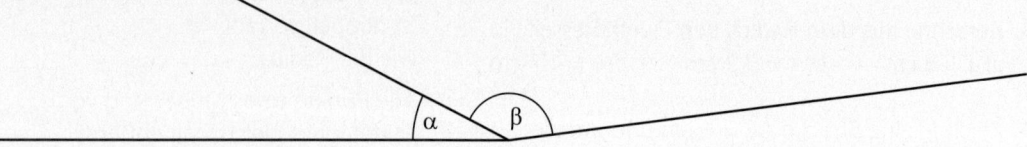

3. Zeichne einen Winkel von   a) 76°,   b) 99°

4. Welche Art von Winkel liegt jeweils vor?   **5.** Spiegele die Figur an der Spiegelachse g.

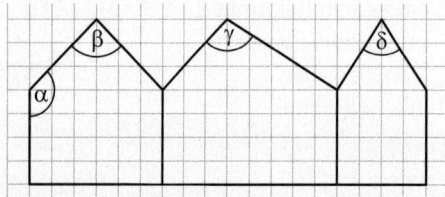 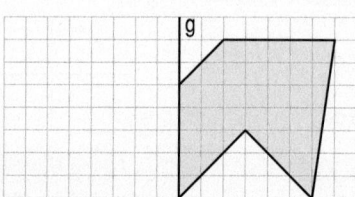

Erweiterungsaufgaben

1. Um ein kreisförmiges Becken mit 8 m Durchmesser verläuft ein 2 m breiter Spazierweg.
Zeichne Becken und Weg im Maßstab 1:100.

2. In zwei 70 km voneinander entfernten Orten A und B stehen zwei Sender. Der eine hat 50 km Reichweite, der andere 40 km. Zeichne im Maßstab 1:1 000 000 (1 cm für 1 000 000 cm = 10 km) und färbe das Gebiet, in dem beide Sender zu empfangen sind.

3. Zeichne eine kreisförmige „Torte" mit 5 cm Radius und teile sie in 10 gleiche Teile.
Überlege zuerst, wie groß der Winkel am Mittelpunkt für ein „Tortenstück" sein muss.

4. Berechne die Winkel α und β.   a)   b)

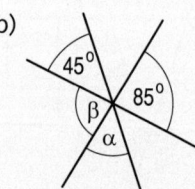

5. Wie groß ist der Winkel zwischen den beiden Zeigern einer Uhr
a) um 8:00 Uhr b) um 15:39 Uhr?

6. Zeichne ein Viereck mit einem rechten, zwei spitzen und einem stumpfen Winkel.

7. Zeichne das Viereck ABCD mit A(1|1), B(7|1), C(6|5), D(2|5) in ein Gitternetz (Einheit 1cm).
a) Zeichne alle seine Symmetrieachsen und Symmetriepunkte ein.
b) Spiegele das Viereck an der Geraden durch B und C.

8. Zeichne ein Viereck mit folgender Eigenschaft:
a) punktsymmetrisch, aber nicht achsensymmetrisch;
b) achsensymmetrisch, aber nicht punktsymmetrisch.

Brüche und Dezimalbrüche (2)

4

Autoskooter 2,50 €
Geisterbahn 2,10 €
Riesenschaukel 2,80 €
aber Mittwoch die Hälfte!

Ich bekomme die Hälfte.

Teilt euch noch die drei Viertel Pizza.

Jeder bekommt den gleichen Anteil.

Drei Viertel geteilt durch Drei …

Wie viel Liter sind das jetzt?

4 Brüche und Dezimalbrüche (2)

Multiplikation mit einer natürlichen Zahl

1. Notiere als Bruch und als gemischte Zahl, wie viel Pizza im Bild oben gekauft wird.

2. a) Schreibe $4 \cdot \frac{3}{5}$ ausführlich als Summe und berechne das Ergebnis.
   b) $\frac{2}{3} \cdot 5 = 5 \cdot \frac{2}{3} = \blacksquare$. Berechne das Ergebnis, ohne die Aufgabe als Summe zu schreiben.
   LVL c) Erkläre die Regel im untenstehenden Kasten mit zwei eigenen Beispielen.

Ein Bruch wird mit einer natürlichen Zahl multipliziert, indem man den Zähler mit der natürlichen Zahl multipliziert. Der Nenner bleibt unverändert.

Beispiele: $\quad 3 \cdot \frac{2}{7} = \frac{3 \cdot 2}{7} = \frac{6}{7} \qquad\qquad \frac{3}{4} \cdot 5 = \frac{15}{4} = 3\frac{3}{4}$

---

3. Rechne aus.
   a) 4 mal 2 Neuntel   b) 3 Achtel mal 2   c) 2 Fünftel mal 3   d) 6 mal 5 Siebtel
   e) 3 Zehntel mal 3   f) 5 mal 4 Neuntel   g) 3 mal 6 Elftel   h) 2 Neuntel mal 10

4. Schreibe als Produkt und berechne.
   a) $\frac{3}{10} + \frac{3}{10} + \frac{3}{10} + \frac{3}{10}$
   b) $\frac{4}{5} + \frac{4}{5} + \frac{4}{5}$
   c) $\frac{6}{8} + \frac{6}{8} + \frac{6}{8} + \frac{6}{8} + \frac{6}{8}$
   d) $\frac{1}{2} + \frac{1}{2}$

5. a) $\frac{2}{3} \cdot 4$ b) $2 \cdot \frac{3}{8}$ c) $\frac{3}{5} \cdot 7$ d) $5 \cdot \frac{1}{2}$ e) $\frac{5}{6} \cdot 3$ f) $9 \cdot \frac{7}{10}$ g) $\frac{7}{12} \cdot 10$
   h) $\frac{2}{5} \cdot 8$ i) $5 \cdot \frac{2}{3}$ j) $\frac{7}{9} \cdot 7$ k) $6 \cdot \frac{2}{7}$ l) $\frac{3}{8} \cdot 7$ m) $4 \cdot \frac{1}{3}$ n) $\frac{7}{9} \cdot 8$

6. Eine Unterrichtsstunde dauert eine Dreiviertelstunde.
   a) Wie lang ist die Unterrichtszeit am Montag?
   b) Wie lang ist die Unterrichtszeit für Mathematik in einer Woche?
   LVL c) Überlege selbst zwei Fragen zum Stundenplan. Stelle sie einer Mitschülerin oder einem Mitschüler. Prüfe die Antworten.

	Stundenplan 6a				
	Montag	Dienstag	Mittwoch	Donnerstag	Freitag
1	Politik	Mathe	Englisch	Mathe	Sport
2	Mathe	Englisch	Deutsch	Englisch	Sport
3	Deutsch	Geschichte	Mathe	Musik	Englisch
4	Englisch	Deutsch	Biologie	Erdkunde	Biologie
5	Kunst	Musik	Schwimmen	Deutsch	Religion
6	Kunst	Religion		Geschichte	

7. a) $1\frac{1}{5} \cdot 4$ b) $3 \cdot 2\frac{1}{3}$ c) $1\frac{3}{5} \cdot 5$ d) $4 \cdot 2\frac{2}{3}$
   e) $6\frac{1}{2} \cdot 2$ f) $8 \cdot 1\frac{3}{4}$ g) $2\frac{2}{3} \cdot 6$ h) $7 \cdot 2\frac{1}{3}$

$1\frac{1}{4} \cdot 3 = \frac{5}{4} \cdot 3 = \frac{15}{4} = 3\frac{3}{4}$

Zuerst die gemischte Zahl umwandeln in einen Bruch.

15
35
80

4 Brüche und Dezimalbrüche (2)

8. a) $\frac{2}{9} \cdot 3$ b) $2\frac{1}{4} \cdot 5$ c) $\frac{3}{7} \cdot 3$ d) $8 \cdot 3\frac{1}{2}$ e) $\frac{4}{15} \cdot 7$ f) $\frac{3}{8} \cdot 9$

  g) $\frac{3}{20} \cdot 6$ h) $1\frac{2}{6} \cdot 4$ i) $\frac{5}{9} \cdot 8$ j) $3 \cdot 1\frac{2}{5}$ k) $\frac{9}{10} \cdot 8$ l) $\frac{2}{7} \cdot 6$

9. Mit welcher natürlichen Zahl wurde multipliziert? Notiere die vollständige Aufgabe.

  a) $\frac{6}{9} \cdot \blacksquare = \frac{42}{9}$ b) $\frac{6}{3} \cdot \blacksquare = \frac{36}{3}$ c) $\frac{8}{10} \cdot \blacksquare = \frac{24}{10}$ d) $\frac{7}{12} \cdot \blacksquare = \frac{49}{12}$

  e) $\blacksquare \cdot \frac{3}{8} = \frac{15}{8}$ f) $\blacksquare \cdot \frac{7}{9} = \frac{42}{9}$ g) $\blacksquare \cdot \frac{9}{12} = \frac{90}{12}$ h) $\blacksquare \cdot \frac{5}{6} = \frac{35}{6}$

10. Bauer Harms hat 6 Körbe mit Pflaumen zu je $2\frac{1}{2}$ kg verkauft. Wie viel Kilogramm Pflaumen hat er insgesamt verkauft?

11. Jörg kauft 8 Flaschen Saft mit je $1\frac{1}{2}$ l Inhalt. Wie viel Liter sind das zusammen?

LVL 12. Stelle eine Frage und gib eine Antwort dazu.
  a) Frau Hill benötigt noch 3 Tapetenbahnen zu je $3\frac{1}{2}$ m Länge.
  b) Zum Streichen von einem Heizkörper benötigt Herr Hill $\frac{3}{4}$ l Farbe. Er muss insgesamt 7 Heizkörper streichen.
  c) Fußbodenleisten werden in einer Länge von $2\frac{1}{2}$ m verkauft. Für das Wohnzimmer benötigt Familie Hill 8 Leisten, für das Kinderzimmer 5 Leisten. Wie viel Meter sind das zusammen?

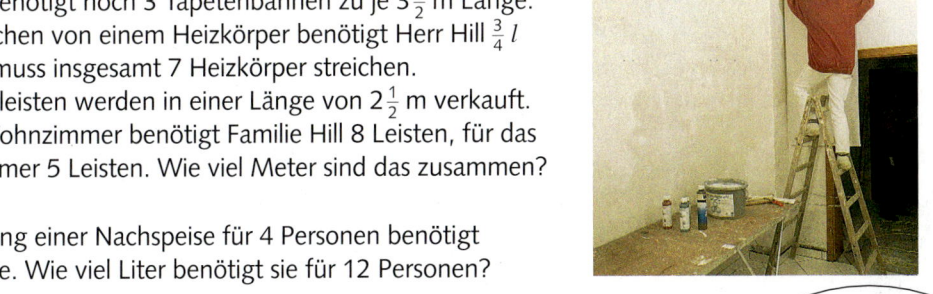

13. Zur Herstellung einer Nachspeise für 4 Personen benötigt Lina $\frac{3}{8}$ l Sahne. Wie viel Liter benötigt sie für 12 Personen?

14. Zum Einwecken von Gartenobst muss Herr Braun 3-mal $\frac{3}{4}$ kg Zucker abwiegen. Wie viel Kilogramm Zucker benötigt er insgesamt?

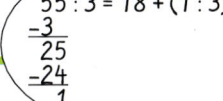

15. a) $3\frac{3}{4} \cdot 6$ b) $2\frac{3}{9} \cdot 4$ c) $6\frac{2}{3} \cdot 7$ d) $5\frac{2}{5} \cdot 3$

  e) $4\frac{3}{8} \cdot 3$ f) $3\frac{4}{5} \cdot 7$ g) $4\frac{1}{8} \cdot 5$ h) $2\frac{5}{6} \cdot 4$

  i) $5 \cdot 5\frac{5}{7}$ j) $2 \cdot 6\frac{5}{8}$ k) $4 \cdot 3\frac{5}{6}$ l) $5 \cdot 7\frac{1}{3}$

$3\frac{2}{3} \cdot 5 = \frac{11}{3} \cdot 5$
$= \frac{55}{3} = 18\frac{1}{3}$

16. Biobauer Koschitz liefert Milch an verschiedene Geschäfte. Wie viel muss er jeweils liefern?
  a) Die „Milchtheke" wünscht für 6 Kunden je 1 l, für 5 Kunden je $\frac{1}{2}$ l und zusätzlich 8-mal $\frac{1}{4}$ l Milch.
  b) Die „Bio-Ecke" bestellt für 12 Kunden $\frac{1}{2}$ l und zusätzlich 15-mal $\frac{1}{4}$ l.

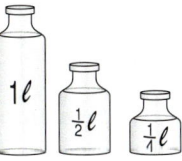

17. a) $(\frac{2}{8} + \frac{3}{8}) \cdot 9$ b) $(\frac{5}{10} + \frac{4}{10}) \cdot 12$ c) $(2\frac{4}{5} - \frac{3}{5}) \cdot 6$ d) $(4\frac{5}{8} + \frac{7}{8}) \cdot 3$

  e) $14 \cdot (\frac{7}{10} - \frac{5}{10})$ f) $7 \cdot (\frac{5}{6} + \frac{4}{6})$ g) $8 \cdot (3\frac{3}{4} - \frac{1}{4})$ h) $14 \cdot (1\frac{7}{9} + \frac{8}{9})$

18. a) $\frac{3}{4} \cdot 5 + \frac{5}{4} \cdot 3$ b) $\frac{2}{3} \cdot 4 + \frac{1}{3} \cdot 5$ c) $\frac{4}{7} \cdot 6 - \frac{3}{7} \cdot 7$ d) $\frac{3}{8} \cdot 2 + \frac{5}{8} \cdot 7$

  e) $8 \cdot \frac{3}{2} - \frac{1}{2} \cdot 5$ f) $6 \cdot \frac{7}{9} - \frac{5}{9} \cdot 5$ g) $9 \cdot \frac{5}{8} + 4 \cdot \frac{3}{8}$ h) $2 \cdot \frac{3}{4} - 6 \cdot \frac{1}{4}$

TIPP
Zuerst rechnen, was in Klammern steht. Punktrechnung geht vor Strichrechnung.

LVL 19. „Ich habe bei einem Bruch etwas verdoppelt und dadurch die Hälfte erhalten", sagt Sebastian. Kai sagt: „Das ist unmöglich!" – Dirk: „Ich verstehe. Man kann ja bei einem Bruch auch etwas halbieren und dadurch das Doppelte erhalten". – Kai: „Jetzt verstehe ich gar nichts mehr."

4 Brüche und Dezimalbrüche (2)

LVL

Teilen von Brüchen

1. Vom Kuchen ist noch $\frac{1}{5}$ übrig. Diesen Rest teilen sich 4 Kinder gerecht.
   Ilka meint, jedes Kind bekommt jetzt $\frac{1}{9}$ vom ursprünglichen Kuchen. Stimmt das?
   Trage deine Argumente in der Klasse vor und nenne deine Lösung.

2. Partnerarbeit: Fertigt zu den Aufgaben jeweils eine Zeichnung auf einer Folie an, bestimmt das Ergebnis und stellt Zeichnung und Lösung in der Klasse vor.
   a) $\frac{1}{2} : 5$ b) $\frac{1}{3} : 3$
   c) $\frac{1}{4} : 2$ d) $\frac{1}{3} : 4$

3. Bestimme das Ergebnis ohne Zeichnung und erkläre einem anderen Kind, wie du gerechnet hast.
   a) $\frac{1}{8} : 3$ b) $\frac{1}{7} : 4$
   c) $\frac{1}{5} : 6$ d) $\frac{1}{4} : 9$

4.

Welchen Bruchteil vom ursprünglichen Kuchen bekommt jetzt jedes Kind?
Erkläre dein Ergebnis den Mitschülerinnen und Mitschülern.

5. Partnerarbeit: Übertragt die Aufgabe ins Heft und lest das Ergebnis aus der Zeichnung ab.
   a) $\frac{2}{3} : 3 = $ ■   b) $\frac{3}{4} : 5 = $ ■   c) $\frac{4}{5} : 2 = $ ■   d) $\frac{5}{6} : 4 = $ ■

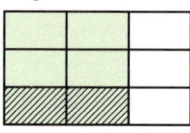 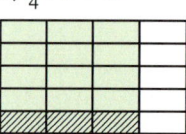 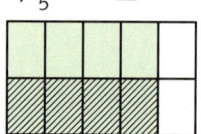 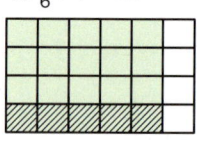

6. Gruppenarbeit: Formuliert eine Rechenregel, wie man einen Bruch durch eine natürliche Zahl dividiert. Die Regel muss so klar sein, dass man auf die Hilfe einer Zeichnung verzichten kann. Stellt diese Regel in der Klasse vor und erklärt sie an Beispielaufgaben. Vergleicht eure Regel mit der Regel auf der folgenden Seite oben.

4 Brüche und Dezimalbrüche (2)   79

Division durch eine natürliche Zahl

> Ein **Bruch wird durch eine natürliche Zahl dividiert**, indem man den Nenner des Bruches mit der natürlichen Zahl multipliziert. Der Zähler bleibt dabei unverändert.
>
> Beispiele: $\frac{3}{5} : 4 = \frac{3}{5 \cdot 4} = \frac{3}{20}$ $1\frac{3}{4} : 2 = \frac{7}{4} : 2 = \frac{7}{4 \cdot 2} = \frac{7}{8}$ $\frac{1}{8} : 3 = \frac{1}{24}$

1. Welchen Bruchteil bekommt jeder, wenn eine halbe Familienpizza aufgeteilt wird
   a) unter 2 Personen,   b) unter 3 Personen,   c) unter 4 Personen,   d) unter 5 Personen?

2. Welche Divisionsaufgabe ist dargestellt? Notiere Aufgabe und Ergebnis.
   a) 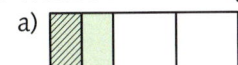   b)    c)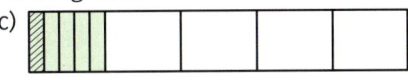

3. a) $\frac{1}{7} : 3$ b) $\frac{1}{6} : 5$ c) $\frac{1}{8} : 4$ d) $\frac{1}{3} : 4$ e) $\frac{1}{10} : 10$ f) $\frac{1}{9} : 8$ g) $\frac{1}{5} : 3$
   h) $\frac{1}{12} : 4$ i) $\frac{1}{20} : 2$ j) $\frac{1}{7} : 9$ k) $\frac{1}{100} : 10$ l) $\frac{1}{25} : 4$ m) $\frac{1}{15} : 6$ n) $\frac{1}{12} : 7$

4. Ina, Jens, Thomas und Claudia teilen sich $\frac{1}{3}$ Erdbeerkuchen. Welchen Bruchteil von dem ganzen Kuchen erhält jedes Kind?

5. Löse nacheinander beide Aufgaben.
   a) $\frac{1}{8} : 5 = \blacksquare$ b) $\frac{1}{9} : 2 = \blacksquare$ c) $\frac{1}{7} : 4 = \blacksquare$ d) $\frac{1}{12} : 3 = \blacksquare$
   $\frac{6}{8} : 5 = \blacksquare$ $\frac{5}{9} : 2 = \blacksquare$ $\frac{3}{7} : 4 = \blacksquare$ $\frac{10}{12} : 3 = \blacksquare$

   $\frac{1}{4} : 2 = \frac{1}{8}$ $\frac{3}{4} : 2 = \frac{3}{8}$

6. Fünf Personen teilen sich eine Dreiviertelpizza. Welchen Bruchteil der ganzen Pizza bekommt jeder?

7. a) $\frac{5}{7} : 2$ b) $\frac{2}{6} : 3$ c) $\frac{7}{10} : 4$ d) $\frac{4}{9} : 5$ e) $\frac{5}{12} : 4$
   f) $\frac{7}{8} : 4$ g) $\frac{13}{100} : 10$ h) $\frac{7}{25} : 3$ i) $\frac{8}{15} : 3$ j) $\frac{29}{50} : 8$

8. a) $\frac{2}{3} : \blacksquare = \frac{2}{15}$ b) $\frac{3}{4} : \blacksquare = \frac{3}{16}$ c) $\frac{2}{5} : \blacksquare = \frac{2}{15}$ d) $\frac{5}{8} : \blacksquare = \frac{5}{56}$ e) $\frac{5}{7} : \blacksquare = \frac{5}{42}$
   f) $\frac{5}{6} : \blacksquare = \frac{5}{42}$ g) $\frac{2}{9} : \blacksquare = \frac{2}{36}$ h) $\frac{13}{15} : \blacksquare = \frac{13}{30}$ i) $\frac{9}{10} : \blacksquare = \frac{9}{100}$ j) $\frac{11}{12} : \blacksquare = \frac{11}{60}$

9. a) $2\frac{3}{4} : 2$ b) $3\frac{3}{5} : 4$ c) $3\frac{4}{9} : 6$ d) $2\frac{3}{7} : 8$
   e) $5\frac{1}{6} : 10$ f) $2\frac{2}{3} : 8$ g) $4\frac{1}{4} : 5$ h) $1\frac{2}{8} : 7$

   TIPP Zuerst die gemischte Zahl in einen Bruch umwandeln!

10. a) $1\frac{2}{7} : \blacksquare = \frac{\blacksquare}{56}$ b) $3\frac{5}{8} : \blacksquare = \frac{\blacksquare}{64}$ c) $5\frac{3}{4} : \blacksquare = \frac{\blacksquare}{44}$ d) $4\frac{3}{5} : \blacksquare = \frac{\blacksquare}{50}$

11. Ein $4\frac{1}{4}$ m langer Stab wird in 5 gleichlange Teilstäbe geschnitten. Gib die Länge eines Teilstabes an
    a) als Bruchteil eines Meters,   b) in Zentimetern.

12. $2\frac{1}{5}$ kg Pizzateig wird in 8 gleiche Portionen geteilt. Gib die Masse jeder Portion an
    a) als Bruchteil eines Kilogramms,   b) in Gramm.

15
35
80

4 Brüche und Dezimalbrüche (2)

13. Bestimme die Hälfte des Bruches.
 a) $\frac{1}{2}$ b) $\frac{1}{6}$ c) $\frac{1}{4}$ d) $\frac{1}{9}$ e) $\frac{1}{8}$ f) $\frac{1}{10}$ g) $\frac{1}{3}$

14. a) $\frac{1}{9} : 5$ b) $\frac{1}{5} : 6$ c) $\frac{1}{8} : 7$ d) $\frac{1}{3} : 3$ e) $\frac{1}{7} : 6$ f) $\frac{1}{6} : 8$
 g) $\frac{1}{10} : 8$ h) $\frac{1}{12} : 4$ i) $\frac{1}{4} : 5$ j) $\frac{1}{20} : 2$ k) $\frac{1}{25} : 8$ l) $\frac{1}{3} : 6$

15. a) $\frac{5}{6} : 2$ b) $\frac{7}{8} : 6$ c) $\frac{5}{9} : 7$ d) $\frac{5}{3} : 11$ e) $\frac{12}{7} : 10$ f) $\frac{2}{3} : 5$
 g) $\frac{4}{9} : 8$ h) $\frac{11}{10} : 10$ i) $\frac{14}{15} : 3$ j) $\frac{9}{5} : 4$ k) $\frac{13}{4} : 2$ l) $\frac{7}{9} : 8$

16. Schreibe das Ergebnis – wenn es größer als ein Ganzes ist – auch als gemischte Zahl.
 a) $1\frac{1}{4} : 2$ b) $5\frac{3}{5} : 4$ c) $1\frac{1}{5} : 3$ d) $4\frac{5}{6} : 3$ e) $2\frac{1}{2} : 2$ f) $3\frac{1}{8} : 4$
 g) $6\frac{1}{2} : 4$ h) $6\frac{2}{3} : 2$ i) $8\frac{9}{10} : 5$ j) $3\frac{2}{3} : 4$ k) $1\frac{2}{5} : 6$ l) $2\frac{3}{7} : 2$

LVL 17. Wenn der Zähler durch die Zahl teilbar ist, hast du zwei Möglichkeiten, den Bruch zu teilen. Erkläre und rechne.
 a) $\frac{9}{10} : 3$ b) $\frac{18}{20} : 6$ c) $\frac{16}{5} : 4$ d) $\frac{6}{8} : 3$ e) $\frac{8}{7} : 4$
 f) $\frac{12}{7} : 4$ g) $\frac{25}{100} : 5$ h) $\frac{14}{6} : 7$ i) $\frac{20}{8} : 4$ j) $\frac{15}{10} : 3$

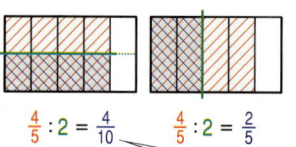

$\frac{4}{5} : 2 = \frac{4}{10}$ $\frac{4}{5} : 2 = \frac{2}{5}$

Ist doch gleich: 2 Fünftel oder 4 halbe Fünftel.

18. Berechne. Prüfe zuerst, ob der Zähler durch die Zahl teilbar ist.
 a) $\frac{4}{9} : 3$ b) $\frac{8}{5} : 4$ c) $\frac{12}{15} : 3$ d) $\frac{2}{3} : 3$ e) $\frac{9}{18} : 9$ f) $\frac{5}{6} : 7$ g) $\frac{8}{5} : 5$
 h) $\frac{6}{5} : 7$ i) $\frac{5}{12} : 4$ j) $\frac{4}{7} : 4$ k) $\frac{10}{20} : 10$ l) $2\frac{4}{5} : 7$ m) $3\frac{3}{4} : 2$ n) $1\frac{2}{7} : 3$

19. Bestimme die Hälfte des Bruches.
 a) $\frac{4}{5}$ b) $\frac{3}{5}$ c) $\frac{8}{9}$ d) $\frac{5}{6}$ e) $3\frac{1}{3}$ f) $2\frac{1}{4}$ g) $3\frac{1}{5}$ h) $2\frac{4}{5}$

20. Inga, Mike und Leo teilen sich $1\frac{1}{2}$ Pizza. Welchen Anteil erhält jedes Kind?

21. Ein $3\frac{3}{4}$ m langes Seil wird in 3 gleiche Teile zerschnitten. Welche Länge hat jedes Seilstück? Gib das Ergebnis auch als gemischte Zahl in Metern an. Wie viel Zentimeter sind es?

22. Linda hat donnerstags $3\frac{3}{4}$ Stunden Unterricht (ohne Pausenzeit). Wie viele Unterrichtsstunden (jede $\frac{3}{4}$ h) hat sie an diesem Tag? Schätze und rechne nach.

LVL 23. Die drei etwa gleich schweren Flusspferde bringen zusammen $6\frac{3}{4}$ t auf die Waage. In jeder Woche benötigen sie zusammen 2,4 t Heu. Stelle mindestens zwei Fragen. Schreibe deinen Rechenweg und deine Lösung auf.

24. Ein Robbenbecken wird geleert und gereinigt. Nach 6 Stunden ist es wieder zu $\frac{4}{5}$ gefüllt.
 a) Wie voll ist es nach einer Stunde Füllzeit?
 b) War es nach 4 Stunden mehr oder weniger als zur Hälfte gefüllt?

25. Bestimme den Bruchteil. a) das Doppelte eines Achtels   b) die Hälfte einer Hälfte

4 Brüche und Dezimalbrüche (2)

Vermischte Aufgaben

1. Verdopple den Bruch. Schreibe das Ergebnis, wenn es größer als 1 ist, als gemischte Zahl.
   a) $\frac{5}{8}$ b) $\frac{7}{6}$ c) $\frac{1}{3}$ d) $\frac{3}{5}$ e) $\frac{2}{7}$ f) $\frac{5}{3}$ g) $\frac{11}{10}$

2. Halbiere den Bruch.
   a) $\frac{2}{5}$ b) $\frac{1}{5}$ c) $\frac{4}{7}$ d) $\frac{3}{4}$ e) $\frac{10}{2}$ f) $\frac{12}{25}$ g) $\frac{6}{3}$

3. a) Dividiere $\frac{6}{8}$ b) Dividiere $\frac{8}{12}$ c) Dividiere $\frac{12}{16}$ d) Dividiere $\frac{4}{10}$

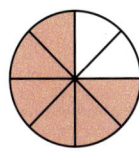 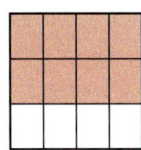 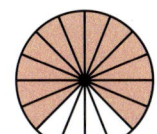 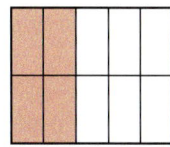

durch 6 (4; 2)   durch 8 (5; 3)   durch 5 (4; 3)   durch 5 (4; 2)

TIPP
Punkt- vor Strichrechnung.

Zuerst, was in Klammern steht.

4. a) $\frac{3}{4} \cdot 3 + \frac{1}{4}$ b) $3 \cdot \frac{2}{3} + \frac{1}{3}$ c) $\frac{2}{5} \cdot 4 - \frac{2}{5} \cdot 3$ d) $4 \cdot \frac{5}{6} - \frac{1}{6}$ e) $7 \cdot \frac{2}{3} + 2 \cdot \frac{1}{3}$
   f) $\frac{2}{5} \cdot 6 - \frac{3}{5} \cdot 3$ g) $\frac{2}{7} + 3 \cdot \frac{3}{7}$ h) $\frac{5}{8} \cdot 9 - \frac{7}{8} \cdot 6$ i) $8 \cdot \frac{4}{9} - \frac{5}{9}$ j) $6 \cdot \frac{3}{10} + 2 \cdot \frac{5}{10}$

5. a) $(\frac{4}{7} + \frac{6}{7}) : 5$ b) $(\frac{12}{15} - \frac{5}{15}) \cdot 3$ c) $(1\frac{2}{9} + \frac{5}{9}) : 7$ d) $(3\frac{5}{6} - \frac{7}{6}) \cdot 5$
   e) $(\frac{7}{8} - \frac{3}{8}) \cdot 15$ f) $(\frac{9}{16} + \frac{15}{16}) : 8$ g) $(8\frac{2}{3} - \frac{5}{3}) \cdot 9$ h) $(2\frac{4}{5} + \frac{3}{5}) : 20$

6. Multipliziere $\frac{7}{8}$ mit der Zahl 3, subtrahiere vom Ergebnis $\frac{5}{8}$.

7. Zeichne und schreibe wie im Beispiel. Finde für dein Ergebnis einen Bruch mit möglichst kleinem Nenner.
   a) $\frac{12}{12} : 4$ b) $\frac{8}{12} : 2$ c) $\frac{8}{12} : 4$ d) $\frac{6}{12} : 2$
   e) $\frac{3}{12} \cdot 3$ f) $\frac{1}{12} \cdot 8$ g) $\frac{6}{12} \cdot 2$ h) $\frac{2}{12} \cdot 3$

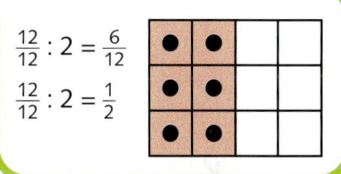

8. Welche Ergebnisse haben denselben Wert?

a)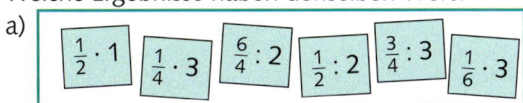

b) $\boxed{\frac{12}{8} : 3}$ $\boxed{\frac{1}{4} \cdot 6}$ $\boxed{\frac{6}{8} : 3}$ $\boxed{\frac{1}{4} \cdot 1}$ $\boxed{\frac{20}{8} : 5}$ $\boxed{\frac{6}{4} \cdot 1}$

9. a) Ein Fleischer zerteilt $2\frac{1}{4}$ kg Fleisch in 3 gleiche Teile. Wie schwer ist jedes Teil?
   b) In einem Karton sind 24 Trinkpäckchen. Jedes Trinkpäckchen enthält $\frac{1}{4}$ l Saft. Wie viel Liter Saft sind es?

10. a) Armin hat eine Schrittlänge von $\frac{3}{4}$ m. Ein Spielfeld schreitet er mit 25 Schritten ab. Wie lang ist es?
   b) Übe Schrittlängen von $\frac{1}{2}$ m und von $\frac{3}{4}$ m. Wie viele Schritte brauchst du jeweils für 1 km?
   LVL c) Arzu hat eine Schrittlänge von $\frac{2}{3}$ m. Pias Schrittlänge ist 70 cm. Sie gehen zusammen $1\frac{1}{2}$ km.

11. Der Pkw von Tinas Mutter erhält nach je 10 000 km einen Motorölwechsel. Für den Ölwechsel sind $3\frac{3}{4}$ l Motoröl notwendig. Wie viel Liter Öl wurden bisher insgesamt benötigt?

4 Brüche und Dezimalbrüche (2)

Dezimalbrüche – Multiplikation mit einer natürlichen Zahl

LVL 1. Führe die Rechnungen von Jochen und von Kerstin zu Ende und erkläre, wie sie jeweils vorgegangen sind.

LVL 2. Der Skado Nonavia ist ein Mittelklasseauto mit einer Länge von 4,37 m. 8 Modelle dieses Typs stehen Stoßstange an Stoßstange hintereinander. Wie lang ist diese Autoschlange?
Rechne mit einem Verfahren deiner Wahl und erkläre dein Vorgehen den Mitschülerinnen und Mitschülern.

3. Multipliziere als Bruch. Trage dann das Ergebnis in eine Stellenwerttafel ein und schreibe es als Dezimalbruch.
   a) $\frac{6}{100} \cdot 4$ b) $\frac{45}{100} \cdot 7$ c) $\frac{105}{100} \cdot 3$ d) $\frac{324}{100} \cdot 4$
   e) $\frac{7}{10} \cdot 9$ f) $\frac{26}{10} \cdot 6$ g) $\frac{64}{10} \cdot 5$ h) $\frac{49}{10} \cdot 7$

4. Wandle den Dezimalbruch erst in einen Bruch um und multipliziere. Notiere die Lösung als Bruch und als Dezimalbruch.
   a) 0,3 · 6 b) 1,4 · 8 c) 0,56 · 3 d) 0,27 · 5 e) 0,9 · 8 f) 1,2 · 7
   g) 2,24 · 3 h) 0,34 · 6 i) 21,5 · 9 j) 8,41 · 2 k) 3,7 · 6 l) 0,32 · 4

5. Fertige dir eine Stellenwerttafel und rechne stellenweise.
   a) 1,4 · 5 b) 0,24 · 2 c) 1,53 · 10 d) 2,5 · 4
   e) 3,8 · 100 f) 4,35 · 6 g) 3,16 · 5 h) 3,9 · 5
   i) 2,6 · 8 j) 2,46 · 100 k) 6,09 · 6 l) 5,7 · 10

6. Frage und notiere deine Antwort.
   a) Sabine kauft 6 Schnellhefter zu je 0,25 €.
   b) Jens kauft 8 Brötchen zum Stückpreis von 0,35 €.
   c) Eine Rolle Raufasertapete kostet 4,45 €. Frau Hill benötigt 7 Rollen.
   d) Ein Quadrat hat eine Seitenlänge von 8,4 cm.

7. Welcher Pfeil trifft welchen Ballon? Notiere sechs Aufgaben in deinem Heft.

LVL 8. Partnerarbeit: Rechts ist in zwei Schritten dargestellt, wie man einen Dezimalbruch mit einer natürlichen Zahl so multipliziert, dass der Schreibaufwand möglichst klein ist. Beschreibt diese beiden Schritte mit Worten und stellt euren Text in der Klasse vor.

4 Brüche und Dezimalbrüche (2)

Schriftliche Multiplikation

Beim **Multiplizieren eines Dezimalbruchs mit einer natürlichen Zahl**
- rechnet man zunächst, ohne das Komma zu beachten,
- dann setzt man das Komma: Das Ergebnis hat ebenso viele Stellen nach dem Komma wie der Dezimalbruch. Eine Überschlagsrechnung dient der Kontrolle.

Beispiel:

1. Rechne aus und kontrolliere dein Ergebnis durch Überschlag.
a) 4,7 · 8   b) 2,34 · 6   c) 7,21 · 9   d) 5,03 · 7
e) 12,3 · 4 f) 0,97 · 8   g) 1,87 · 6   h) 14,8 · 3

Lösungen: 7,76   11,22   14,04   35,21   37,6   44,4   49,2   64,89

2. Vergiss die Nullen nicht, wenn du die Stellen nach dem Komma zählst.
a) 3,14 · 5   b) 2,35 · 4   c) 0,75 · 8   d) 1,08 · 5
e) 0,05 · 4   f) 10,2 · 5   g) 4,05 · 6   h) 2,36 · 5
i) 1,03 · 6   j) 0,39 · 9   k) 13,6 · 7   l) 0,07 · 6

2,15 · 4
= 8,60
= 8,6

2,15 · 4
8,60

Die Nullen zählen mit.

3. a) 5,9 · 7   b) 14,5 · 4   c) 4,25 · 6   d) 2,7 · 12   e) 32,4 · 14   f) 3,55 · 24
   0,67 · 3   12,6 · 6   3,78 · 8   4,9 · 23   16,8 · 25   8,02 · 17
g) 2,8 · 5   h) 10,8 · 9   i) 4,05 · 4   j) 3,4 · 15   k) 23,7 · 31   l) 0,75 · 20
   3,08 · 4   22,2 · 5   2,39 · 3   6,5 · 24   14,6 · 15   6,48 · 42

4. Überschlage erst das Ergebnis. Rechne dann genau.
a) 3,25 € · 8   b) 7,36 € · 9   c) 12,20 € · 10   d) 17,50 € · 25

5. Im Ergebnis fehlt das Komma. Übertrage die Aufgabe mit dem richtigen Ergebnis ins Heft.
a) 3,76 · 14 = 5264   b) 5,8 · 93 = 5394   c) 0,9 · 134 = 1206   d) 19,2 · 505 = 969 600

6. Zu jeder Aufgabe findest du im Kasten rechts das richtige Ergebnis. Ein Überschlag genügt, um jeweils das Ergebnis zu finden.
a) 3,84 · 18   b) 12,96 · 16   c) 9,17 · 26
d) 21,96 · 22 e) 8,14 · 13   f) 11,74 · 28

Lösungen: 105,82   483,12   207,36   328,72   69,12   238,42

LVL 7. Herr Klose betreut die A-Jugend des Fußballclubs Eintracht Südkurve. Die Mannschaft besteht aus 19 Spielern und soll neue Trikots bekommen. Das abgebildete Sonderangebot findet Herr Klose sehr gut, aber es stehen ihm nur 600 € zur Verfügung.
a) Reichen 600 € für neue Trikots? Argumentiere mit einer Überschlagsrechnung.
b) Berechne den genauen Preis, den Herr Klose insgesamt für die neuen Trikots zahlen muss.

Sonderpreis 28,95 €

4 Brüche und Dezimalbrüche (2)

Tabellen mit dem Computer

1. Die Schülerinnen und Schüler der Naturwissenschafts-AG wollen Stromkreise auf Holzbrettchen bauen. Die Lehrerin hat die Bestellliste in eine Tabellenkalkulation eingegeben.
   a) Wie viel kostet ein Ring Schaltlitze?
   b) Zu welcher Zelle gehört der Rechenbefehl **=B7*E7**?
   c) Wie lauten die Rechenbefehle für die Zellen F5, F7 und F9?
   d) Der Befehl für Zelle F10 lautet **=Summe(F4:F9)**. Was bewirkt dieser Befehl?
   e) Kontrolliere die Zahlen in F4 bis F12. Berechne sie auch mit dem Computer.
   f) Überlege dir eine neue Bestellliste. Bearbeite sie mit dem Computer.

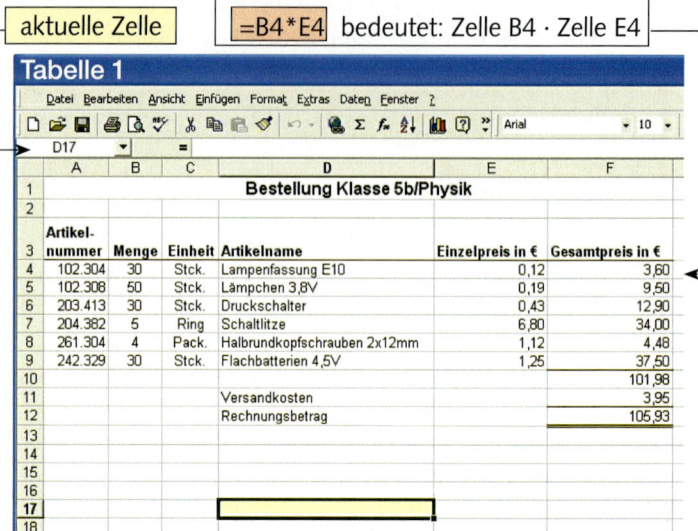

2. Die Schulkonferenz berät über die Preise beim Schulfest. Vom letzten Mal kennt man die ungefähren Verkaufszahlen.
   a) Berechne mit dem Computer den erwarteten Gewinn.
   b) Vom Erlös des Verkaufs sollen Spielgeräte angeschafft werden. Kann man die benötigten 600 € erreichen, wenn man den Preis für ein Getränk auf 0,60 € und den für ein Würstchen auf 1,20 € anhebt?

3. a) Was wird hier mit der Tabellenkalkulation berechnet?
   b) Wie lauten die Befehle für B13, C13 und E13? Welche Zahlen erscheinen hier?

4. a) Eine Ferienwohnung kostet pro Tag 42 €, die Endreinigung 35 €. Berechne mit einer Tabellenkalkulation die Preise für einen Urlaub von 3, 7, 10 und 21 Tagen.
   b) Eine andere Ferienwohnung kostet pro Tag 44 €, die Endreinigung 20 €. Vergleiche.

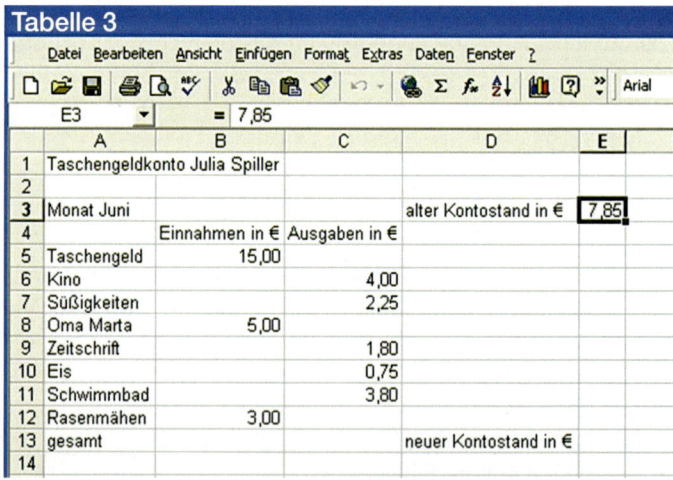

4 Brüche und Dezimalbrüche (2)

Geldbeträge und Tabellen

1. Berechne das Wechselgeld:
   a) Jan kauft 3 kg Äpfel, 1 Kiste Mandarinen, 3 Kiwis und 2 kg Bananen. Er zahlt mit einem 20-€-Schein.
   b) Frau Meier kauft 1 kg Äpfel, 3 kg Birnen, 12 Kiwis und 2 kg Bananen. Sie bezahlt mit einem 50-€-Schein.
   c) Herr Mahler kauft 2 kg Birnen, 1 kg Bananen und 2 kg Äpfel. Welches ist der kleinste Euroschein, mit dem er bezahlen kann und wie viel Wechselgeld erhält er zurück?

2. Herr Maurer benutzt seinen Pkw auch geschäftlich. Er bekommt dann von seinem Arbeitgeber 0,30 € pro gefahrenen Kilometer erstattet.
   a) Berechne den Erstattungsbetrag für den Monat September.
   LVL b) Wie hoch ist der Erstattungsbetrag, wenn Herr Maurer pro Kilometer 0,32 € oder 0,27 € erhält? Welche Vorteile hätte jetzt eine Tabellenkalkulation?

Herr Maurer: Abrechnung für Fahrten mit dem Privat-Pkw Monat: September			
Datum	Start bei km	Ankunft bei km	gefahrene km
2.9.	75 240	75 438	198
4.9.	75 527	75 748	
9.9.	76 042	76 294	
11.9.	76 513	76 608	
16.9.	76 819	77 002	
18.9.	77 105	77 418	
23.9.	77 643	77 954	
25.9.	78 109	78 375	
30.9.	78 528	78 812	
		gesamt	
		Erstattungsbetrag in €	

LVL 3. Seit 4 Monaten führt Cedric die Klassenkasse der 6b. Jeder der 21 Schülerinnen und Schüler muss monatlich 0,50 € in die Klassenkasse einzahlen.
Cedric hat in einer Tabelle eingetragen, wer in welchem Monat bezahlt hat. Leider ist seine Tabelle noch recht unübersichtlich.
   a) Entwirf eine Tabelle, die folgende Bedingungen erfüllt:
      – Alle Namen sind alphabetisch geordnet.
      – Man kann einfach ablesen, wer seinen Beitrag bezahlt hat.
   b) Berechne für jeden Schüler, wie viel dieser bereits gezahlt hat und wie viel Euro noch fehlen.
   c) Berechne die Summe der Einzahlungen und Außenstände pro Monat.
   d) Erstelle eine Computertabelle für die Klassenkasse. Im Team mit Computer-Spezialisten wird es dir sicher gelingen.

	Klassenkasse Klasse 6b			
	September	Oktober	November	Dezember
1	Cedric	Cedric	Cedric	Cedric
2	Ahmed	Sina	Gerrit	Moshda
3	Timo	Ahmed	Juliane	Juliane
4	Fabian	Evin	Sina	Sina
5	Nina	Nina	Moshda	Fabian
6	Jasmin	Timo	Timo	Georg
7	Juliane	Gerrit	Fynn	Henrich
8	Norbert	Norbert	Janet	Janet
9	Janet	Fynn	Ahmed	Evin
10	Gerrit	Jasmin	Nina	Timo
11	Henrich	Erkan	Erkan	Erkan
12	Sina	Fabian	Olga	
13	Fynn	Bilal	Henrich	
14	Erkan	Juliane	Fabian	
15	Bilal	Moshda	Evin	
16	Moshda	Janet	Georg	
17	Evin	Olga	Norbert	
18	Elena	Georg		
19	Olga	Henrich		
20	Kevin			
21	Georg			

BLEIB FIT!

Die Ergebnisse der Aufgaben ergeben drei Städte in Deutschland.

1. a) $\frac{1}{3}$ von 90 b) $\frac{2}{5}$ von 120
   c) $\frac{3}{8}$ von 400 d) $\frac{5}{6}$ von 150

2. Wandle um.
   a) 1,75 kg = ▇ g
   b) 350 cm = ▇ m
   c) 22,5 dm = ▇ cm

3. Runde.
   a) auf Zehntel: 7,46
   b) auf Hundertstel: 2,356
   c) auf Ganze: 63,499

4.

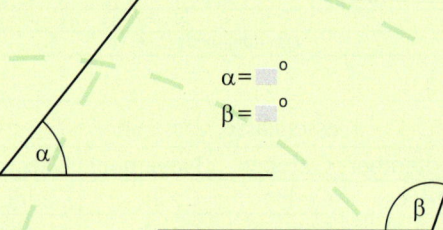

$\alpha = $ ▇ °
$\beta = $ ▇ °

5. a) 39 · 21   b) 17 · 13
   c) 252 : 18 d) 288 : 12

6. a) Dividiere 756 durch 21 und subtrahiere 2.
   b) Addiere 7 zum Produkt aus 96 und 12.

7. a) 79,56 + 33,15 + 17,23
   b) 84,23 – 13,76 – 25,43
   c) 65,23 + 39,69 – 12,28

8. Ordne jedem Körper einen Namen zu.

(1)   (2)   (3)

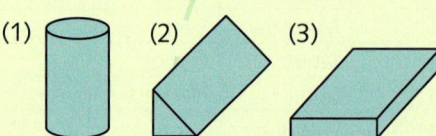

Zylinder (20); Würfel (30); Quader (40);
Pyramide (50); Prisma (60).

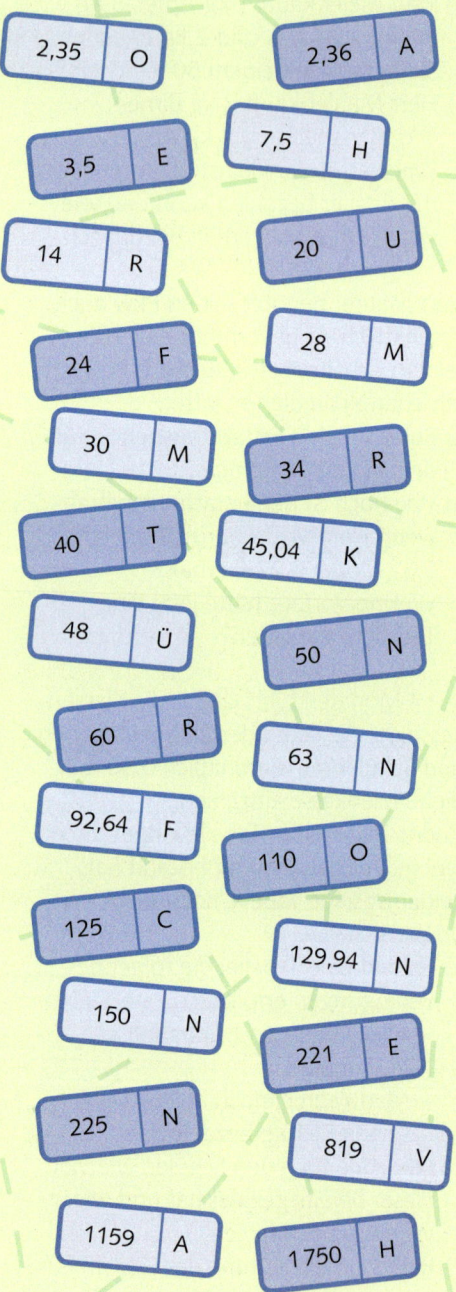

4 Brüche und Dezimalbrüche (2)

Division durch eine natürliche Zahl

1. a) Rechne die nebenstehende Aufgabe deiner Nachbarin/ deinem Nachbarn zu Ende vor. Verwende dabei auch die Stellenwerttafel.
   b) Rechne ebenso die folgenden Aufgaben.
   ① 22,88 : 4   ② 103,6 : 7   ③ 40,86 : 5   ④ 7,848 : 6
   Die Summe der Ergebnisse ist 30.

> Wenn man einen **Dezimalbruch durch eine natürliche Zahl dividiert**, rechnet man wie mit natürlichen Zahlen. Bevor man die Zehntel dividiert, setzt man das Komma im Ergebnis (Kontrolle mit Überschlag!).
>
> *Beispiel:* 18,72 : 4 = 4,68
> 16
> 27
> 24
> 32
> …
> Überschlag:
> 20 : 4 = 5
> 16 : 4 = 4

2. Übertrage ins Heft und beende die Rechnung. Mache zuvor einen Überschlag und dann die Probe durch Multiplikation.

   a) 51,42 : 3 = 17,
   3
   21
   21
   0 4

   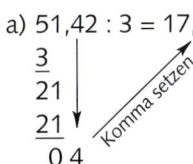

   b) 27,68 : 8 = 3,
   24
   3 6

   c) 9,68 : 4 = 2,
   8
   1 6

3. Überschlage, rechne aus und führe die Probe durch.
   a) 10,41 : 3   b) 8,34 : 6   c) 36,5 : 5   d) 66,48 : 8   e) 33,74 : 7   f) 32,64 : 6
   g) 87,42 : 6   h) 6,32 : 4   i) 27,81 : 3   j) 44,04 : 6   k) 38,34 : 9   l) 56,96 : 8

4. Füge hinter die letzte Stelle nach dem Komma so viele Nullen an, wie du benötigst, und rechne dann weiter. Mache die Probe.
   a) 5,9 : 5   b) 93,5 : 2   c) 9,4 : 5   d) 8,6 : 4
   e) 5,25 : 4   f) 38,07 : 4   g) 11,13 : 6   h) 20,15 : 8

   6,900 … : 4 = 1,725
   4
   29
   28
   10
   8
   20
   (6,9 = 6,9000 …)

5. a) 14,22 : 6   b) 25,92 : 8   c) 36,45 : 9   d) 3,7 : 2
   e) 12,24 : 6   f) 23,04 : 5   g) 45,09 : 6   h) 6,9 : 4

6. Achte auf die Null vor dem Komma. Führe die Probe durch.
   a) 3,62 : 5   b) 1,82 : 8   c) 3,42 : 9   d) 5,26 : 8   e) 1,26 : 4
   f) 4,26 : 10   g) 2,41 : 4   h) 5,7 : 8   i) 2,895 : 10   j) 4,13 : 5

   3,00 … : 5 = 0,6
   3 0
   0
   (3 : 5 geht nicht, also null Komma …)

7. a) 15,7 : 10   b) 6,345 : 10   c) 2,45 : 10   d) 0,45 : 10   e) 0,78 : 10

LVL 8. Musst du jedesmal ganz neu rechnen? Erfinde ähnliche Aufgaben.
   a) 124,8 : 4   b) 91,56 : 3   c) 212,80 : 20   d) 3,84 : 4
      12,48 : 4   915,6 : 3   21,28 : 20   38,4 : 4
       1,248 : 4   9,156 : 3   2,128 : 20   0,384 : 4

9. Im Ergebnis fehlt ein Komma. Mache einen Überschlag. Schreibe die Aufgabe richtig ins Heft.
   a) 102,41 : 7 = 1463   b) 1300 : 8 = 1625   c) 1001,4 : 12 = 8345   d) 15,5 : 4 = 3875

40
82

4 Brüche und Dezimalbrüche (2)

10. Achte auf die Nullen. Mache anschließend die Probe.
  a) 0,06 : 3   b) 0,2 : 8   c) 0,7 : 10   d) 0,34 : 8
  e) 0,24 : 8   f) 0,12 : 6   g) 0,45 : 9   h) 0,82 : 10

> 0,04 : 2 = 0,02
> 0,5 : 8 = 0,0625
> 2,6 : 50 = 0,052

11. a) 12,9 : 100   b) 4,56 : 100   c) 3,72 : 10   d) 12,8 : 10
  e) 0,25 : 100   f) 0,894 : 100   g) 0,67 : 10   h) 3,5 : 10

12. a) 1,2 : 20   b) 4,8 : 50   c) 1,15 : 20   d) 2,25 : 40
  e) 1,38 : 100   f) 0,652 : 100   g) 4,02 : 10   h) 71,2 : 10

> 15,3 : 100 = 0,1 ...
>   0
>   ‾‾‾
>   153
>   ...

13. Berechne. Führe anschließend die Probe durch Multiplikation durch.
  a) 1,872 : 4   b) 0,225 : 6   c) 0,279 : 9   d) 0,492 : 20   e) 125,6 : 100   f) 0,304 : 8
  g) 0,066 : 4   h) 1,215 : 5   i) 0,464 : 8   j) 2,04 : 10   k) 2,148 : 6   l) 0,024 : 5

14. Rechne bis zur 3. Stelle nach dem Komma. Runde dann auf 2 Stellen nach dem Komma.
  a) 6,45 € : 8   b) 12,10 € : 6   c) 4,06 € : 5   d) 0,95 € : 4
  e) 14,25 € : 7   f) 53,83 € : 9   g) 34,62 € : 4   h) 6,73 € : 8

> 42,48 € : 7
> = 6,068... € *Bei 5, 6, 7, 8, 9 aufrunden.*
> ≈ 6,07 €

15. Runde das Ergebnis nach dem Komma so, dass die nächstkleinere Einheit abgelesen werden kann.
  a) 8,56 m : 6   b) 0,857 kg : 10   c) 7,94 € : 3   d) 1,526 km : 8
  e) 2,00 m : 7   f) 3,255 kg : 4   g) 5,27 € : 5   h) 4,025 km : 3

> **TIPP**
> Üblich sind bei € und m 2 Stellen, bei kg und km 3 Stellen.

16. a) 9,45 € : 5   b) 2,12 m : 5   c) 12,265 kg : 10   d) 0,525 km : 10
  e) 0,83 € : 12   f) 6,34 m : 10   g) 19,330 kg : 4   h) 4,650 km : 7

17. Überschlage, dann rechne genau.
  a) 28,92 : 6   b) 58,72 : 8   c) 1,55 : 5   d) 10,48 : 4
  e) 0,252 : 9   f) 1,73 : 5   g) 0,288 : 6   h) 2,4 : 6

> Runde für den Überschlag auf die nächste Einmaleinszahl!
> 41,75 : 8 ≈ 40 : 8 = 5
> 1,25 : 7 ≈ 1,4 : 7 = 0,2
> 0,175 : 6 ≈ 0,18 : 6 = 0,03

18. a) 0,08 : 5   b) 0,74 : 2   c) 75,28 : 8   d) 0,44 : 5
  e) 0,252 : 6   f) 1,47 : 5   g) 0,576 : 6   h) 58,72 : 8

19. Fünf Personen teilen sich einen Gewinn von 3984,65 €.

20. Für einen Kasten Saft bezahlt Leo ohne Pfand 7,44 €. Der Kasten enthält 12 Flaschen. Wie teuer ist eine Flasche Saft? Überschlage erst, dann rechne genau.

LVL 21. Eine S-Bahn-Fahrkarte für 4 Fahrten kostet 6,50 €. Ein Einzelfahrschein kostet 1,80 €. Stelle mindestens zwei Fragen. Schreibe Rechenwege und Antworten auf.

22. Der Zimmermann will einen 3,32 m langen Balken in 4 gleiche Teile sägen. Wie lang wird ein Teilstück? Überschlage erst, dann rechne genau. Nach welchen Längen muss er den Balken markieren?

LVL 23. Skizziere, überlege, frage und antworte.
  a) Eine Treppe hat 9 Stufen. Sie ist 1,62 m hoch. Jede Stufe ist 20 cm tief und 1 m breit.
  b) Eine 3 m lange Leiter hat 10 Sprossen.

4 Brüche und Dezimalbrüche (2)

Vom Bruch zum Dezimalbruch

LVL 1. Partnerarbeit:
a) Warum hat es die Schülerin links an der Tafel viel leichter?
b) Bei den Brüchen rechts an der Tafel kann man „Zähler durch Nenner" rechnen. Erklärt und rechnet aus.
c) Wie schreibt man $\frac{2}{3}$ als Dezimalbruch? Erklärt euren Vorschlag den anderen.

Man kann jeden **Bruch in einen Dezimalbruch umwandeln**, indem man den Zähler durch den Nenner dividiert. Diese Division bricht entweder nach endlich vielen Stellen ab, oder man erhält einen Dezimalbruch mit einer immer wiederkehrenden Ziffernfolge (Periode).

Beispiele: $\frac{2}{10} = 2 : 10 = 0{,}2$ $\frac{3}{4} = 3 : 4 = 0{,}75$ $\frac{5}{6} = 5 : 6 = 0{,}833\ldots = 0{,}8\overline{3}$

Null Komma 8 Periode 3

2. Schreibe als Divisionsaufgabe. Berechne dann den Dezimalbruch.

a) $\frac{3}{2}$ b) $\frac{4}{5}$ c) $\frac{1}{4}$ d) $\frac{13}{20}$ e) $\frac{3}{8}$ f) $\frac{9}{4}$

> Diese Ziffern benötigst du für die Lösungen: 0000 12223 55555 678

3. Bestimme die Periode. Achte bei der Division auf gleiche Reste.

a) $\frac{2}{3}$ b) $\frac{5}{9}$ c) $\frac{7}{6}$ d) $\frac{4}{3}$ e) $\frac{7}{9}$ f) $\frac{5}{6}$
g) $\frac{10}{6}$ h) $\frac{7}{12}$ i) $\frac{6}{11}$ j) $\frac{5}{18}$ k) $\frac{19}{22}$ l) $\frac{17}{24}$

$1 : 3 = 0{,}33\ldots = 0{,}\overline{3}$
```
    0
   10
gleicher  9
Rest  →  10
         ...
```

4. Übertrage die Tabelle in dein Heft und vervollständige sie.

Bruch	$\frac{1}{2}$	$\frac{1}{3}$	$\frac{2}{3}$	$\frac{1}{4}$	$\frac{3}{4}$	$\frac{1}{5}$	$\frac{1}{8}$	$\frac{1}{10}$	$\frac{1}{100}$
Dezimalbruch	0,5								

... für mein Mathe-Lexikon!

5. Pia teilt ein 3 m langes Brett in 7 gleiche Teile. Wie lang ist ein Teil? Runde auf Zentimeter.

LVL 6. Berechne die zugehörigen Dezimalbrüche, bis sich die Ziffernfolge wiederholt. Trage in eine Tabelle ein. Was entdeckst du?

a) $\frac{1}{6}, \frac{2}{6} \ldots \frac{5}{6}, \frac{6}{6}$ b) $\frac{1}{7}, \frac{2}{7} \ldots \frac{6}{7}, \frac{7}{7}$
c) $\frac{1}{9}, \frac{2}{9} \ldots \frac{8}{9}, \frac{9}{9}$ d) $\frac{1}{11}, \frac{2}{11} \ldots \frac{10}{11}, \frac{11}{11}$

Division	Dezimalbruch
1 : 7	$0{,}1428571\ldots = 0{,}\overline{142857}$
2 : 7	$0{,}2857142\ldots = 0{,}\overline{285714}$
3 : 7	

LVL 7. a) Prüfe: Bei der Umwandlung von $\frac{1}{20}, \frac{1}{40}, \frac{1}{50}, \frac{1}{80}$ und $\frac{1}{100}$ in einen Dezimalbruch bricht die Division ab. Suche weitere solche Stammbrüche.
b) Stimmt es, dass für $\frac{1}{12}, \frac{1}{15}, \frac{1}{18}$ und $\frac{1}{21}$ die Division nie abbricht? Suche weitere solche Stammbrüche.
c) Bricht $\frac{1}{250}$ bei Umwandlung in einen Dezimalbruch ab oder nicht? Entscheide, ohne zu rechnen.

4 Brüche und Dezimalbrüche (2)

Der neue Schulgarten

Liebe Eltern, Schülerinnen und Schüler der 5. und 6. Klassen!

Am 31. 5. wollen wir unseren neuen Schulgarten gestalten. Wir bitten Sie, uns dabei tatkräftig zu unterstützen.
Über Geldspenden, Hinweise zum günstigen Einkauf und auch sachliche Unterstützung würden wir uns sehr freuen.

Mit freundlichen Grüßen
    Merks

Spendenliste für den neuen Schulgarten			
Klasse 5a	81,60 €	6a	105,00 €
Klasse 5b	116,30 €	6b	51,50 €
Klasse 5c	98,50 €	6c	85,50 €
Klasse 5d	62,00 €	6d	132,40 €

1.
a) Wie viel Euro wurden von den Eltern der 5. Klassen gespendet?
b) Wie viel Euro wurden von den Eltern der 6. Klassen gespendet?
c) Wie hoch ist das gesamte Spendenaufkommen?
d) Wie viel Euro hat jede Klasse im Durchschnitt gespendet?

2. Einige Schülerinnen und Schüler der 6. Klasse stecken die Beetbreiten vor und hinter dem Weg ab. Vor dem Weg sollen 6 gleich breite Beete, hinter dem Weg 5 gleich breite Beete neben dem Gerätehaus abgesteckt werden.
Welche Breiten haben die Beete vor und hinter dem Weg?

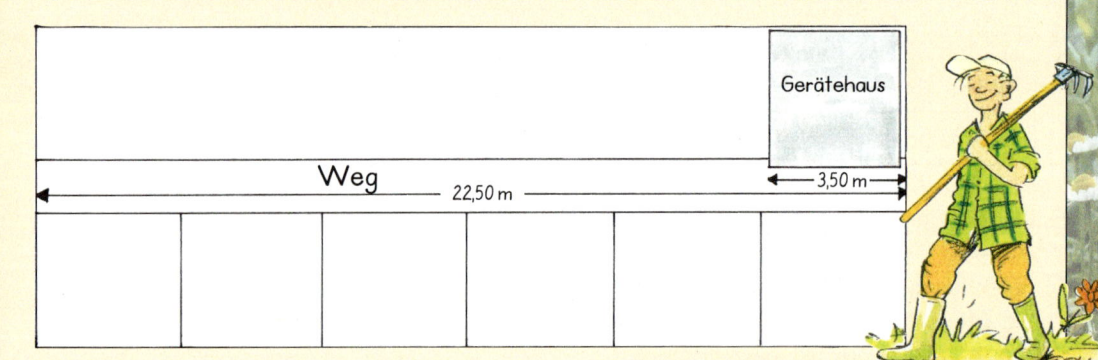

3. Die Beete sollen zu beiden Seiten des Weges mit Holzpfosten eingefasst werden. Im Katalog werden drei verschiedene Durchmesser angeboten.
a) Wie viele Pfosten benötigt man bei den verschiedenen Angeboten, wenn die Pfosten dicht an dicht eingelassen werden?
b) Wie teuer sind die Pfosten für die Einfassung? Wie würdest du entscheiden?

4 Brüche und Dezimalbrüche (2)

LVL

4. Der Vater von Marion arbeitet auf einem Holzplatz. Er kann 3 m lange Holzstämme mit 10 cm Durchmesser günstig besorgen. Ein Holzstamm kostet 11 €.
  a) Wie viele 25 cm lange Pfosten bekommt man aus einem 3 m langen Stamm?
  b) Wie viele 3 m lange Stämme müsste Marions Vater für die Einfassung des Weges besorgen?
  c) Vergleiche den Preis mit den Preisen aus dem Katalog.

5. Marions Vater sagt, dass ein Holzstamm ca. 18,5 kg wiegt. Hier könnte der Vater von Marvin helfen. Er besitzt ein Fuhrunternehmen mit Lastwagen verschiedenster Zuladungen.
  a) Wie viel wiegen alle Stämme zusammen?
  b) Mit welchem Lastwagen sollte Marvins Vater die Stämme transportieren?

6. Für die Arbeit im Schulgarten wird noch einiges Werkzeug benötigt.
  a) Wie teuer sind alle Werkzeuge zusammen?
  b) Maximilian behauptet: Von den Spenden bleiben nun mindestens noch 130 € übrig. Hat er Recht? Können alle benötigten Setzlinge mit 130 € gekauft werden?

Werkzeugliste:

1 Schubkarre	29,90 €
5 Harken	
5 Gärtnerspaten	

Zur Bepflanzung werden benötigt:

Setzlinge
Salat	240 Pflanzen
Kohlrabi	180 Pflanzen
Tomaten	25 Pflanzen
Erdbeeren	50 Pflanzen

Preisliste:

Setzlinge	Einzelpreis/ Mengenpreis in €	
Tomaten	1 Pflanze	0,65
Salat	12 Pflanzen	1,95
Kohlrabi	12 Pflanzen	1,95
Erdbeeren	10 Pflanzen	8,50

4 Brüche und Dezimalbrüche (2)

Gehen und Laufen

1. Wie weit kommt jeder Durchschnittsbewohner in einer Stunde? Markiere die Werte auf einem Zahlenstrahl. Zeichne den Bereich von 4,5 km bis 5,5 km in deinem Heft mit 10 cm Länge.

Höchstes Schritt-Tempo in Dresden und Hannover

CHEMNITZ, 17. Juni (dpa). Dresdner und Hannoveraner gehen am schnellsten. Das hat eine am Dienstag vorgestellte Studie der Technischen Universität (TU) Chemnitz zur Gehgeschwindigkeit der Deutschen ergeben. Forscher der TU hatten seit April 2002 das Tempo von etwa 6 000 Passanten ab 15 Jahren in 20 Städten untersucht. Frauen gehen deutlich langsamer als Männer. Norddeutsche schneller als Süddeutsche. Die Messergebnisse: 1,49 m pro Sekunde: Dresden, Hannover. 1,48: Stuttgart. 1,47: Jena, Göttingen, Oldenburg, München, Hamburg. 1,46: Freiburg, Leipzig. 1,45: Bremen. 1,44: Chemnitz, Osnabrück, Augsburg. 1,43: Halle. 1,42: Frankfurt, Karlsruhe, Passau. 1,39: Saarbrücken. 1,38: Trier.

Quelle: Frankf. Rundschau

Wimmer gewann Transeuropa-Lauf

Der Deutsche Robert Wimmer (38) hat den längsten Wettlauf der Welt über 5 000 Kilometer von Portugal bis nach Russland gewonnen. Der Nürnberger lief mit einer Gesamtlaufzeit von 480 Stunden und 29 Minuten nach mehr als zwei Monaten Dauerlauf in Moskau durch das Zielband. Insgesamt überstand die Hälfte der 44 gestarteten Extremsportler die 64 Tagesetappen von je etwa 80 Kilometern.

Quelle: Rhein-Zeitung

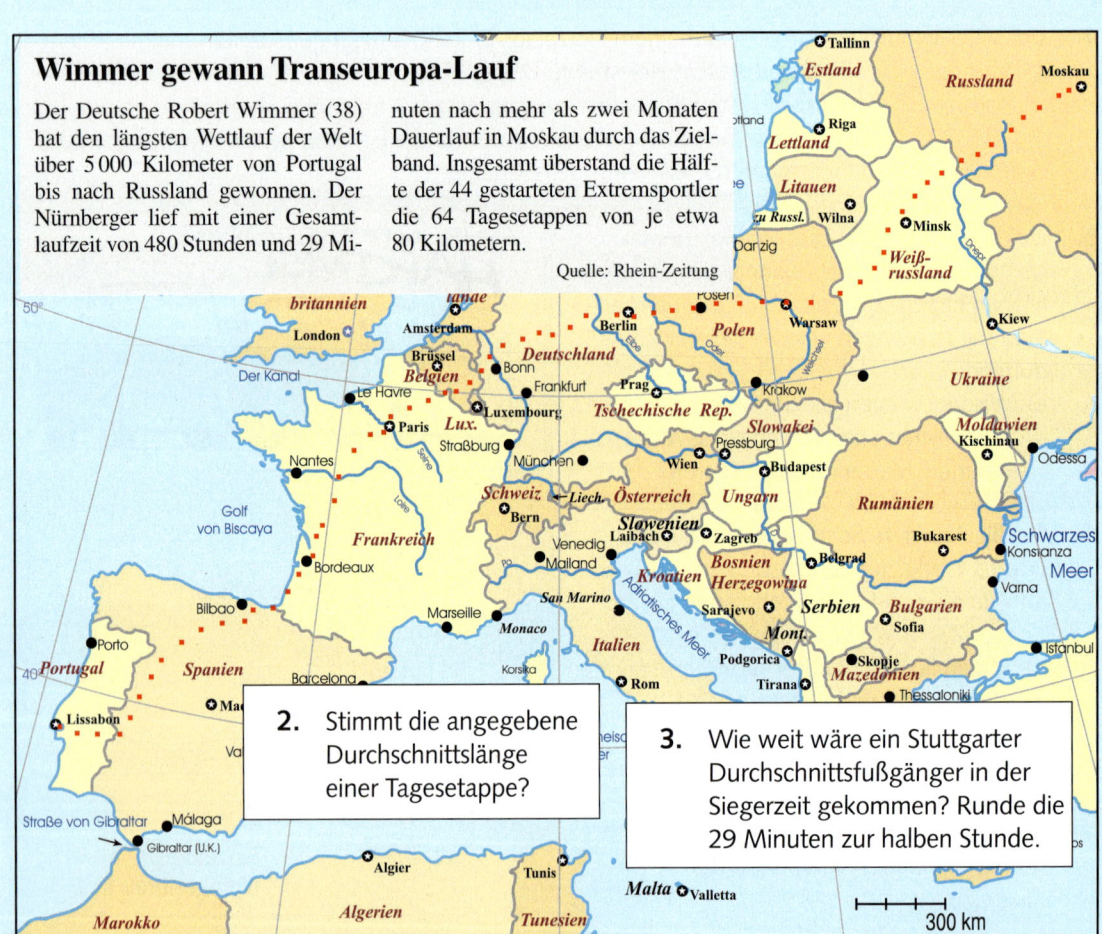

2. Stimmt die angegebene Durchschnittslänge einer Tagesetappe?

3. Wie weit wäre ein Stuttgarter Durchschnittsfußgänger in der Siegerzeit gekommen? Runde die 29 Minuten zur halben Stunde.

Engländer lief um die ganze Welt

NEU DELHI. Der 36-jährige Engländer Robert Garside ist in 68 Monaten um die Welt gelaufen. Er erreichte bei 43 Grad Celsius die indische Hauptstadt Neu Delhi, wo er vor 68 Monaten – im Oktober 1997 – gestartet war. Bei seinem 56 000-Kilometer-Lauf durch alle Kontinente verbrauchte er 50 Paar Schuhe, in China saß er wegen fehlender Papiere im Gefängnis, in Mexiko wurde er beschossen und in Venezuela fand er die Liebe seines Lebens.

Quelle: Rhein-Zeitung, wurde gekürzt

4. Angenommen, Robert Garside wäre jeden zweiten Tag unterwegs gewesen … Stelle eigene Fragen und berechne die Lösungen.

4 Brüche und Dezimalbrüche (2)

Prozentschreibweise

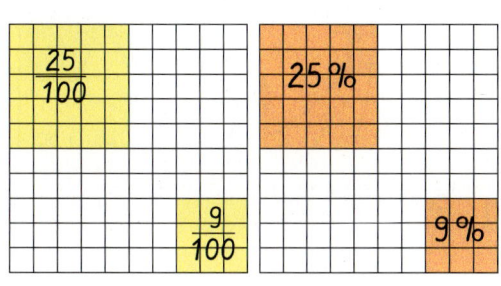

Bei einer Umfrage unter Jugendlichen im Alter von 12 bis 14 Jahren gab jeder 5. an, dass seine Eltern getrennt leben oder geschieden sind. Dies entspricht einem Anteil von 5 % der Befragten.

LVL **1.** Die Zeitungsmeldung enthält einen Fehler. Überlege gemeinsam mit anderen und stellt einen korrigierten Text der Klasse vor.

> Brüche mit dem **Nenner 100** können in der **Prozentschreibweise** notiert werden.
> Prozent heißt Hundertstel. Das Zeichen für Prozent ist %.
>
> $\frac{1}{100} = 0{,}01 = 1\,\%$ $\frac{7}{100} = 0{,}07 = 7\,\%$ $\frac{25}{100} = 0{,}25 = 25\,\%$ $\frac{100}{100} = 1 = 100\,\%$

2. Schreibe in der Prozentschreibweise.
a) $\frac{50}{100}$ b) 0,75   c) $\frac{1}{100}$ d) 0,04   e) $\frac{20}{100}$ f) 0,34   g) $\frac{15}{100}$ h) 0,02
i) $\frac{16}{100}$ j) 0,27   k) $\frac{10}{100}$ l) 0,45   m) $\frac{85}{100}$ n) 0,99   o) $\frac{200}{100}$ p) 1,15

3. Schreibe erst als Bruch, dann als Dezimalbruch.
a) 11 %   b) 33 %   c) 6 %   d) 70 %   e) 1 %   f) 10 %   g) 23 %   h) 40 %
i) 2 %   j) 24 %   k) 76 %   l) 8 %   m) 51 %   n) 90 %   o) 150 %   p) 300 %

4. Hier sind die Hundertstelbrüche eingefärbt. Schreibe in der Prozentschreibweise.
a) 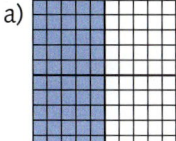   b) 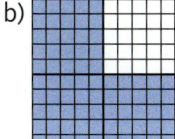   c) 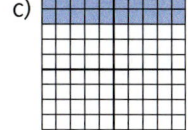   d) 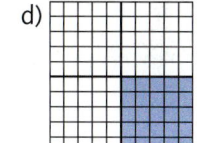   e)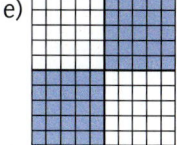

5. Wie viel Prozent des Kreises sind eingefärbt? Ordne die Prozentzahlen richtig zu.

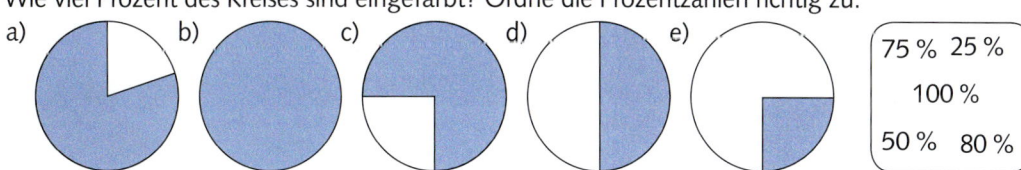

75 %   25 %   100 %   50 %   80 %

6. Schreibe den Satz mit einer Prozentangabe auf.
a) Von der Torte fehlt die Hälfte.
b) Drei Viertel der Klasse sind in einem Sportverein.
c) Memet hat ein Viertel der Strecke geschafft.
d) Alle Karten sind verkauft.
e) Ein Zehntel der Klasse fehlt.
f) Kein Mensch ist unsterblich.
g) 15 von 30 Kindern haben schlechte Zähne.
h) Elf von Hundert sind arbeitslos.
i) Jeder fünfte Mensch ist ein Chinese.
j) Das ganze Obst ist faul.
k) Von 100 Schülern fehlen 10.
l) Niemand kann singen.

4 Brüche und Dezimalbrüche (2)

Kopfrechnen mit Brüchen und Prozenten

LVL 1. Berechne im Kopf die Eintrittspreise am Mittwoch und die ermäßigten Preise für Speisen und Getränke. Stelle in der Klasse vor, wie du gerechnet hast.

2. Am letzten Mittwoch kostete auch am Zirkusbuffet alles nur 50 % der ausgezeichneten Preise. Wie teuer waren die einzelnen Waren auf dem Zirkuswagen im Bild oben rechts?

LVL 3. Für die Nachmittagsvorstellung im Zirkus am Sonntag wurden 250 Karten verkauft. 20 % der Karten für den 1. Rang, 30 % der Karten für den 2. Rang und 10 % für Sperrsitzplätze. Stelle mindestens zwei Fragen und berechne die Lösung.

4. Wie viel Euro sind das?
  a) 5 % von 300 €   b) 10 % von 450 €   c) 4 % von 180 €   d) 25 % von 600 €
  e) 12 % von 20 €   f) 3 % von 65 €   g) 6 % von 12 €   h) 15 % von 18 €

5. Wie viel sind 10 % von:
  a) 400 kg   b) 280 m   c) 20 kg   d) 750 g   e) 2 km   f) 5 kg

6. a) 1 % ist das Gleiche wie $\frac{1}{100}$. Berechne 1 % von:
  ① 200 €   ② 350 €   ③ 80 €   ④ 12 €   ⑤ 5 €   ⑥ 6,50 €

LVL b) Beschreibe, wie du in zwei Schritten 7 % von 300 € ausrechnest. Trage diese beiden Rechenschritte übersichtlich in eine Tabelle ein.

7. Wie viel Kilogramm sind das?
  a) 10 % von 1000 kg   b) 5 % von 60 kg   c) 15 % von 120 kg   d) 20 % von 15 kg

8. Im Schlussverkauf werden viele Waren verbilligt angeboten. Ines interessiert sich für die Jacke, den Pulli, die Hose und die Weste.
  a) Um wie viel Euro wurden die Preise gesenkt?
  b) Wie viel Euro kosten die Kleidungsstücke jetzt?
  c) Wie viel Euro hat Ines insgesamt gegenüber den alten Preisen gespart, wenn sie alle vier Kleidungsstücke im Schlussverkauf erwirbt?

9. Sascha sagt: „$\frac{1}{10}$ = 10 %; also $\frac{1}{5}$ = 5 %, $\frac{1}{20}$ = 20 %, $\frac{1}{40}$ = 40 %." Bist du einverstanden?

4 Brüche und Dezimalbrüche (2)

1. Berechne.
a) $3 \cdot \frac{4}{7}$ b) $\frac{5}{9} \cdot 8$ c) $\frac{1}{6} \cdot 17$
d) $6 \cdot \frac{1}{9}$ e) $2 \cdot \frac{11}{15}$ f) $7 \cdot \frac{6}{11}$

2. a) $3\frac{2}{3} \cdot 2$ b) $1\frac{4}{9} \cdot 3$ c) $2\frac{3}{7} \cdot 4$
d) $2 \cdot 4\frac{1}{5}$ e) $2\frac{1}{6} \cdot 2$ f) $7 \cdot 1\frac{1}{2}$

3. a) $\frac{5}{6} : 4$ b) $\frac{2}{3} : 5$ c) $\frac{1}{10} : 4$
d) $\frac{8}{7} : 4$ e) $\frac{15}{10} : 3$ f) $\frac{8}{5} : 4$

4. a) $2\frac{1}{4} : 2$ b) $4\frac{1}{5} : 3$ c) $1\frac{4}{7} : 6$
d) $1\frac{1}{3} : 5$ e) $3\frac{1}{2} : 7$ f) $2\frac{4}{5} : 3$

5. $1\frac{1}{2}$ Käsetorten wurden von 9 Personen aufgegessen. Alle haben denselben Anteil gegessen. Wie groß ist er gewesen?

6. a) 4,9 · 6 b) 3,28 · 4 c) 6,51 · 7
d) 15,7 · 7 e) 0,84 · 3 f) 2,87 · 5

7. a) 6,9 · 14 b) 17,5 · 35 c) 7,92 · 18
d) 0,71 · 19 e) 0,83 · 27 f) 1,04 · 16

8. Eine Telefoneinheit kostet 0,06 €. Mirkos Telefongespräch war 17 Einheiten lang. Wie viel € kostet das Gespräch?

9. Ein Liter Diesel kostet 1,079 €. Ines tankt 32 Liter. Wie viel Euro muss sie bezahlen?

10. a) 5,7 : 5 b) 2,24 : 4 c) 9,72 : 3
d) 14,9 : 10 e) 2,45 : 7 f) 2,04 : 6

11. Runde das Ergebnis auf zwei Stellen nach dem Komma.
a) 5,39 : 8 b) 18,7 : 9 c) 1,45 : 10
d) 12,2 : 6 e) 0,57 : 2 f) 14,6 : 100

12. Wandle in einen Dezimalbruch um. Welche Brüche sind periodisch?
a) $\frac{1}{2}$ b) $\frac{3}{5}$ c) $\frac{2}{3}$ d) $\frac{5}{9}$
e) $\frac{1}{4}$ f) $\frac{7}{10}$ g) $\frac{5}{8}$ h) $\frac{6}{7}$

13. Schreibe in der Prozentschreibweise.
a) $\frac{75}{100}$ b) 0,21 c) $\frac{9}{100}$ d) 0,08

Multiplikation: Bruch mal natürliche Zahl
Der Zähler wird mit der Zahl multipliziert. Der Nenner bleibt unverändert.

$3 \cdot \frac{2}{7} = \frac{3 \cdot 2}{7} = \frac{6}{7}$ $4 \cdot \frac{1}{3} = \frac{4 \cdot 1}{3} = \frac{4}{3} = 1\frac{1}{3}$

Division: Bruch durch natürliche Zahl
Der Nenner wird mit der Zahl multipliziert. Der Zähler bleibt unverändert.

$\frac{3}{5} : 4 = \frac{3}{5 \cdot 4} = \frac{3}{20}$

Multiplikation: Dezimalbruch mal natürliche Zahl
Man rechnet zunächst ohne Komma wie mit natürlichen Zahlen. Dann setzt man das Komma: Das Ergebnis hat ebenso viele Stellen nach dem Komma wie der Dezimalbruch.

4,26 · 12 = 51,12

```
 4,26 · 12
   426
+  852
  51,12
```

Überschlag:
4,26 · 12
≈ 4 · 10
= 40

Division: Dezimalbruch durch natürliche Zahl
Man rechnet wie mit natürlichen Zahlen. Bevor man die Zehntel dividiert, überträgt man das Komma ins Ergebnis.

```
19,38 : 6 = 3,23
18
 13
 12
  18
  18
   0
```

Überschlag:
≈ 18 : 6 = 3

Probe:
3,23 · 6
19,38

Vom Bruch zum Dezimalbruch
Man dividiert den Zähler durch den Nenner. Häufig bricht die Division nicht ab. Man erhält dann einen periodischen Dezimalbruch.

$\frac{3}{4} = 3 : 4 = 0{,}75$ $\frac{5}{6} = 5 : 6 = 0{,}833\ldots = 0{,}8\overline{3}$

Brüche mit dem Nenner 100 kann man in der **Prozentschreibweise** notieren.

$\frac{14}{100} = 14\,\%$ $0{,}26 = \frac{26}{100} = 26\,\%$

TÜV · TESTEN · ÜBEN · VERGLEICHEN

4 Brüche und Dezimalbrüche (2)

DIAGNOSETEST

Grundaufgaben

1. Berechne. a) $\frac{3}{4} \cdot 5$ b) $2\frac{1}{2} \cdot 3$ c) $\frac{6}{5} : 3$ d) $1\frac{1}{4} : 3$

2. Berechne. a) $3 \cdot (\frac{2}{7} + \frac{3}{7})$ b) $(\frac{7}{8} - \frac{3}{8}) \cdot 5$ c) $(\frac{3}{5} + \frac{1}{5}) : 3$

3. Überschlage erst, dann rechne genau. a) $8{,}45 \cdot 32$ b) $67{,}68 : 9$

4. a) Irene kauft zur Geburtstagsfeier 8 kg Kartoffelsalat zum Preis von 4,80 € pro kg. Wie viel bezahlt sie?
   b) 12 Paar Würstchen kosten 22,20 €. Wie teuer ist ein Paar Würstchen?

5. a) Schreibe $\frac{3}{4}$ als Dezimalbruch.   b) Schreibe $\frac{2}{3}$ als Dezimalbruch.

Erweiterungsaufgaben

1. Notiere die vollständige Aufgabe. a) $\frac{3}{8} \cdot \square = \frac{21}{8}$ b) $\frac{7}{10} \cdot \square = \frac{63}{10}$

2. Notiere die vollständige Aufgabe. a) $\frac{8}{9} : \square = \frac{2}{9}$ b) $\frac{9}{4} : \square = \frac{3}{4}$

3. Notiere die vollständige Aufgabe. a) $\frac{4}{3} \cdot \square = \frac{20}{\square}$ b) $\frac{3}{5} : \square = \frac{\square}{10}$

4. Eine Schule bestellt 34 Thuja-Pflanzen für eine Hecke am Schulhof. Dafür müssen 161,50 € bezahlt werden. Wie teuer ist eine Pflanze?

5. Romy fährt jeden Tag mit dem Fahrrad zur Schule. Das sind für den Hin- und Rückweg 12,7 km. Wie viele Kilometer fährt sie in einer Schulwoche von Montag bis Freitag?

6. Eine Tippgemeinschaft aus 6 Personen hat im Lotto 1 293 € gewonnen. Wie viel Euro erhält jede Person?

7. Zu jeder roten Karte gehört eine blaue Karte. Schreibe zwölf Gleichungen, z. B. $\frac{3}{100} = 0{,}03$.

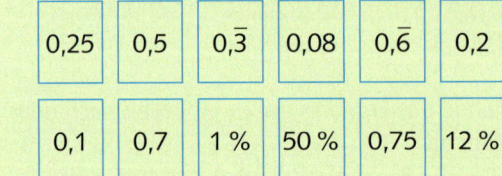

8. a) Schreibe als Dezimalbruch: $\frac{11}{8}$; $\frac{2}{11}$.   b) Schreibe als Bruch: 0,6; 0,73.

9. Runde das Ergebnis auf die bei der Einheit übliche Stellenzahl.
   a) 14,26 € : 5   b) 3,27 m : 2   c) 25,27 kg : 6   d) 70,04 kg : 100

10. In den USA verwendet man die Längeneinheit „foot", 1 foot ist etwa $30\frac{1}{2}$ cm. Wie hoch ist eine 20 foot hohe Fahnenstange in cm und in m?

11. a) Alexia und Thomas kaufen für ihre neue Küche einen Elektroherd für 524,80 € und einen Kühlschrank für 402,60 €. Wie teuer sind beide Geräte zusammen?
    b) 50 % des Gesamtpreises bezahlen die Eltern von Alexia und Thomas. Wie viel ist das?

Flächen- und Rauminhalt 5

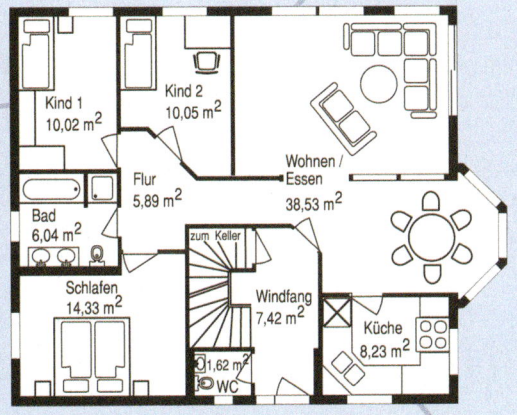

Wie groß ist die Wohnung?

Wie viele Würfel passen hinein?

Welches Volumen hat der Stein?

5 Flächen- und Rauminhalt

Flächeninhalt des Rechtecks

1. a) Besprecht mit anderen: Was ist bei den beiden Rechenwegen gleich und worin unterscheiden sie sich?
b) Gibt es andere Rechtecke mit demselben Flächeninhalt? Begründe deine Einschätzung.

Flächeninhalt des Rechtecks

$A = a \cdot b$

Beispiel: $a = 4$ cm $\quad b = 3$ cm
$A = 4$ cm $\cdot$ 3 cm
$A = 12$ cm^2

Flächeninhalt des Quadrats

$A = a \cdot a$

Beispiel: $a = 3$ cm
$A = 3$ cm $\cdot$ 3 cm
$A = 9$ cm^2

Flächeninhalt gleich Länge mal Breite

2. Berechne den Flächeninhalt des Rechtecks.

a) 5 cm × 3 cm   b) 3 cm × 3 cm   c) 4 cm × 1 cm   d) 9 cm × 2 cm

3. Berechne den Flächeninhalt des Rechtecks.
a) $a = 6$ cm, $b = 4$ cm   b) $a = 8$ cm, $b = 5$ cm   c) $a = 12$ cm, $b = 7$ cm   d) $a = 15$ cm, $b = 5$ cm

4. Berechne den Flächeninhalt des Quadrats.
a) $a = 4$ cm   b) $a = 9$ cm   c) $a = 12$ cm   d) $a = 15$ cm   e) $a = 10$ cm   f) $a = 20$ cm

5. Gib die Größe der rechteckigen Wandfläche in m^2 an.
a) Breite 5 m, Höhe 7 m   b) Breite 11 m, Höhe 8 m   c) Breite 9 m, Höhe 12 m
d) Breite 3,5 m, Höhe 6 m   e) Breite 7,8 m, Höhe 3 m   f) Breite 14,7 m, Höhe 5 m

6. Bestimme die fehlende Seitenlänge des Rechtecks.
a) $A = 12$ cm^2, $a = 4$ cm   b) $A = 21$ cm^2, $b = 3$ cm   c) $A = 16$ cm^2, $a = 4$ cm

7.

	a)	b)	c)	d)
Länge	14 m			7 cm
Breite		35 cm	8 m	
Flächeninhalt	84 m^2	210 cm^2	96 m^2	49 cm^2

$A = 15$ cm^2
$a = 5$ cm $b = \blacksquare$
$A = a \cdot b$
$15 = 5 \cdot \blacksquare$
$b = 3$ cm

8. a) Ein Rechteck hat den Flächeninhalt $A = 56$ cm^2. Eine Seite ist 7 cm lang, wie lang ist die andere?
b) Ein Quadrat hat den Flächeninhalt $A = 36$ m^2. Wie lang sind die Seiten?

9. Julias rechteckiges Papierdeckchen ist 64 cm^2 groß. Wie lang und wie breit kann es sein?

10. Bauer Spartz soll ein rechteckiges Feld von 120 m Länge und 65 m Breite für ein neues Industriegebiet an die Gemeinde abtreten. Als Ersatz wird ihm ein Feld von 110 m Länge und 75 m Breite angeboten. Ist das ein günstiger Tausch für ihn?

5 Flächen- und Rauminhalt

Umfang des Rechtecks

LVL 1. Kontrolliere Sebastians Ergebnis und notiere deinen Rechenweg.

LVL 2. Partnerarbeit: Welche Maße kann eine rechteckige Pinnwand mit 3,50 m Umfang haben? Gebt zwei Möglichkeiten an, kontrolliert diese durch Rechnung und vergleicht mit anderen.

Umfang des Rechtecks: Summe aller Seitenlängen

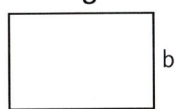

$u = a + b + a + b = 2 \cdot a + 2 \cdot b$
Beispiel: $a = 5$ cm, $b = 4$ cm
$u = 2 \cdot 5$ cm $+ 2 \cdot 4$ cm
$u = 18$ cm

Quadrat

$u = a + a + a + a = 4 \cdot a$
Beispiel: $a = 3$ cm
$u = 4 \cdot 3$ cm
$u = 12$ cm

---

3. Berechne den Umfang des Rechtecks.

   a) 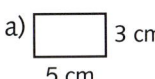 3 cm / 5 cm   b) 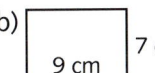 7 cm / 9 cm   c) 8 cm / 12 cm   d) 9,5 cm / 16,5 cm

LVL e) Zeichne zwei weitere Rechtecke. Gib sie zur Berechnung des Umfangs deinem Tischnachbarn.

4. Berechne den Umfang des Rechtecks.
   a) $a = 6$ cm, $b = 9$ cm   b) $a = 13$ cm, $b = 16$ cm   c) $a = 4,5$ cm, $b = 6,8$ cm

5. Gib den Umfang des Quadrats in Meter an.
   a) $a = 50$ cm   b) $a = 75$ cm   c) $a = 1,25$ m   d) $a = 0,75$ m   e) $a = 2,30$ m

6. Zwei rechteckige Bilder müssen neu umleimt werden. Das erste Bild ist 85 cm lang und 54 cm breit, das zweite 70 cm lang und 45 cm breit. Wie viel Zentimeter Umleimer braucht man? Wie viel Meter sind das?

7. Drei gleiche rechteckige Patchworkkissen sollen mit Satinband umfasst werden. Jedes ist 65 cm lang und 45 cm breit. Wie viel Band muss man für die drei Kissen zusammen kaufen?

8. Bestimme die fehlende Seite des Rechtecks.
   a) $u = 16$ cm, $a = 5$ cm   b) $u = 32$ cm, $b = 7$ cm
   c) $u = 16$ cm, $a = 4$ cm   d) $u = 15$ cm, $b = 2,5$ cm

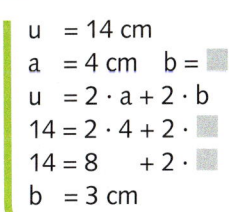

9.

	a)	b)	c)	d)
Länge	8 cm		12 mm	
Breite		22 m		25 cm
Umfang	28 cm	64 m	42 mm	110 cm

Achte auf gleiche Maßeinheiten!

LVL 10. Für ihren rechteckigen Esstisch (2 m lang, 120 cm breit, 75 cm hoch) möchte Frau Fischer eine Tischdecke kaufen, die rundum überhängt. Gib zwei Möglichkeiten für den Umfang der Tischdecke an und präsentiere sie den anderen.

5 Flächen- und Rauminhalt

Rechnen mit Flächeneinheiten

TIPP Umrechnungszahl ist 100.

1 cm² = 100 mm²	1 a = 100 m² (Ar)
1 dm² = 100 cm² = 10 000 mm²	1 ha = 100 a = 10 000 m² (Hektar)
1 m² = 100 dm² = 10 000 cm² = 1 000 000 mm²	1 km² = 100 ha = 10 000 a = 1 000 000 m²

LVL 1. Gruppenarbeit: a) Begründet mit einer Zeichnung die Gleichung 1 dm² = 100 cm².
b) Erläutert mit einem entsprechend großen Stück Packpapier, dass 1 m² = 100 dm².

2. Zu welchen der oben genannten Flächenmaße kannst du ein Beispiel aus dem Alltag mit gleich großem Flächeninhalt finden? Vergleiche mit anderen.

3. a) Berechne die Fläche eines Platzes mit 65 m Länge und 80 m Breite. Gib sie in m² und in a an.
b) Wie viel m Zaun benötigt man, um den Platz einzuzäunen?

4. Die Gemeinde Kaltwinkel kauft für den Bau einer Sportanlage neben der Schule ein rechteckiges Gelände mit 250 m Länge und 50 m Breite.
a) Berechne den Flächeninhalt dieses Geländes in Ar. Ist die Fläche größer als zwei Hektar?
b) Pro Quadratmeter muss die Gemeinde 28 € zahlen.
c) Wie viel m Zaun müssen gekauft werden, um die Sportanlage ringsum einzuzäunen?

5. Ein Schulhof soll verschönert werden. Der Gärtner legt eine rechteckige Fläche von 28 m Länge und 16 m Breite mit Rasen an.
a) Wie viel m² ist die Rasenfläche groß?
b) Ist die Fläche größer als 4 a?
c) Der Gärtner berechnet 8,60 € für 1 m².

6. Die rechteckige Glasplatte eines Bilderrahmens ist 14 cm lang und 10 cm breit. Es müssen vier neue Glasplatten zugeschnitten werden.
a) Wie viel cm² Glas benötigt man insgesamt?
b) Wie viel m Holz braucht man für die Rahmen?

LVL 7. Sabrina näht eine Patchworkdecke aus 20 rechteckigen Musterflächen (25 cm lang, 20 cm breit).
a) Wie könnten die kleinen Rechtecke aneinander gesetzt werden? Fertige für zwei Vorschläge Skizzen an und gib jeweils die Länge und Breite der Decke an. Präsentiere einen deiner Vorschläge deinen Mitschülerinnen und Mitschülern.
b) Wie groß ist die Fläche in cm², wie groß in dm²?
c) Sabrina setzt die Rechtecke so aneinander, dass eine quadratische Decke entsteht. Ringsum möchte sie ein Band annähen. Wie viel m Band benötigt sie dafür?

LVL 8. Frau Schallbruchs Garten ist 20 m breit und 40 m lang. Vom Nachbarn kann sie Grund kaufen und ihren Garten um 10 m verlängern. Stelle dazu drei Fragen und berechne die Lösungen.

LVL 9. Eine Sämaschine ist 6 m breit. Bauer Keck sät damit ein Weizenfeld, das 280 m lang ist. Er muss 12-mal hin und herfahren. Pro Ar braucht er 3 kg Dünger. Vom letzten Jahr hat er noch $\frac{1}{2}$ Tonne Dünger übrig. Stelle dazu drei Fragen und berechne die Lösungen.

5 Flächen- und Rauminhalt

Zusammengesetzte Flächen

1. Annika, Tim und Jannik haben den Flächeninhalt einer Figur auf unterschiedliche Weise berechnet. Dazu haben sie die Figur **zerlegt** oder **ergänzt**. Erkläre für jeden der drei Rechenwege mit einer dazu passenden Skizze, wie die Fläche zerlegt oder ergänzt wurde.

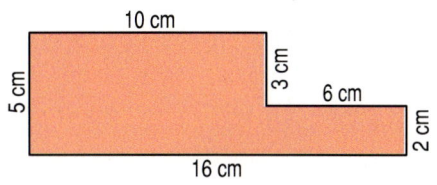

Annika	Tim	Jannik
5 · 10 = 50	16 · 2 = 32	5 · 16 = 80
2 · 6 = 12	10 · 3 = 30	3 · 6 = 18
50 cm² + 12 cm² = 62 cm²	32 cm² + 30 cm² = 62 cm²	80 cm² − 18 cm² = 62 cm²

2. Berechne den Flächeninhalt. Vergleiche deinen Lösungsweg mit anderen.

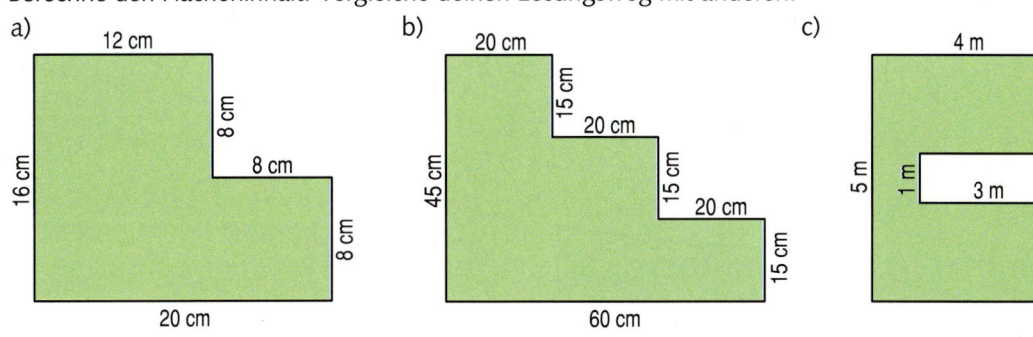

3. In dem Zimmer mit dem abgebildeten Grundriss soll Teppichboden neu verlegt werden. Wie groß ist die auszulegende Fläche? Wandle zum Rechnen die Längen in dm um.

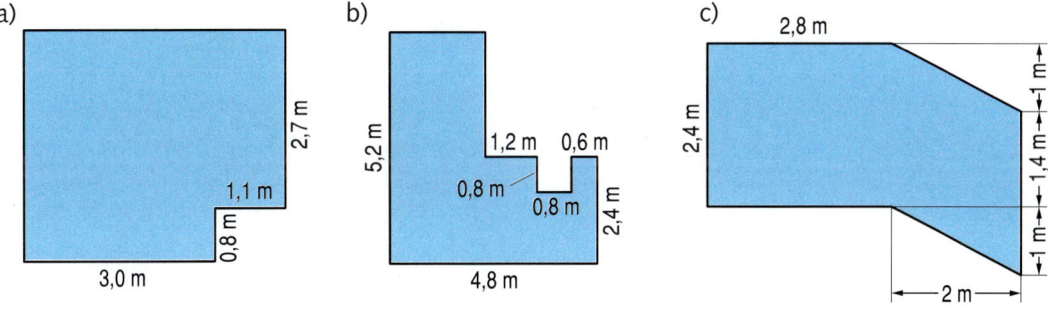

4. Aus Kupferblech werden Werbebuchstaben ausgeschnitten. 1 cm² des Blechs wiegt 1,8 g. Wie schwer wird der Buchstabe? Alle Maßangaben in cm.

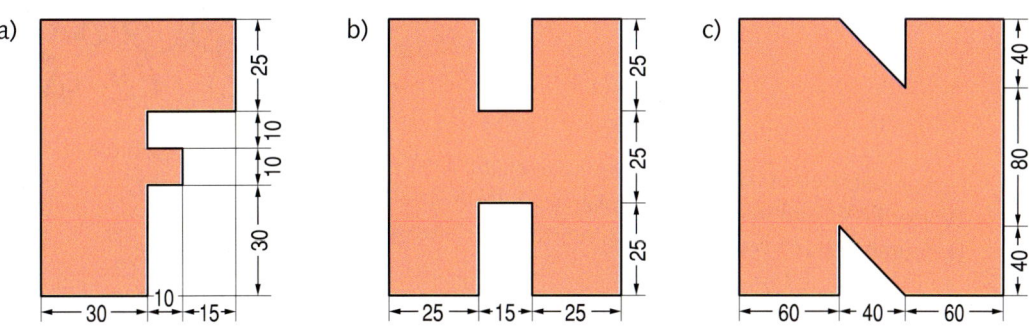

d) Wähle selbst einen Buchstaben, lege seine Maße fest und berechne sein Gewicht.

5 Flächen- und Rauminhalt

Aktion zum Thema „Frieden"

Eine Schülergruppe hat sich an einem Projekt zum Thema „Frieden" beteiligt. Als Abschluss des Projekts dürfen die Schülerinnen und Schüler das Wort „Peace" an eine kahle Betonwand im Schulgelände schreiben.

Dieser Entwurf wurde auf Karopapier gemacht.

1. Die Längenmaße der einzelnen Buchstaben sollen auf das 30-Fache vergrößert werden. Wie hoch und wie breit werden die Buchstaben in Wirklichkeit?

2. Berechne den Flächeninhalt des ganzen Wortes „PEACE".

3. Es gibt zwei Möglichkeiten des Farbauftrags:
   Das *Aufsprühen mit Spraydosen* oder das *Anstreichen mit dem Pinsel*.
   a) Berechne den Materialbedarf und die Kosten für beide Methoden.
   b) Es gibt verschiedene Argumente für und gegen das Sprayen und den Auftrag mit dem Pinsel. Überlege, diskutiere mit anderen, begründe.

4. Fertige selbst einen Entwurf auf Karopapier für das Wort „FRIEDEN" an. Auch die Wörter PAX (lateinisch), PACE (italienisch), PAIX (französisch), PAZ (spanisch) bedeuten Frieden. Versuche diese Wörter auf Karopapier zu schreiben.

5. Entwirf zu den Wörtern passende Friedensfahnen.

5 Flächen- und Rauminhalt 103

Quadratkilometer – Hektar – Ar

1. Innerhalb des Rings aus gelb gezeichneten Straßen liegt Mannheims Innenstadt. Schwarz gezeichnet ist eine Strecke mit 1 km Länge.
   a) Welche Flächenangaben für die Innenstadt können stimmen, welche nicht?
      Begründe.
      ① 63 ha   ② 98 ha
      ③ 128 ha ④ 214 ha
      ⑤ 637 ha ⑥ 1 102 ha
   b) Bestimme den Maßstab des Plans.

2. Wie lang ist der Weg um Mannheims Innenstadt ungefähr? Die Wanderung beginnt vor dem Schloss in der Bismarckstraße und geht über Parkring, Luisenring, Friedrichring, Kaiserring und Bismarckstraße zurück zum Schloss. Stelle deine Lösung in der Klasse vor.

3. Gruppenarbeit: Wie könnt ihr euch in eurer Stadt oder eurem Landkreis die Größe von einem Quadratkilometer veranschaulichen? Wenn ihr den Maßstab des Stadtplans oder der Landkarte nicht kennt, müsst ihr eine gerade Strecke zwischen zwei markanten Punkten messen, zum Beispiel mit dem Kilometerzähler eines Fahrrads.

4.
   - Köln hat fast eine Million Einwohner ...
   - ... die hätten alle Platz auf einem Quadratkilometer.
   - ... wenn jeder für sich einen Quadratmeter beansprucht.
   - Wenn das stimmt, dann hätten die hunderttausend Koblenzer ...
   - ... auf einem Hektar Platz.

5. Hensers haben in einem Neubaugebiet das Grundstück Nr. 465 gekauft. Als Kaufpreis sind 150 Euro pro Quadratmeter vereinbart. Bei der Besichtigung haben sie gemessen, dass die Straßenfront 18 m beträgt. Jetzt haben sie die Karte des Grundbuchamtes und die genaue Flächenangabe des Grundstücks: 7 a 20 m². Zunächst wollen sie das Grundstück nur mit einem Maschendrahtzaun einzäunen, wobei 25 m Zaun 175 Euro kosten.
   Partnerarbeit: Stellt Fragen dazu und beantwortet sie.

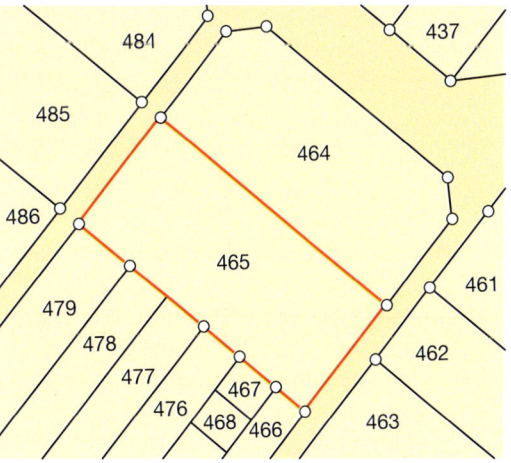

5 Flächen- und Rauminhalt

Vermischte Aufgaben

1. Bauer Müller hat eine 42 m lange und 37 m breite Weide mit einem Elektrozaun eingezäunt.
   a) Wie viel Meter Zaun hat er insgesamt benötigt?
   b) Wie groß ist die Weidefläche in Quadratmeter und in Ar?

   TIPP
   Erst alle Längen in derselben Einheit angeben!

2. Ein Teppichhaus bietet an: „China Seide: Übermaß 365 cm mal 245 cm."
   a) Berechne die Fläche des Teppichs.
   b) Das Teppichhaus wirbt: „1 Mio. Knoten pro m^2". Wie viele Knoten wurden ungefähr geknüpft?

3. Petras Mutter wünscht sich für ihr Blumenfenster eine Fensterbank aus Marmor. Die Fensterbank ist 2,85 m lang und 40 cm breit. Ein Quadratmeter Marmor kostet 52 €.

4. Petra möchte für ihr Jugendzimmer einen Teppichboden haben. Ihr Zimmer ist 4 m lang und 3,50 m breit. Ein Quadratmeter Teppichboden kostet 19,80 €. Petra hat 200 € gespart. Stelle dazu drei Fragen und berechne die Lösungen.

5. Familie Wilke renoviert den Fußboden des Wohnzimmers.
   a) Ein Quadratmeter Teppichboden kostet 35 €.
      Wie teuer wird der Belag?
   b) Von der passenden Sockelleiste kostet der laufende Meter 12,50 €.
      Wie teuer wird die Leiste?
   c) Berechne die Gesamtkosten der Fußbodenerneuerung.

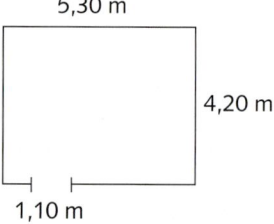

6. In einem Vorgarten wird ein 12 m langer und 2,50 m breiter Weg angelegt.
   Wie viele Pflastersteine (10 cm lang und 10 cm breit) werden benötigt?

7. Die Breite eines Rechtecks ist 7 cm. Berechne den Flächeninhalt und den Umfang des Rechtecks.
   Länge: a) 25 mm   b) 4,5 cm   c) 0,95 dm   d) 8,2 cm   e) 1,3 dm

8. Gib die Seitenlänge der quadratischen Fläche an.
   a) Fläche: 9 m^2 b) Fläche: 25 m^2 c) Fläche: 49 m^2 d) Fläche: 121 m^2 e) Fläche: 4 m^2

9. Daniel hat jetzt ein Jugendbett, das 1,40 m breit und 2 m lang ist. Seine Mutter erinnert sich, dass sein Kinderbettchen nur halbe Breite und halbe Länge hatte. War die Fläche, auf der Daniel liegen konnte, auch halb so groß wie die des Jugendbettes? Begründe deine Antwort.

10. Eine 6. Klasse hat im Werkunterricht ein 11 × 11 Nagelbrett hergestellt. Die Abstände zwischen den Nägeln betragen 1 cm. Mit Gummis kann man nun Figuren spannen.
    a) Spanne (in Gedanken) möglichst viele Rechtecke mit dem Flächeninhalt A = 24 cm^2. Was kannst du über deren Umfang aussagen?
    b) Findest du zwei Rechtecke, die gleichen Umfang, aber verschiedene Flächeninhalte haben?
    c) Spanne das Einheitsquadrat. Wie ändert sich der Flächeninhalt, wenn du die Seitenlänge verdoppelst (verdreifachst)? Und wie ändert sich der Umfang?
    d) Besprich deine Entdeckungen mit deinen Mitschülerinnen und Mitschülern.

    Da ist ja mein Nagelbrett!

43
44
73

5 Flächen- und Rauminhalt

11. Ein Friedhof wird neu eingezäunt. Insgesamt werden 300 m Zaun benötigt. Eine Seite des rechteckigen Geländes ist 70 m lang.
   a) Zeichne eine Skizze und berechne die andere Seite.
   b) Berechne die Fläche des Geländes in m² und in a.

12. Ein rechteckiges Baugrundstück ist 9 a groß und 25 m lang.
   a) Gib den Flächeninhalt des Grundstücks in m² an.
   b) Berechne die Breite des Grundstücks.
   c) Bestimme den Umfang des Baugrundstücks.

13. Berechne zuerst die fehlende Breite oder Länge, dann die restliche Größe.

	a)	b)	c)	d)	e)	f)
Länge	7 cm	▪	▪	17 mm	▪	12 m
Breite	▪	8 cm	13 dm	▪	8 m	▪
Flächeninhalt	28 cm²	64 cm²	91 dm²	▪	▪	▪
Umfang	▪	▪	▪	70 mm	36 m	50 m

14. Eine Rutsche ist 80 cm breit und 14,50 m lang.
   a) Bestimme die Gesamtfläche der Rutsche in cm².
   b) Gib die Fläche der Rutsche in dm² und in m² an.

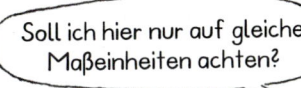

15. Ein Flugplatz für Sportflugzeuge soll angelegt werden. Dazu wird ein Gelände mit 2,5 km Länge und 840 m Breite vermessen. Für das Vermessen sind 94 € je Ar zu bezahlen.

16. In einer Stadt wurden ein Industriegebiet und ein Wohngebiet neu erschlossen.

   a) Berechne die Fläche eines Baugrundstückes.
   b) Wie viel Hektar Ackerland gingen insgesamt für beide Bauprojekte verloren? Ist das mehr als 1 km²?

17. Einige Fußböden werden erneuert. Wie viel m² Fliesen werden jeweils benötigt?
   (1) Bad unten   (2) Bad oben   (3) Abstellraum   (4) Küche

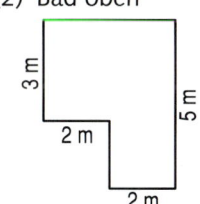 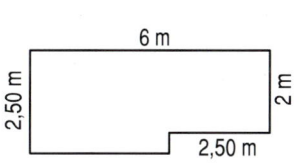 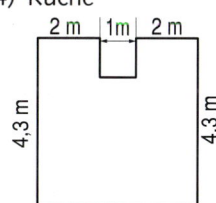

18. a) Notiere mögliche Maße für die Seiten eines 24 cm² großen Rechtecks.
   b) Welche Seitenlängen kann ein Rechteck mit einem Umfang von 22 cm haben?
   c) Gibt es auch ein Rechteck, das 24 cm² groß ist und einen Umfang von 22 cm hat?

19. Sabines Zimmer ist rechteckig und 24 m² groß. Die Zimmertür ist 1 m breit. Die Teppichleiste ist 19 m lang. Wie lang und wie breit ist das Zimmer? Überlege zusammen mit anderen.

BLEIB FIT!

Die Ergebnisse der Aufgaben ergeben drei Seen in Deutschland.

1. Wie heißt der Körper?
   a) 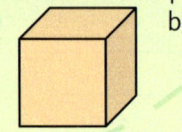 b)

Würfel (10)	Würfel (40)
Pyramide (20)	Quader (50)
Zylinder (30)	Zylinder (60)

2. a) 275 · 37   b) 368 · 9
   c) 1 176 : 21   d) 1 248 : 12
   e) 9 633 : 19   f) 120 075 : 15

3. Gib den roten Teil der Strecke als Bruch an.
   a)
   b)
   c)

4. Gib die Winkelart an.

   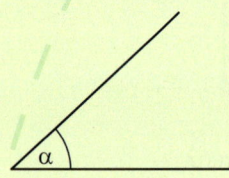

   rechter Winkel (70)   spitzer Winkel (80)
   stumpfer Winkel (90) gestreckter Winkel (100)

5. Verwandle in die angegebene Einheit.
   a) 11 m² = ▮ dm²   b) 5 a = ▮ m²
   c) 4,7 cm² = ▮ mm²

6. Berechne den fehlenden Wert.
   a) 7^2 = ▮   b) 196 = ▮²   c) 11^2 = ▮

7. a) 842 g + 1,4 kg + 234 g = ▮ g
   b) 13,40 € − 80 Cent + 1,20 € = ▮ €
   c) 18,48 € + 2 € 84 Cent = ▮ €
   d) 1,87 m + 48 cm − 0,98 m = ▮ m

1/4	K		1/3	I
1/2	H		5/6	C
1,37	E		1,47	R
10	A		13,80	S
14	A		15,40	L
20	O		21,32	E
40	R		49	W
50	M		56	R
70	M		80	E
104	S		121	N
470	E		500	E
507	E		1 100	S
2 476	N		3 312	E
8 005	E		10 175	M
10 672	E			

5 Flächen- und Rauminhalt

Schrägbilder

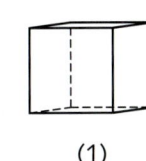 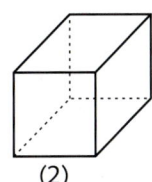 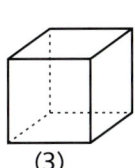 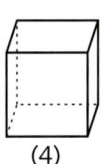

(1) (2) (3) (4)

LVL 1. Vier Kinder haben das Schrägbild eines Würfels gezeichnet. Wer hat den Würfel am besten getroffen?

LVL 2. Zeichne das Schrägbild eines Würfels mit 5 cm Kantenlänge nach den Anweisungen des roten Merkkastens und erkläre dein Vorgehen.

Zeichnen eines Schrägbildes

Vorderfläche zeichnen. | Senkrecht nach hinten laufende Kanten in halber Länge unter 45° zeichnen. 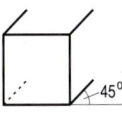 | Fehlende Kanten zeichnen. Unsichtbare Kanten gestrichelt.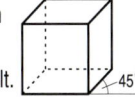

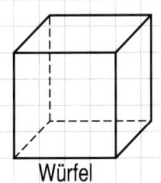 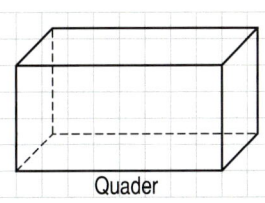 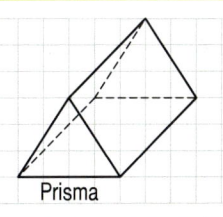

Würfel   Quader   Prisma

3. Zeichne das Schrägbild des Würfels bzw. des Quaders mit den angegebenen Kantenlängen.
 a) a = b = c = 6 cm   b) a = 3 cm, b = 4 cm, c = 6 cm   c) a = 8 cm, b = 6 cm, c = 4 cm

4. Besorge dir eine quaderförmige Streichholzschachtel und fertige davon drei verschiedene Schrägbilder an. Beginne jeweils mit einer anderen Vorderfläche.

5. Übertrage das angefangene Quader-Schrägbild in dein Heft. Ergänze die fehlenden Kanten.

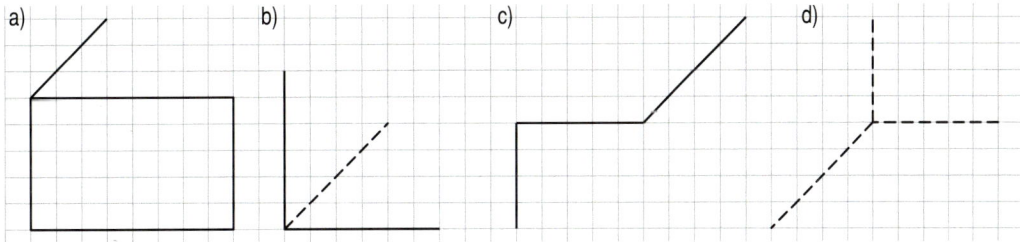

6. Finde die Fehler im abgebildeten „Würfel-Schrägbild".

a) b) c) d) e) f)

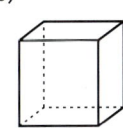 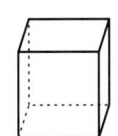 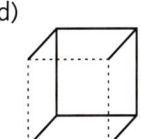 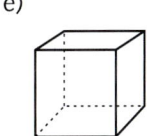 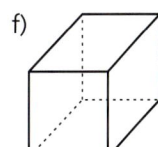

5 Flächen- und Rauminhalt

7. Aus welcher Blickrichtung siehst du den Würfel? Vergleiche deine Antwort mit den anderen.

a) b) 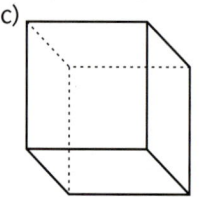 c) d)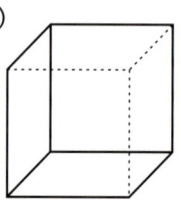

TIPP
Den ersten Würfel sieht man von rechts oben.

8. Zeichne das Schrägbild des Körpers.
 a) Würfel mit a = 6,4 cm   b) Quader mit a = 7 cm, b = 4,5 cm, c = 3,2 cm

9. Ein Quader mit den Kantenlängen 5 cm, 3 cm und 2 cm kann aus verschiedenen Perspektiven betrachtet werden. Zeichne drei unterschiedliche Schrägbilder des Quaders und vergleiche mit anderen.

10. Zeichne das Schrägbild des Prismas. Übertrage dazu zuerst die abgebildete Vorderfläche in dein Heft. Die nach hinten verlaufenden Kanten sind je 4 cm lang.

a) b) c) d)

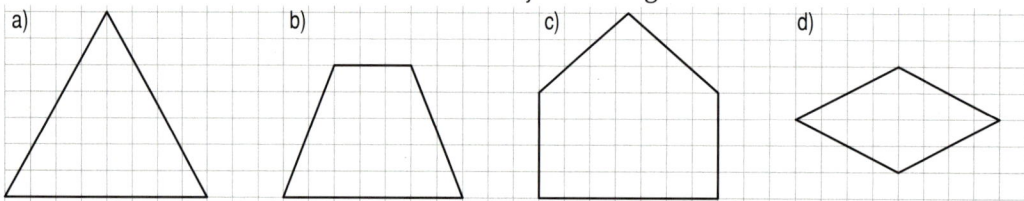

11. a) Zeichne den Blockbuchstaben T im Schrägbild. Wähle dafür folgende Maße: a = 3 cm, b = 1 cm, c = 4 cm und d = 1 cm.
 b) Zeichne entsprechende Schrägbilder der Buchstaben L und E. Wähle die Maße selbst.
 c) Wähle zusammen mit anderen weitere Buchstaben zum Zeichnen, die sich zu einem Wort zusammensetzen lassen.

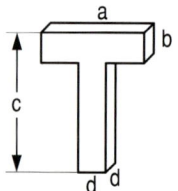

12. So kannst du das Schrägbild einer Pyramide zeichnen:
 • Zeichne zuerst das Schrägbild der Grundfläche mit a = 6 cm.
 • Zeichne die Diagonalen der Grundfläche ein.
 • Zeichne vom Schnittpunkt der Diagonalen senkrecht nach oben die Höhe h = 5 cm ein.

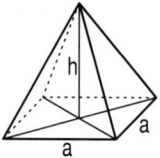

13. Wie verändert sich das Schrägbild der Pyramide aus Aufgabe 12, wenn du die Länge der Grundseite halbierst? Wie ist die Veränderung bei Halbierung der Höhe? Kontrolliere durch Zeichnungen.

14. Solche Bilder heißen „Kippbilder" oder „Umspringbilder", was bedeuten diese Namen? Sieh dir die Bilder auch von der anderen Seite aus an (Buch drehen) und überlege: was ist vorne, was ist oben, welche Kanten wären im Schrägbild gestrichelt?

a) 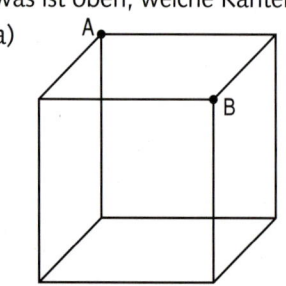 b)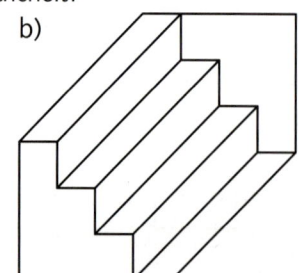

5 Flächen- und Rauminhalt

Würfel- und Quadernetze

1. Bastle einen Würfel mit der Kantenlänge 5 cm.
   (1) Zeichne dazu das abgebildete Würfelnetz auf ein kariertes DIN-A4-Blatt.
   (2) Färbe Kanten, die beim Zusammenkleben des Würfelnetzes eine gemeinsame Kante bilden, jeweils mit derselben Farbe.
   (3) Überlege, wie viele Klebelaschen benötigt werden, und zeichne sie ein (5 mm breit).
   (4) Schneide das Würfelnetz aus, falte und klebe es zum Würfel zusammen.

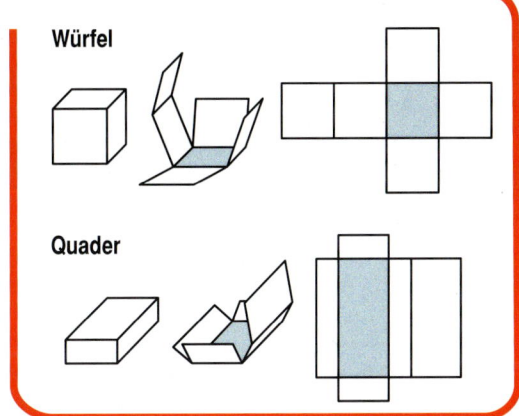

2. Übertrage das Würfelnetz mit einer Kantenlänge von a = 1 cm in dein Heft. Färbe die jeweils gegenüberliegenden Flächen des Würfels mit derselben Farbe.

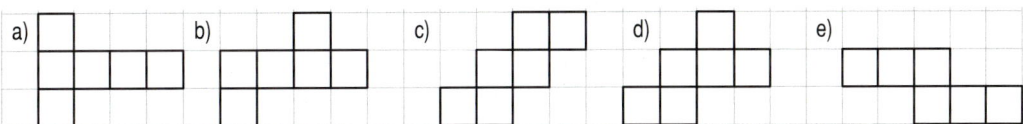

3. Welche Netze lassen sich nicht zu einem Würfel falten? Begründe deine Antwort.

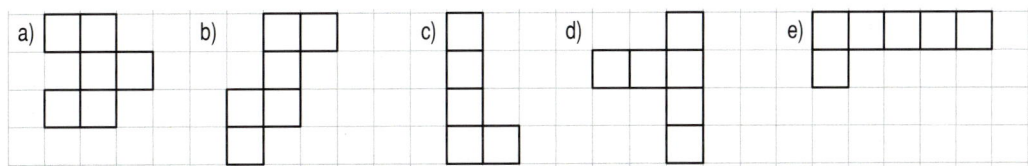

4. Die farbige Würfelfläche ist festgeklebt. Wo sind die anderen Flächen, wenn das Netz zum Würfel gefaltet wird (links, rechts, oben, vorne, hinten)?

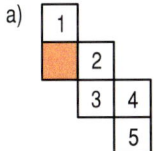 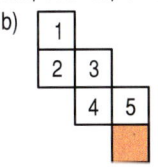 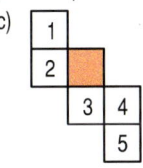 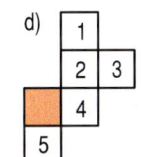 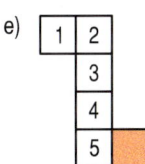 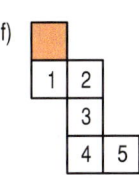

5. Welcher Würfel gehört zu dem gezeichneten Würfelnetz? Wie kannst du deine Antwort begründen?

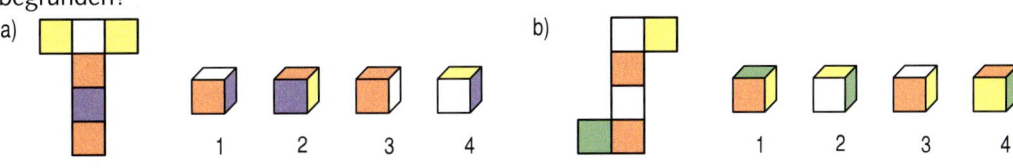

LVL 6. a) Zeichnet drei verschiedene Würfelnetze und schneidet sie aus. Tragt alle eure Würfelnetze an der Tafel zusammen, gleichartige Netze nur einmal. Es gibt 11 verschiedene Würfelnetze.
   b) Zeichne ein Würfelnetz und färbe es mit drei Farben, so dass gegenüberliegende Flächen des Würfels die gleiche Farbe haben.

7. a) Zeichne das Netz eines Quaders mit den Kantenlängen a = 6 cm, b = 4 cm, c = 3 cm in dein Heft. Färbe alle zueinander parallelen Flächen des Quaders mit derselben Farbe.
b) Zeichne ein anderes Netz desselben Quaders auf ein kariertes Blatt, zeichne Klebelaschen ein, schneide aus, falte und klebe zum Quader zusammen.

8. Übertrage das unvollständige Quadernetz in dein Heft und ergänze die fehlenden Rechtecke.

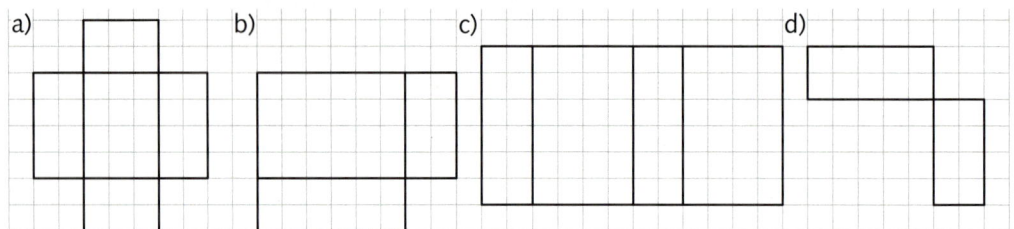

9. Lässt sich das Netz zu einem Quader zusammenfalten?

10. Was muss am Netz geändert werden, damit man daraus einen Quader basteln kann?

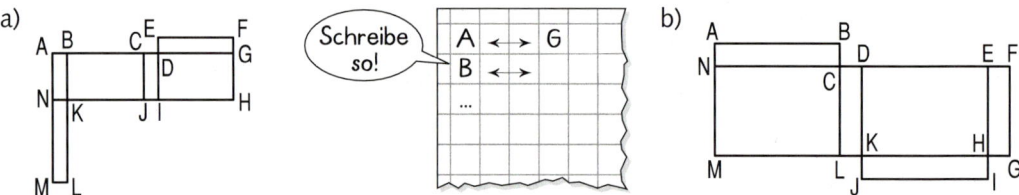

11. Welche Punkte fallen aufeinander, wenn das abgebildete Netz zum Quader zusammengefaltet wird? Zeichne, schneide aus und falte, wenn dir das hilft.

Schreibe so!
A ↔ G
B ↔ ...

LVL 12. Zeichne möglichst viele Quadernetze. Du darfst nur diese Rechtecke verwenden – auch mehrfach. Tragt die gefundenen Lösungen anschließend an der Tafel zusammen; jede Möglichkeit einmal.

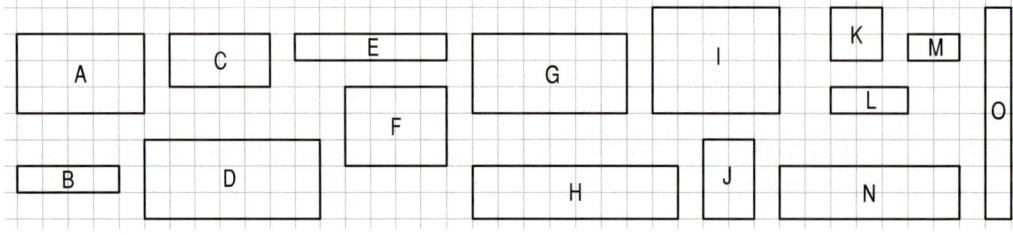

5 Flächen- und Rauminhalt

Oberfläche des Quaders

1. Partnerarbeit: Wie viel cm² Folie benötigt man zum Bekleben des Quaders? Skizziert dazu das Netz des Quaders mit a = 4 cm, b = 10 cm und c = 6 cm, beschriftet die Kanten und berechnet den Flächeninhalt der gesamten Oberfläche. Stellt euren Rechenweg in der Klasse vor.

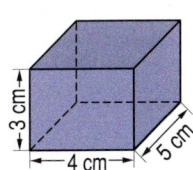

Oberfläche des Quaders

O = Summe der Flächeninhalte aller 6 Flächen

12 cm²			
20 cm²	15 cm²	20 cm²	15 cm²
12 cm²			

O = 94 cm²

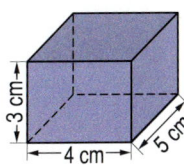

Rechnung: 4 · 5 = 20   2 · 20 = 40
          3 · 5 = 15   2 · 15 = 30
          4 · 3 = 12   2 · 12 = 24
                         Summe: 94

Der Quader hat eine Oberfläche von 94 cm².

2. Welche Oberfläche hat der Quader?

a) 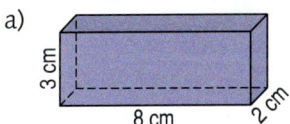   b) 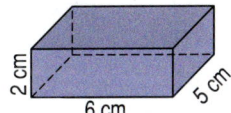   c)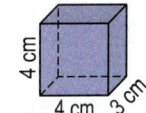

3. Ein Quader ist 6 cm lang, 10 cm breit und 2 cm hoch. Berechne seine Oberfläche.

4. Berechne die Oberfläche des Quaders mit den angegebenen Kantenlängen.
  a) 10 cm, 4 cm und 6 cm   b) 15 cm, 5 cm und 20 cm   c) 30 cm, 50 cm und 20 cm

5. Welche zwei Quader weisen den geringsten Unterschied in der Oberfläche auf?

	(1)	(2)	(3)	(4)	(5)	(6)	(7)	(8)	(9)
Länge	7 cm	5 cm	8 cm	2 cm	30 cm	10 cm	11 cm	8 cm	40 cm
Breite	2 cm	7 cm	8 cm	3 cm	35 cm	2 cm	11 cm	2 cm	28 cm
Höhe	5 cm	5 cm	8 cm	5 cm	50 cm	3 cm	5 cm	1 cm	12 cm

6. Bestimme die Kantenlänge eines Würfels mit einer Oberfläche von 96 cm².

7. Klaus und Claudia bekleben die Flächen von Würfeln mit Glanzpapier. Claudias Würfel hat doppelt so lange Kanten wie der von Klaus. Braucht sie doppelt so viel Glanzpapier wie Klaus? Überlege zusammen mit anderen, begründe.

5 Flächen- und Rauminhalt

Rauminhalte messen und vergleichen

LVL **1.** a) Partnerarbeit: Welche Tasche hat den größeren Rauminhalt? Begründet eure Antwort.
b) Wie würdest du den Rauminhalt deiner Schultasche ermitteln?

2. Welcher Körper hat den größeren Rauminhalt? Zähle ab und vergleiche.

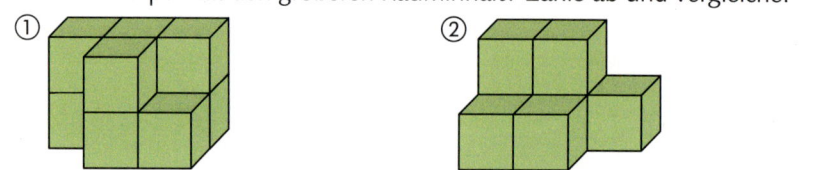 

3. Auch diese Körper kannst du vergleichen. Ordne der Größe nach.

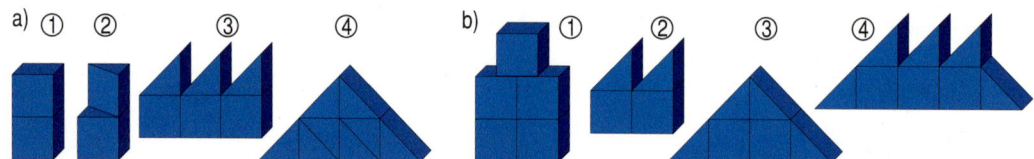

4. Welcher Turm hat den kleinsten, welcher den größten Rauminhalt? Ordne, dann erhältst du ein Lösungswort.

U　　　　S　　　　P　　　　R　　　　E

LVL **5.** Du möchtest den Rauminhalt des Kofferraums eines Autos messen. Welche der Gegenstände eignen sich überhaupt nicht als Maßkörper? Welche könnte man nehmen? Überlege mit anderen und begründe.

5 Flächen- und Rauminhalt

Kubikdezimeter, -zentimeter, -millimeter

1. Partnerarbeit: Begründet die Gleichungen im Kasten mit Finns und Jessikas Überlegungen.

> 1 dm³ = 1 000 cm³   1 cm³ = 1 000 mm³
> (Kubikdezimeter)   (Kubikzentimeter)   (Kubikmillimeter)

2. Ordne die Gegenstände nach Größe des Rauminhalts. In welcher Maßeinheit würdest du ihn messen? Überlege mit anderen und begründe.
Trinkglas   Aquarium   Stecknadelkopf   Spielwürfel   Schuhkarton   Streichholzschachtel

3. Wie viel dm³ sind es? a) 4 000 cm³ b) 15 000 cm³ c) 40 000 cm³ d) 120 000 cm³ e) 1 Mio. cm³

4. Gib in cm³ an. a) 2 000 mm³ b) 23 000 mm³ c) 88 000 mm³ d) 1 000 000 mm³ e) 2 Mio. mm³

5. Wandle in die nächstgrößere Einheit um.
   a) 5 000 mm³   b) 68 000 cm³   c) 79 000 mm³   d) 300 000 mm³   e) 750 000 mm³

6. Wandle in die nächstkleinere Einheit um.
   a) 60 dm³   b) 5 cm³   c) 36 cm³   d) 784 cm³   e) 57 dm³   f) 530 cm³

7. Schreibe mit Komma in der nächstgrößeren Maßeinheit.
   a) 8 700 mm³   9 400 mm³   1 300 mm³   600 mm³
   b) 7 052 cm³   15 006 cm³   46 800 cm³   240 711 cm³

dm³	cm³	mm³	Kommaschreibweise
	5	800	5,8 cm³
	30	056	30,056 cm³
7	090	000	7,09 dm³
16	800	000	16,8 dm³

8. Schreibe ohne Komma in der nächstkleineren Maßeinheit.
   a) 4,031 dm³   6,800 dm³   20,570 dm³   57,222 dm³
   b) 63,756 cm³   342,700 cm³   471,800 cm³   0,05 cm³

9. Ordne der Größe nach. Beginne mit dem kleinsten Rauminhalt.
   700 dm³   12 cm³   3 000 mm³   5 cm³   7 mm³   9 000 cm³   80 mm³   1 cm³   17 dm³

10. Jeweils 2 Größen bezeichnen denselben Rauminhalt. Ordne zu und schreibe: 14,3 dm³ = ▪

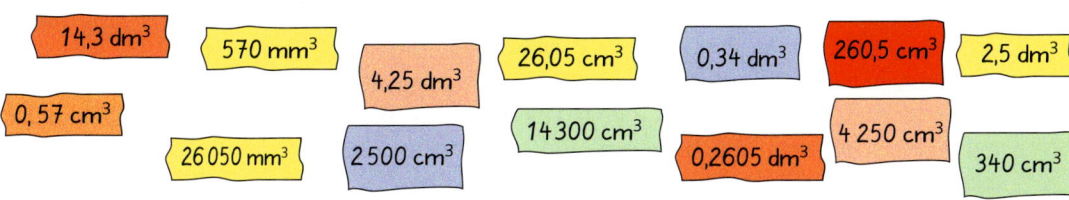

5 Flächen- und Rauminhalt

Rauminhalt von Quadern bestimmen

1. Besprecht in der Klasse, ob ihr damit einverstanden seid, wie Sarah und Karel vorgegangen sind. Wie ist eure Meinung zum Ergebnis?

2. In den Bildern unten seht ihr, wie Xenia den Quader sorgfältig mit Kubikzentimeter-Würfeln nachbaut. Wie findet ihr den Lösungsweg von Xenia? Ist ihr Ergebnis richtig?

3. a) Könnt ihr die Überlegungen von Thorsten mit euren Worten beschreiben?
   b) Wie rechnet Miriam?

4. Wie viele Kubikzentimeter-Würfel passen in einen Quader, der 40 cm lang, 30 cm breit und 25 cm hoch ist? Besprecht in der Klasse, wie man das herausbekommt, ohne Material zu Hilfe zu nehmen.

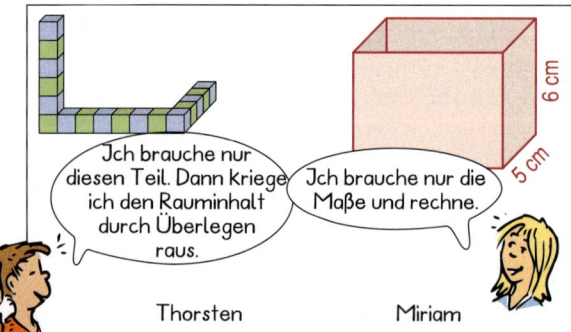

5. Im 5. Schuljahr habt ihr erarbeitet, wie man den Flächeninhalt A eines Rechtecks berechnet, das a cm lang und b cm breit ist: $A = a \cdot b$. Überlegt euch jetzt eine Formel für den Rauminhalt eines Quaders, der a cm lang, b cm breit und c cm hoch ist. Das Fremdwort für Rauminhalt heißt „Volumen". Formel für das Quadervolumen: V = _____

5 Flächen- und Rauminhalt

Volumen (Rauminhalt) des Quaders

Volumen (Rauminhalt) des Quaders:
Volumen gleich Länge · Breite · Höhe
$V = a \cdot b \cdot c$

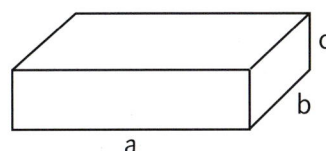

Beispiel:
$a = 8$ cm $b = 3$ cm $c = 2$ cm
$V = 8$ cm $\cdot$ 3 cm $\cdot$ 2 cm
$V = 48$ cm³

1. Bestimme den Rauminhalt der abgebildeten Kiste in cm³. Die Markierungen geben cm an.

a)    b) 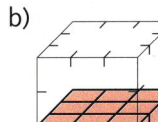   c) 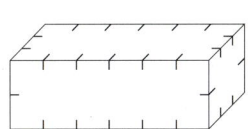   d)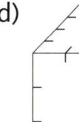

2. Bestimme den Rauminhalt des abgebildeten Quaders.

a) 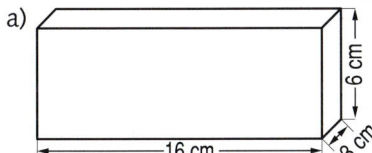   b) 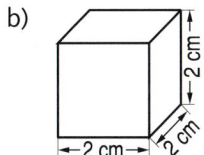   c)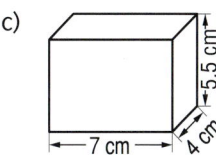

3. Rolf baut eine würfelförmige Kiste mit 10 cm Kantenlänge. Wie viele Kubikzentimeter passen hinein?

4. a) Auf der Palette wiegt jeder einzelne Zementsack 25 kg. Wie schwer sind alle Säcke zusammen?
b) Die Säcke sind 44 cm lang, 30 cm breit, 10 cm hoch und ungefähr quaderförmig. Wie groß ist der Rauminhalt eines Sackes?

5. Das Volumen eines Würfels beträgt 64 cm³. Bestimme die Kantenlänge des Würfels.

6. Von einem Quader sind der Flächeninhalt der Grundfläche und sein Volumen bekannt. Ermittle die Kantenlänge c des Quaders.
a) $V = 300$ cm³   b) $V = 400$ cm³   c) $V = 432$ cm³

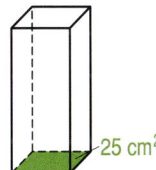 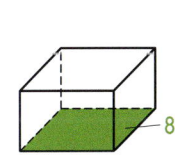 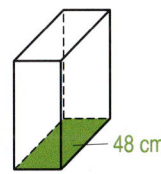

$V = 60$ cm³, $c = $ ▇
Der Grundflächeninhalt beträgt 15 cm².
$V = a \cdot b \cdot c$
$60 = 15 \cdot$ ▇
$c = 4$ cm

LVL 7. Das Volumen eines Quaders beträgt 100 cm³. Gib zwei Beispiele für die Maße der Kantenlängen an, skizziere jeweils das Schrägbild und vergleiche mit anderen.

8. Lina: „Wir haben heute in der Schule 12 cm hohe Schuhkartons mit einem Grundflächeninhalt von 608 cm² übereinander gestapelt und dann das Volumen des Schuhkartonturms berechnet. Es war 109 440 cm³. Kannst du mir jetzt sagen, wie viele Kartons wir hatten?"

5 Flächen- und Rauminhalt

Liter, Milliliter und Hektoliter

LVL 1. a) Nenne Beispiele, die zu den Abmessungen in Bild 1 und 2 ungefähr passen.
b) Erfinde eine Aufgabe zu der Situation in Bild 3 und löse diese mit Hilfe der Hinweise im Kasten.

Bei Flüssigkeiten wird der Rauminhalt (das Volumen) häufig in Liter (*l*) angegeben.	$1\ l = 1\ dm^3 = 1\ 000\ cm^3$
Sehr kleine Mengen gibt man in Milliliter (ml), große Mengen in Hektoliter (hl) an.	$1\ ml = 1\ cm^3$ $1\ l = 1\ 000\ ml$ $1\ hl = 100\ l$

2. Sandra benötigt zum Backen 250 ml Sahne. Am Litermaß ist abzulesen, wie viel Liter das sind.

3. Welcher Gegenstand hat welches Volumen? Es ergibt sich der Größe nach ein Lösungswort.

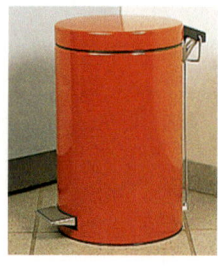    

4. a) 4 000 ml = ▪ *l*   b) 2 hl = ▪ *l*   c) 32 000 cm³ = ▪ *l*   d) 8 dm³ = ▪ *l*   e) 0,5 dm³ = ▪ *l*
f) 700 ml = ▪ *l*   g) ½ hl = ▪ *l*   h) 270 ml = ▪ *l*   i) 500 cm³ = ▪ *l*   j) 1/10 hl = ▪ *l*

5. a) Wie viel cm³ sind $1\frac{3}{4}\ l$ Flüssigkeit?   b) Wie viel hl sind 120 *l*?

6. Susanne möchte ihren vier Freundinnen Orangensaft einschenken.
Sie hat je 2 der abgebildeten Gläser. Reicht eine Dreiviertelliterflasche, um alle Gläser bis zur Markierung zu füllen? Erläutere.

7. Ein quaderförmiger Behälter hat die Kantenlängen 5 dm, 5 dm und 8 dm. Berechne sein Volumen in Liter und gib an, wie viele solcher Behälter man braucht, um 400 hl Saft abzufüllen.

8. Ein quaderförmiger Behälter hat eine Länge von 0,4 m, eine Breite von 0,3 m und eine Höhe von 0,2 m. Wie viel Liter passen hinein? Wie viel hl sind das?

9. Ein Winzer produziert 10 000 hl Wein im Jahr. Wie viel *l* sind das?

10. a) Es sollen 20 hl Blumenerde abgepackt werden. Wie viele 50 *l*-Säcke werden voll?
b) Wie viel hl Blumenerde werden benötigt, um vierzig 20 *l*-Säcke füllen zu können?

5 Flächen- und Rauminhalt

Regenmengen

Regenmengen werden auf zwei Arten gemessen:
① Als Höhe in Millimeter: so hoch stünde das Wasser, wenn es nicht abfließen könnte.
② Als Liter pro Quadratmeter.

Hier hat es richtig stark geregnet. In der Zeitung stand, dass 45 mm Regen gefallen sind.

Lächerlich, bei uns waren es keine Millimeter, sondern ganze Liter, 40 l pro Quadratmeter hieß es.

1. Im Bild rechts telefonieren Jan aus Bremen und Patrick aus Hamburg miteinander.
   a) Vergleicht die beiden Regenmengen, wo ist mehr gefallen?
   b) Formuliert eine Regel zum Umrechnen der einen Maßangabe in die andere.
   c) Präsentiert eure Lösung der Klasse.

2. Der abgebildete Bungalow wird von Familie Kunz bewohnt. Das Regenwasser wird vom Flachdach in einen 3 000-l-Behälter geleitet und dann zum Gießen und für die Toilettenspülung verwendet. Der Behälter ist zu einem Viertel gefüllt. Um 13 Uhr beginnt ein starker Landregen mit 5 mm Regen pro Stunde. Wann sollten Kunzes nachschauen, ob der Behälter voll ist?

3. Die Familie Kunz, die in dem Bungalow wohnt, besteht aus zwei Erwachsenen und drei Kindern. Für wie viel Tage würden 3 000 l Regenwasser allein für die Toilettenspülung reichen?
   Für eine Spülung benötigt man 3 l (Spartaste) oder 6 l (Vollspülung). Überlegt euch eine realistische Nutzung der Toilette durch die Familie.

4. Die „Rekorde" sind in der Tabelle nach der Zeitdauer des Regens geordnet. In welcher Reihenfolge stünden sie, wenn sie nach der Regenmenge pro Stunde geordnet wären?

5. Die am 27. Mai 2009 für Konstanz gemeldete Regenmenge fiel in 24 Stunden. Etwa die Hälfte davon fiel von 16:03 Uhr bis 16:29 Uhr. Vergleiche mit den „Rekorden" der Tabelle.

6. Am 23. November 2009 berichtete die Frankfurter Rundschau über „schwerste" Regenfälle in Großbritannien, „binnen 24 Stunden seien 314 Milliliter" gefallen. Was meinst du dazu?

In Mitteleuropa fallen folgende Regenmengen:
– bei mittelstarkem Regen: etwa 5 mm pro h
– bei Starkregen: etwa 30 mm pro h
– bei heftigem Unwetter: 50 mm pro h und mehr
http://de.wikipedia.org/wiki/Niederschlag

Rekorde		
Zeitdauer	Menge	wo und wann
1 min	38 mm	Barot (Guadeloupe) 1970
1 h	401 mm	Shangdi (China) 1947
12 h	1144 mm	Foc-Foc (Réunion) 1966
24 h	1825 mm	Foc-Foc (Réunion) 1966

27. Mai 2009
Enorme Regenmengen in kurzer Zeit
Einige Orte haben gestern besonders viel Niederschlag in Form von Regen und Hagel abbekommen. Beispielsweise sind im Bayerischen Wald im Ort Regen über 70 Liter pro Quadratmeter gefallen. An den Meteomedia Wetterstationen in Konstanz wurden bis zu 67 Liter registriert. …

http://www.wetter.info/wetter-aktuell

Wissen · Anwenden · Vernetzen

1. Klassenausflug

Die Klasse 6 b plant einen Ausflug. Zur Auswahl stehen ein Besuch im Schwimmbad und ein Besuch im Zoo.

a) Bei einer Abstimmung, an der alle 24 Schülerinnen und Schüler der Klasse teilnehmen, entscheiden sich $\frac{5}{8}$ für einen Besuch im Schwimmbad.
- Welches der folgenden Diagramme stellt diesen Sachverhalt dar? Notiere den Lösungsbuchstaben und begründe, warum die anderen Diagramme nicht passen können.

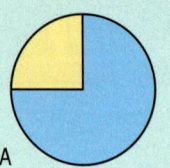  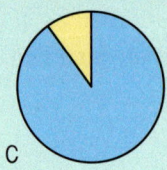 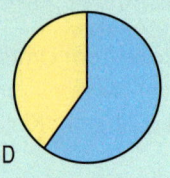 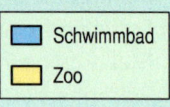

A B C D

- Wie viele Schülerinnen und Schüler haben sich bei der Abstimmung für einen Besuch im Schwimmbad entschieden, wie viele für einen Besuch im Zoo?

b) Die Klasse 6 b (24 Schüler, 2 Lehrer) plant nun den Besuch im Schwimmbad für den nächsten Freitag. Die Klassensprecher Alex und Lisa werden beauftragt, sich nach den Preisen zu erkundigen.
- Wie teuer wird der Schwimmbad-Besuch für die gesamte Gruppe (Schüler und Lehrer)?
- Die Klasse hat beschlossen, dass von allen Teilnehmern, also von Schülern und Lehrern, der gleiche Beitrag eingesammelt werden soll. Reicht ein Betrag von 6,00 €?
- Lisa schlägt vor: „Lasst uns doch am Donnerstag ins Schwimmbad gehen, dann können wir eine Menge Geld sparen." Wie viel Euro sind es genau?

	Erwachsene	Kinder
Mo–Do	7,90 €	5,40 €
11er Karte (Mo–Do)	79,00 €	54,00 €
Fr–So	8,90 €	6,50 €
11er Karte (Fr–So)	87,00 €	60,00 €

2. Einladung zum Essen

Jeden Freitag darf Gabriella drei Freunde in das italienische Restaurant ihrer Eltern einladen, um gemeinsam mit ihr zu essen. Die Eltern spendieren stets drei große Pizzas.

a) Wenn im Restaurant großer Andrang herrscht, müssen die Kinder allerdings manchmal etwas länger warten, und nicht immer kommen alle drei Pizzas gleichzeitig auf den Tisch. Weil alle hungrig sind, wird sofort gerecht geteilt. Folgende Fälle treten dabei auf:
- Zuerst kommt eine Pizza, später die zwei weiteren Pizzas gleichzeitig.
- Zuerst kommt eine Pizza, dann die zweite und noch etwas später die dritte Pizza.
- Alle drei Pizzas kommen gleichzeitig auf den Tisch.

Skizziere zu jeder Situation, wie die Pizzas jeweils gerecht aufgeteilt werden können.

b) Eine Freundin isst eine halbe Pizza und ist satt. Ihr Anteil soll an die restlichen drei Esser gerecht verteilt werden.

c) Zu ihrem Geburtstag lädt Gabriella 11 Freunde ein. Wie viele Pizzas müssen bestellt werden, damit der Anteil, den jedes Kind erhält, ebenso groß ist wie bei den Freitagsessen?

3. Pakete

a) In Abb. 1 siehst du ein kleines Paket (alle Maße in cm).
- Berechne das Volumen dieses Paketes.
- Zeichne ein Netz des Paketes im Maßstab 1:10.
- Berechne die Oberfläche des Paketes.

Abb. 1

b) Das Paket wird so mit einer Schnur zusammen gebunden, wie auf dem Bild zu sehen ist. Reicht eine 2 m lange Schnur, wenn man für Knoten und Schleife zusammen einen halben Meter berechnet?

c) Das große Paket (Abb. 2) ist doppelt so lang, doppelt so breit und doppelt so hoch wie das kleine Paket.
- Welche der folgenden Aussagen ist richtig? Notiere den Lösungsbuchstaben. Begründe deine Auswahl.

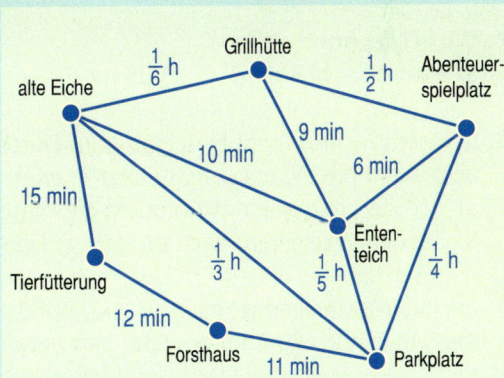
Abb. 2

A	Das Volumen des großen Pakets ist genau doppelt so groß wie das Volumen des kleinen Pakets.
B	Das Volumen des großen Pakets ist genau viermal so groß wie das Volumen des kleinen Pakets.
C	Das Volumen des großen Pakets ist genau achtmal so groß wie das Volumen des kleinen Pakets.

- Wie viele würfelförmige Kartons mit 10 cm Kantenlänge passen in das große Paket?

4. Schatzsuche

Für die Geburtstagsfeier ihrer Zwillinge planen die Eltern und Großeltern eine Schatzsuche. Herr Mertin hat eine Skizze des nahegelegenen Stadtwalds angefertigt. Die Großeltern sind verschiedene Wege in Schrittgeschwindigkeit abgelaufen und haben die jeweils benötigte Zeit notiert.

Frau Mertin schlägt vor, vom Parkplatz aus zwei Kindergruppen auf die Suche zu schicken. Jede Gruppe wird von einem Großelternteil begleitet. Der Schatz soll in der Grillhütte versteckt werden.

a) Die blaue Gruppe soll vom Parkplatz zum Ententeich, von dort zum Spielplatz und schließlich zur Grillhütte geschickt werden. Wie lange ist die blaue Gruppe voraussichtlich unterwegs?

b) Der Weg der roten Gruppe führt vom Parkplatz zur Tierfütterung, von dort zur alten Eiche und schließlich zur Grillhütte. Welche Gruppe ist vermutlich eher da?

c) Die Wege werden mit farbigen Bändern markiert. Beide Gruppen sollen jeweils nach 6 Minuten Gehzeit ein Band finden. Wie viel Bänder werden für den Weg der roten Gruppe benötigt?

d) Die Großeltern meinen, dass die Schatzsuche zu viel Zeit in Anspruch nimmt. „Nicht länger als eine halbe Stunde!", lautet die Forderung. Gibt es zwei getrennte Wege vom Parkplatz zur Grillhütte, die dieser Forderung gerecht werden?

5 Flächen- und Rauminhalt

Kubikmeter

Große Rauminhalte (Volumina) misst man häufig in **Kubikmeter** (**m³**). Ein Würfel mit der Kantenlänge 1 m hat einen Rauminhalt von 1 m³.

1 m³ = 1 000 dm³ = 1 000 l

1. Die Klasse 6d möchte Kubikdezimeter-Würfel basteln, um einen Kubikmeter darzustellen. Wie viele Würfel müsste jedes der 25 Kinder herstellen?

2. Nenne einen Körper, der ungefähr 1 m³ Flüssigkeit fassen kann. Wie viel hl passen hinein?

LVL 3. Ordne nach der Größe des Rauminhalts und gib an, in welcher Maßeinheit du ihn messen würdest. Überlege mit anderen und begründe.
Klassenzimmer   Wassereimer   Kofferraum   Schrank   Badewanne   Mülltonne

4. Wie viel Kubikmeter sind es?
a) 2 000 dm³   b) 47 000 dm³   c) 36 418 dm³   d) 3 800 dm³   e) 500 dm³
   5 000 dm³   68 000 dm³   5 800 dm³   430 dm³   1 Mio. dm³

5. Gib in dm³ an. Schreibe: 5 m³ = 5 000 dm³.
a) 4 m³   b) 11 m³   c) 69 m³   d) 2,043 m³   e) 0,400 m³   f) 5,873 m³   g) 0,510 m³

6. Gib in Liter an.
a) $\frac{1}{2}$ m³   b) $1\frac{1}{2}$ m³   c) $7\frac{1}{2}$ m³   d) $\frac{1}{5}$ m³   e) $\frac{3}{10}$ m³
f) $\frac{1}{4}$ m³   g) $1\frac{3}{4}$ m³   h) $15\frac{1}{4}$ m³   i) $\frac{2}{5}$ m³   j) $3\frac{7}{10}$ m³

$2\frac{3}{5}$ m³ = 2 · 1 000 l + $\frac{3}{5}$ von 1 000 l
= 2 000 l + 600 l
= 2 600 l

7. Gib in Liter an.
a) 9 hl   b) 3 m³   c) 35 m³   d) $\frac{1}{2}$ hl   e) $\frac{1}{4}$ hl   f) $\frac{1}{2}$ m³   g) $\frac{1}{4}$ m³

8. In einer Woche wäscht Frau Holzer im Durchschnitt 6 Maschinen Wäsche. Ihre Waschmaschine verbraucht pro Waschgang 39 Liter Wasser.
a) Wie viel Liter Wasser verbraucht die Waschmaschine dann in einer Woche?
b) Gib den Wasserverbrauch pro Jahr in Liter und Kubikmeter an.

LVL 9. In einer Mosterei erhält man für 2 kg Äpfel 1 Liter frisch gepressten Apfelsaft. Für das Pressen muss man noch 20 Cent pro Liter Saft bezahlen. Die Gefäße für den Saft muss man selbst mitbringen. Stelle drei Fragen und berechne die Lösungen.

5 Flächen- und Rauminhalt

Vermischte Aufgaben

1. Schreibe mit Dezimalzahlen in der nächstgrößeren Einheit.
   a) 480 cm³ b) 12 dm³ c) 7 600 mm³ d) 6 dm³ e) 12 300 mm³
   f) 67 l g) 2 008 l h) 4 500 ml i) 340 000 ml j) 500 000 ml

2. a) Berechne den Rauminhalt des Postpakets in dm³. b) Berechne die Oberfläche.

   (1) 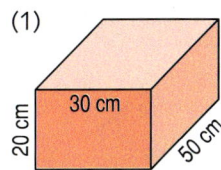   (2) 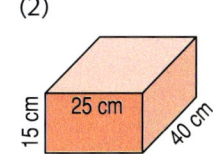   (3) 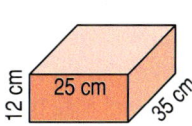   (4)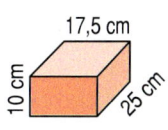

3. Ein Wandtresor hat folgende Außenmaße: 420 mm lang, 600 mm breit und 360 mm tief. Wie viel dm³ Mauerwerk müssen für seinen Einbau mindestens entfernt werden?

4. Frau Sinder kauft einen Unterschrank für ein Waschbecken. Seine Innenmaße: 60 cm lang, 53 cm breit und 33 cm tief. Wie viel zusätzlichen Stauraum erhält sie? Gib in cm³ und dm³ an.

5. Ein Container ist 6 m lang, 2,40 m breit und 2,50 m hoch. Berechne den Rauminhalt in m³.

6. a) Wie viele 10-l-Eimer haben zusammen einen Rauminhalt von 1 m³?
   b) Wie viele 100-l-Fässer haben zusammen einen Rauminhalt von 5 m³?

LVL 7. Ein Pkw hat ein Kofferraumvolumen von 450 l. Herr Simon möchte 20 Zementsäcke einladen, von denen jeder 25 kg schwer ist. Ein Zementsack ist 44 cm lang, 30 cm breit und 10 cm hoch. Stelle drei Fragen und berechne die Lösungen.

LVL 8. Entwirf zwei quaderförmige Behälter (Kantenlängen in ganzen dm), jeder mit einem Volumen von 1 m³. Vergleiche die Oberflächen.

LVL 9. Die *Verpackungsverordnung* verlangt für Pralinenschachteln: Die Maßzahl des Rauminhalts (in cm³) darf höchstens 6-mal so groß sein wie die Menge der Pralinen, gemessen in Gramm. Zum Beispiel darf eine Schachtel mit 100 g Pralinen höchstens 600 cm³ Rauminhalt haben.
   a) Warum gibt es solch eine Verordnung in Deutschland? Überlege, sprich mit anderen.
   b) Nenne die Maße von zwei noch zulässigen quaderförmigen Schachteln für 150 g Pralinen.

LVL 10. Frau Schäfer pflanzt im Mai neue Geranien in die elf Blumenkästen, die sie außen an das Terrassengeländer hängen will. Die Kästen sind 56 cm lang, 20 cm breit und werden 15 cm hoch mit Blumenerde gefüllt. Die Blumenerde wird in 40-Liter-Säcken zum Preis von 3,90 € angeboten. In jeden Kasten setzt sie 3 Geranien zum Preis von 1,49 € je Pflanze.
Sie bittet ihre Tochter Karin um eine Aufstellung der benötigten Mengen und der Preise. Ihr Sohn Martin zeichnet einen Plan, wie die Kästen hängen sollen.

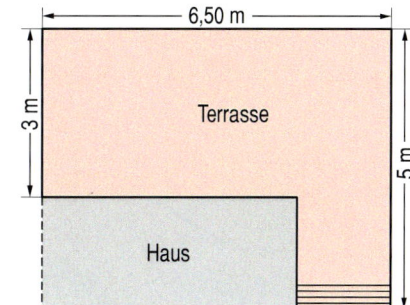

5 Flächen- und Rauminhalt

Ein Aquarium für den Klassenraum

Die 30 Schülerinnen und Schüler der Klasse 6b möchten ein Aquarium einrichten, das ihnen Bennos Großvater geschenkt hat. Sie planen und rechnen.
Nach Erstellung eines Kostenplans soll jedes Kind gleich viel bezahlen.

1. Nachdem das Aquarium gereinigt ist, schütten die Schülerinnen und Schüler je 4 cm hoch Nährboden und Kies im Aquarium auf. Ein 1-l-Beutel Nährboden kostet 1,79 €, ein 1-l-Beutel Kies kostet 1,49 €. Wie viel Nährboden und wie viel Kies brauchen sie? Was müssen sie dafür bezahlen?

    $1\,l = 1\,dm^3 = 1000\,cm^3$

2. Das Aquarium soll passgenau auf eine Holzunterlage gestellt werden, damit die Tischoberfläche, auf der das Aquarium in Zukunft stehen soll, nicht zerkratzt. Wie groß muss die Fläche der Holzunterlage sein?

3. Bennos Großvater empfiehlt, auf 10 dm² Bodenfläche 2 Wasserpflanzen zu setzen. Wie viele Wasserpflanzen werden insgesamt benötigt?

4. Die Schüler entscheiden, höchstens zwei Pflanzen von einer Sorte zu kaufen. Dabei wollen sie so wenig wie möglich ausgeben. Für welche Wasserpflanzen entscheiden sie sich, und was muss insgesamt für die Bepflanzung des Aquariums bezahlt werden? Lege im Heft eine Tabelle an.

*** Pflanzen ***

Tausendblatt	0,50 €
Wasserpest	0,48 €
Vallisnerie	0,38 €
Schwertpflanze	0,60 €
Wasserkelch	0,55 €
Wassersalat	0,65 €

Wasserpflanzen			
Anzahl	Name	Einzelpreis	Gesamt
			Summe

5 Flächen- und Rauminhalt

5. Nachdem das Aquarium 8 cm hoch mit Nährboden und Kies aufgefüllt ist, schütten die Schüler vorsichtig mit einem Eimer, der 5 l fassen kann, das Aquarium bis 5 cm unter den Rand mit Wasser voll.
Wie oft muss der 5-l-Eimer gefüllt werden?

6. Die Schüler wollen Schwertträger kaufen. Diese Fische werden etwa 8 cm lang.
Wie viele Schwertträger können im Aquarium der Klasse höchstens untergebracht werden? Wie teuer ist das (jeder Jungfisch kostet 1,50 €)?

Regel:
Auf 1 cm Fischlänge kommt 1 l Wasser.

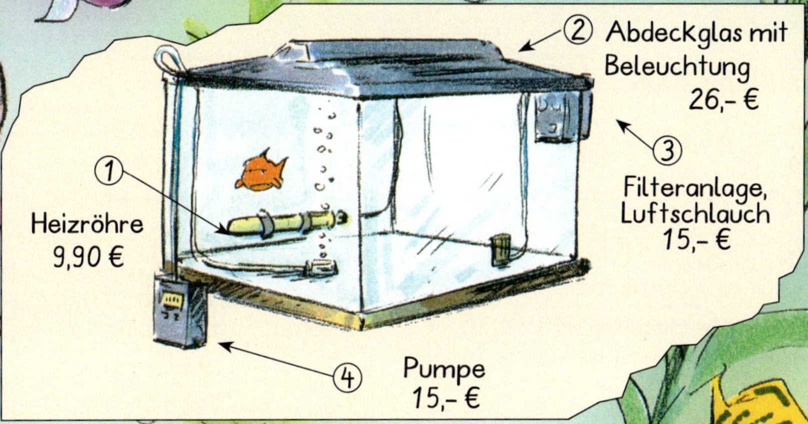

② Abdeckglas mit Beleuchtung 26,- €

③ Filteranlage, Luftschlauch 15,- €

① Heizröhre 9,90 €

④ Pumpe 15,- €

7. Schließlich kaufen die Schülerinnen und Schüler eine Pumpe mit Filteranlage und Luftschlauch, eine Heizröhre und das Abdeckglas mit Beleuchtung. Wie teuer wird dieses Zubehör?

8. Stelle einen Kostenplan auf für die Gesamtkosten. Wie viel muss jedes Kind für das Aquarium bezahlen (30 Schülerinnen und Schüler)?

Kostenplan	
1. Nährboden	
2. Kies	
3. Pflanzen	
4. Fische	
5. Zubehör	

5 Flächen- und Rauminhalt

Wasser ist kostbar

Aus einem Zeitungsbericht:

Zum Überleben benötigt ein gesunder Mensch täglich nur ca. 2,5 l Wasser.

In den letzten 100 Jahren ist der tägliche Wasserverbrauch von einem Menschen jedoch von 20 Litern auf 125 Liter gestiegen!

Erschreckend dabei ist, dass die Wassermenge einer Toilettenspülung hierzulande dem Tagesbedarf eines Menschen in Entwicklungsländern entspricht.

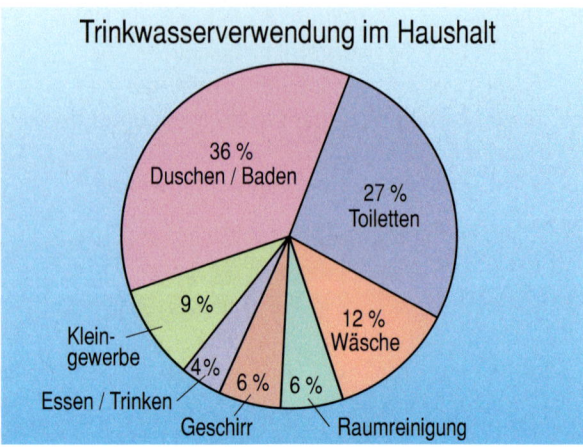

Trinkwasserverwendung im Haushalt: 36 % Duschen/Baden, 27 % Toiletten, 12 % Wäsche, 6 % Raumreinigung, 6 % Geschirr, 4 % Essen/Trinken, 9 % Kleingewerbe

1. a) Welche Informationen kannst du aus dem Diagramm ablesen?
b) Nimm auch Stellung zu den Aussagen im Info-Kasten.
c) Berechne, wie viel Liter Wasser eine Person wöchentlich, monatlich und jährlich verbraucht.
d) Was verbraucht nach dieser Rechnung deine Familie pro Jahr an Wasser?

2. Auszug aus der Wasserrechnung eines 5-Personen Haushaltes 2006:

Verbrauchsermittlung 2006							
Bescheid für	Zeitraum von – bis	Zählerstand (in 1000 l) alt	neu	Verbrauch	Einzelpreis €	Arbeitspreis €	Summe in €
Wasser	01.01. – 31.12.	340	503	163 m³	0,77	125,51	
							492,26
Abwasser	01.01. – 31.12.			163 m³	2,25	366,75	
Bereits angeforderter Abschlag Wasser		110,– €	Restbetrag wird abgebucht				
Bereits angeforderter Abschlag Abwasser		319,– €					
neuer Abschlag für 3 Monate:		Wasser	33,– €	Abwasser 84,– €			

a) Wie viel Liter Wasser wurden insgesamt verbraucht?
b) Wie viel Liter sind das durchschnittlich pro Person pro Tag? Vergleiche mit Aufgabe 1c, d.
c) Die Rechnung wurde beschädigt. Ermittle den Restbetrag, der abgebucht wird.
d) Findest du die festgelegten Abschlagszahlungen berechtigt? Überlege mit anderen und notiere Gründe dafür oder dagegen.
e) Welche Angaben kannst du der Wasserrechnung noch entnehmen? Stelle zwei neue Aufgaben, berechne die Lösungen und notiere Antwortsätze.

3. Die Nachbarsfamilie hat folgende Zählerstände ihrer Wasseruhr abgelesen:
Zählerstand alt am 01.01.: 484   Zählerstand neu am 31.12.: 604
Als Abschlag für jeweils 3 Monate zahlte die Familie im Jahr 2006 folgende Beträge:
Wasser 32 €, Abwasser 120 €.
Erstelle ihre Verbrauchsabrechnung für 2006. Lege auch neue Abschlagszahlungen fest.

5 Flächen- und Rauminhalt

1. Berechne den Flächeninhalt und den Umfang des Rechtecks.
   a) a = 6 cm, b = 11 cm   b) a = 7 cm, b = 12 cm
   c) a = b = 15 cm   d) a = b = 25 dm

2. Eine rechteckige Weide, 250 m lang und 45 m breit, wird mit einem Elektrozaun umzäunt. Wie lang muss der Zaun sein?

3. Eine rechteckige Schonung ist 900 m lang und 2 000 m breit. Berechne den Flächeninhalt
   a) in m^2,   b) in a,   c) in ha,   d) in km^2.

4. Welche Seitenlänge hat ein Quadrat mit 1 ha Flächeninhalt?

5. Lässt sich der Würfel aus dem Netz herstellen?

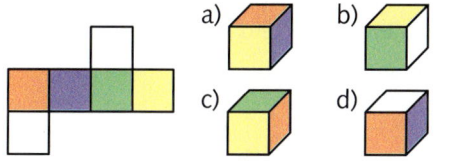

6. Berechne die Oberfläche der abgebildeten Kiste.

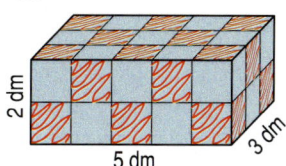

7. Rechne um in cm^3.
   a) 4 dm^3 b) 5 000 mm^3 c) 750 mm^3
   27 dm^3 34 000 mm^3 60 mm^3
   0,5 dm^3 800 mm^3 9 mm^3

8. Wie viele Mülltonnen werden ungefähr benötigt, um 1 m^3 Restmüll zu beseitigen? (Eine Mülltonne fasst 240 l).

9. Wie viel dm^3 passen in einen Würfel mit 50 cm Kantenlänge? Gib den Rauminhalt in l und hl an.

10. Eine Spielzeugkiste mit Deckel ist innen 60 cm lang, 25 cm breit und 80 cm hoch.
    a) Berechne ihr Volumen in cm^3 und gib es dann auch in dm^3 an.
    b) Berechne die Oberfläche in cm^2 und dm^2.
    c) Wie viele Kartons mit den Kantenlängen 30 cm, 20 cm, 5 cm passen hinein (und wie)?

Flächeninhalt und Umfang

des Rechtecks   des Quadrats

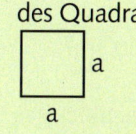

A = Länge · Breite   A = Länge · Länge
A = a · b   A = a · a
u = 2 · a + 2 · b   u = 4 · a

Flächenmaße

1 cm^2 = 100 mm^2 1 a = 100 m^2
1 dm^2 = 100 cm^2 1 ha = 100 a
1 m^2 = 100 dm^2 1 km^2 = 100 ha

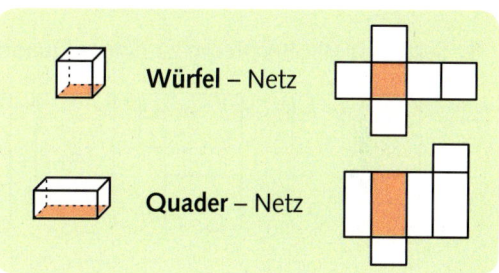

Würfel – Netz

Quader – Netz

Oberfläche des Quaders

O = Summe der Flächeninhalte aller 6 Flächen des Quaders

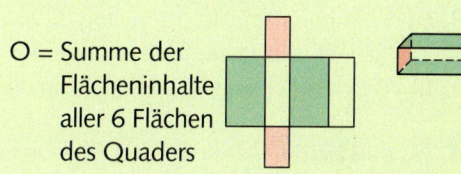

Raummaße

1 cm^3 = 1 000 mm^3 1 l = 1 000 ml
1 dm^3 = 1 000 cm^3 1 ml = 1 cm^3
1 m^3 = 1 000 dm^3 1 hl = 100 l
1 l = 1 dm^3 1 m^3 = 1 000 l

Volumen (Rauminhalt) des Quaders

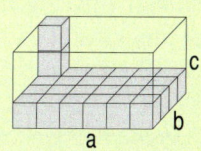

V = Länge · Breite · Höhe
V = a · b · c

TESTEN · ÜBEN · VERGLEICHEN

TÜV

5 Flächen- und Rauminhalt

Grundaufgaben

1. a) 300 cm² = ☐ dm² b) 12 cm² = ☐ mm²

2. Ein rechteckiges Grundstück ist 100 m lang und 85 m breit.
Berechne seinen Flächeninhalt und den Umfang.

3. Ein großes Mostfass enthält 0,5 m³ Apfelsaft. Wie viel l sind das?

4. a) 4 500 cm³ = ☐ dm³ b) 35 dm³ = ☐ l

5. Ein Quader ist 20 cm lang, 5 cm breit und 7 cm hoch.
a) Berechne seinen Rauminhalt.   b) Berechne seine Oberfläche.

Erweiterungsaufgaben

1. Setze 6 dieser Rechtecke zu einem Quadernetz zusammen. Skizziere das Netz.

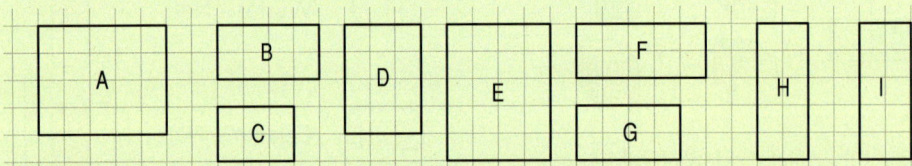

2. a) Wie viel m² hat ein ha?
b) Wie viel hl hat ein m³?

3. Ein Swimming-Pool ist 18 m lang, 5,20 m breit und 1,80 m tief.
a) Wie viel m³ Wasser fasst er ungefähr? Mache *nur* einen Überschlag mit ganzen Zahlen.
b) Wie viel Liter Wasser passen dann also *ungefähr* in den Pool?

4. Ein quaderförmiger Koffer hat 80 l Fassungsvermögen.
Er ist innen 80 cm lang und 50 cm breit. Berechne die fehlende Höhe.

5. Deck- und Bodenflächen des abgebildeten Körpers werden rot gestrichen. Die restlichen Flächen des Körpers bekommen einen blauen Anstrich.
Für 0,5 m² braucht man eine Dose (375 ml) Farbe.
Wie viele Dosen muss man von jeder Farbe kaufen?

6. Bestimme den Rauminhalt des abgebildeten Körpers.

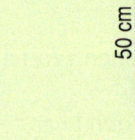

7. Ein Aquarium ist 1 m lang, 50 cm breit und 80 cm hoch.
a) Wie viel Liter Wasser passen in das Aquarium, wenn man es 60 cm hoch füllt?
b) Wie viele 10-Liter-Eimer Wasser passen insgesamt hinein?

8. Drei gleich große Blumenkästen sollen die Fensterbänke der Klasse 6d schmücken. Die Kästen werden mit Blumenerde gefüllt. Reicht ein 20-l-Beutel?

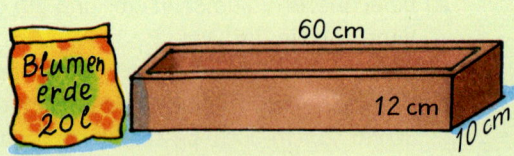

Brüche und Dezimalbrüche (3)

6

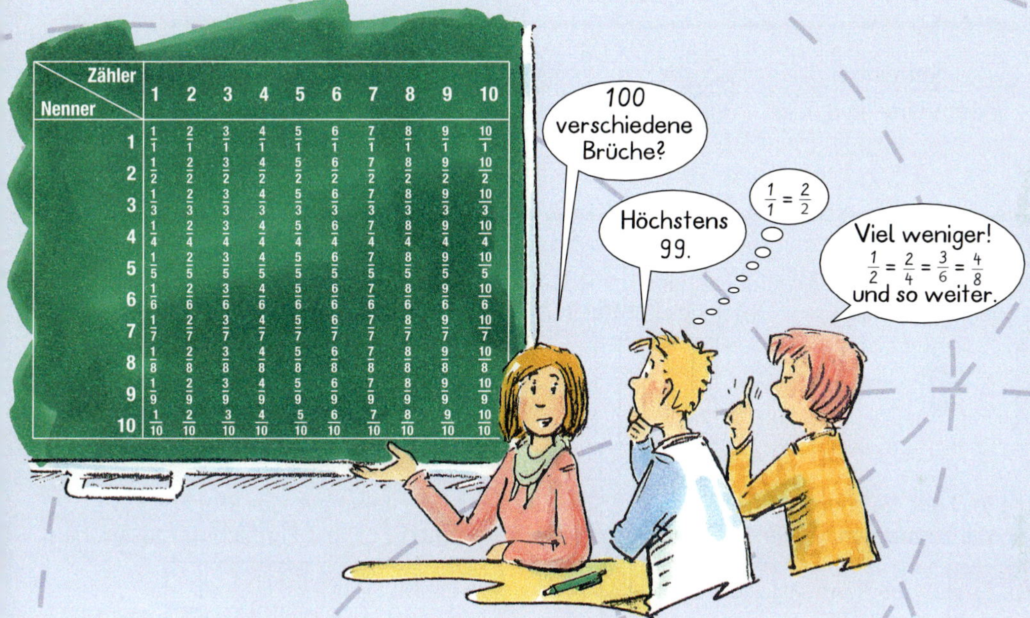

Nenner \ Zähler	1	2	3	4	5	6	7	8	9	10
1	$\frac{1}{1}$	$\frac{2}{1}$	$\frac{3}{1}$	$\frac{4}{1}$	$\frac{5}{1}$	$\frac{6}{1}$	$\frac{7}{1}$	$\frac{8}{1}$	$\frac{9}{1}$	$\frac{10}{1}$
2	$\frac{1}{2}$	$\frac{2}{2}$	$\frac{3}{2}$	$\frac{4}{2}$	$\frac{5}{2}$	$\frac{6}{2}$	$\frac{7}{2}$	$\frac{8}{2}$	$\frac{9}{2}$	$\frac{10}{2}$
3	$\frac{1}{3}$	$\frac{2}{3}$	$\frac{3}{3}$	$\frac{4}{3}$	$\frac{5}{3}$	$\frac{6}{3}$	$\frac{7}{3}$	$\frac{8}{3}$	$\frac{9}{3}$	$\frac{10}{3}$
4	$\frac{1}{4}$	$\frac{2}{4}$	$\frac{3}{4}$	$\frac{4}{4}$	$\frac{5}{4}$	$\frac{6}{4}$	$\frac{7}{4}$	$\frac{8}{4}$	$\frac{9}{4}$	$\frac{10}{4}$
5	$\frac{1}{5}$	$\frac{2}{5}$	$\frac{3}{5}$	$\frac{4}{5}$	$\frac{5}{5}$	$\frac{6}{5}$	$\frac{7}{5}$	$\frac{8}{5}$	$\frac{9}{5}$	$\frac{10}{5}$
6	$\frac{1}{6}$	$\frac{2}{6}$	$\frac{3}{6}$	$\frac{4}{6}$	$\frac{5}{6}$	$\frac{6}{6}$	$\frac{7}{6}$	$\frac{8}{6}$	$\frac{9}{6}$	$\frac{10}{6}$
7	$\frac{1}{7}$	$\frac{2}{7}$	$\frac{3}{7}$	$\frac{4}{7}$	$\frac{5}{7}$	$\frac{6}{7}$	$\frac{7}{7}$	$\frac{8}{7}$	$\frac{9}{7}$	$\frac{10}{7}$
8	$\frac{1}{8}$	$\frac{2}{8}$	$\frac{3}{8}$	$\frac{4}{8}$	$\frac{5}{8}$	$\frac{6}{8}$	$\frac{7}{8}$	$\frac{8}{8}$	$\frac{9}{8}$	$\frac{10}{8}$
9	$\frac{1}{9}$	$\frac{2}{9}$	$\frac{3}{9}$	$\frac{4}{9}$	$\frac{5}{9}$	$\frac{6}{9}$	$\frac{7}{9}$	$\frac{8}{9}$	$\frac{9}{9}$	$\frac{10}{9}$
10	$\frac{1}{10}$	$\frac{2}{10}$	$\frac{3}{10}$	$\frac{4}{10}$	$\frac{5}{10}$	$\frac{6}{10}$	$\frac{7}{10}$	$\frac{8}{10}$	$\frac{9}{10}$	$\frac{10}{10}$

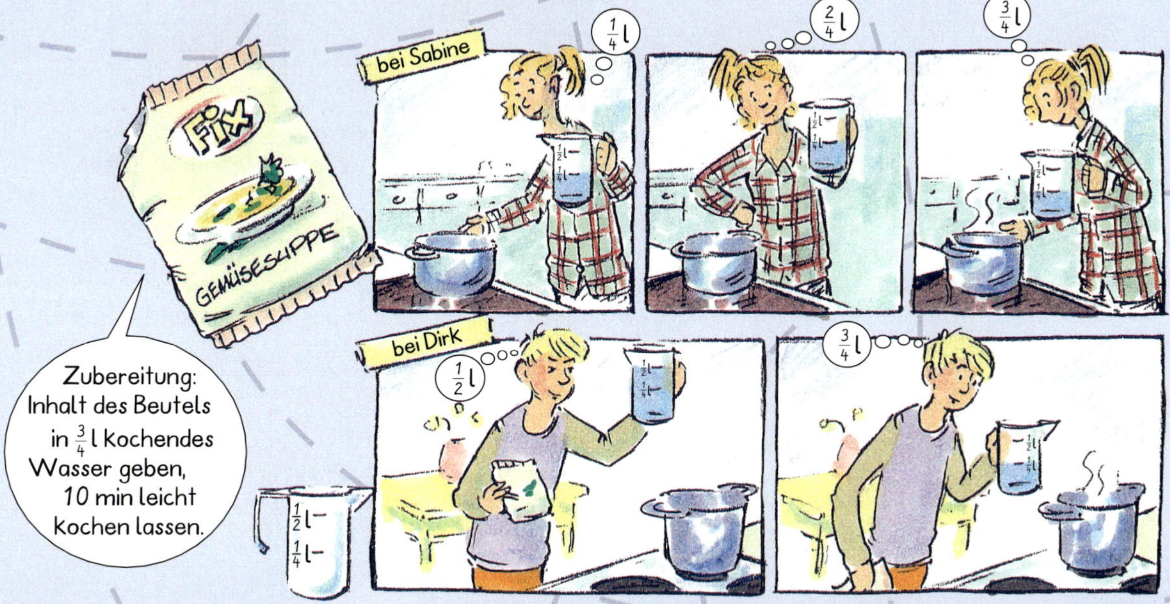

6 Brüche und Dezimalbrüche (3)

Verfeinern und Vergröbern von Unterteilungen

1. Ein Geburtstagskuchen wird zuerst in zwei, dann in vier und zuletzt in zwölf gleich große Stücke geschnitten. Skizziere und schreibe dann so: $1 = \frac{2}{2} = \ldots$

2. Zeichne einen Kreis und teile ihn mit Bleistift in Achtel ein. Färbe sechs Achtel rot. Radiere den Bleistiftstrich im nicht gefärbten Teil aus und von dort aus jeden zweiten Strich. Welcher Bruch beschreibt jetzt den rot gefärbten Teil des Kreises?

> Durch Verfeinern oder Vergröbern von Unterteilungen kann man gleiche Bruchteile auf verschiedene Weise darstellen.

Verfeinern — jedes Viertel in 3 Teile

Vergröbern — je 2 Sechstel zusammen

$\frac{3}{4}$ → $\frac{3}{4} = \frac{9}{12}$ → $\frac{9}{12}$ → $\frac{4}{6}$ → $\frac{4}{6} = \frac{2}{3}$ → $\frac{2}{3}$

3. Übertrage ins Heft und verfeinere. Schreibe beide Darstellungen desselben Bruchteils auf.
   a) jedes Viertel in 2 Teile   b) jedes Fünftel in 4 Teile   c) jedes Drittel in 3 Teile

 $\frac{3}{4} = \frac{\square}{\square}$ $\frac{2}{5} = \frac{\square}{\square}$ 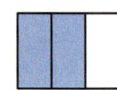 $\frac{1}{3} = \frac{\square}{\square}$

4. Übertrage ins Heft, zeichne die Vergröberung. Schreibe beide Darstellungen des Bruchteils auf.
   a) je 2 Achtel zusammen   b) je 4 Vierundzwanzigstel zusammen   c) je 3 Fünfzehntel zusammen

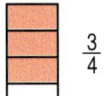 $\frac{6}{8} = \frac{\square}{\square}$ 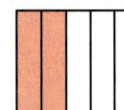 $\frac{16}{24} = \frac{\square}{\square}$ 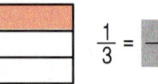 $\frac{9}{15} = \frac{\square}{\square}$

5. Notiere die neue Darstellung des Bruchteils. Eine Zeichnung (Skizze) kann dir helfen.
   a) jedes Drittel in 4 Teile   b) jedes Fünftel in 2 Teile   c) jedes Zehntel in 3 Teile

   $\frac{2}{3} = \blacksquare,\ \frac{1}{3} = \blacksquare$ $\frac{2}{5} = \blacksquare,\ \frac{4}{5} = \blacksquare,\ \frac{3}{5} = \blacksquare$ $\frac{7}{10} = \blacksquare,\ \frac{3}{10} = \blacksquare,\ \frac{9}{10} = \blacksquare$

6. Notiere die neue Darstellung des Bruchteils. Eine Skizze kann dir dabei helfen.
   a) je 2 Achtel zusammen   b) je 3 Zwölftel zusammen   c) je 4 Zwanzigstel zusammen

   $\frac{4}{8} = \blacksquare,\ \frac{2}{8} = \blacksquare,\ \frac{6}{8} = \blacksquare$ $\frac{9}{12} = \blacksquare,\ \frac{6}{12} = \blacksquare,\ \frac{15}{12} = \blacksquare$ $\frac{8}{20} = \blacksquare,\ \frac{12}{20} = \blacksquare,\ \frac{28}{20} = \blacksquare$

7. Jeweils drei der neun Brüche sind gleich. $\frac{1}{2} \quad \frac{1}{3} \quad \frac{2}{5} \quad \frac{2}{6} \quad \frac{4}{10} \quad \frac{5}{10} \quad \frac{2}{4} \quad \frac{20}{50} \quad \frac{20}{60}$

8. Finde zu $\frac{2}{3}$ vier weitere Brüche, die denselben Bruchteil darstellen. Der Nenner von jedem dieser vier Brüche soll kleiner als 20 sein.

6 Brüche und Dezimalbrüche (3)

Erweitern und Kürzen

1. Verfeinere durch eine Zeichnung und notiere, wie der Bruchteil nun dargestellt ist.
   a) $\frac{2}{3}$, jedes Drittel in fünf gleiche Teile
   b) $\frac{4}{5}$, jedes Fünftel in zwei gleiche Teile
   c) $\frac{3}{8}$, jedes Achtel in drei gleiche Teile

2. Verzichte auf eine Zeichnung und notiere nach Überlegung, wie die neue Darstellung für den Bruchteil aussieht.
   a) $\frac{2}{3}$, jedes Drittel in vier gleiche Teile
   b) $\frac{4}{5}$, jedes Fünftel in drei gleiche Teile

3. Vermutlich hast du bei der Lösung der Aufgabe 2 gerechnet. Diesen Rechenvorgang nennt man *Erweitern eines Bruches*. Beschränke dich bei den folgenden Aufgaben auf den Rechenvorgang.
   a) Erweitere $\frac{3}{8}$ mit 2.   b) Erweitere $\frac{3}{4}$ mit 5.

4. Setze dich mit einem anderen Kind aus deiner Klasse zusammen und formuliere mit ihm eine Regel, wie man einen Bruch mit einer Zahl erweitert. Stellt diese Regel gemeinsam in der Klasse vor.

5. Murat sagt: „Statt ‚Erweitere $\frac{3}{4}$ mit 5' kann man auch kurz ‚$\frac{3}{4} \cdot 5$' schreiben." Ist das richtig?

6. Vergröbere anhand einer Zeichnung und notiere, wie der Bruchteil nun dargestellt ist.
   a) $\frac{6}{8}$, möglichst viele Achtel zusammen
   b) $\frac{10}{15}$, möglichst viele Fünfzehntel zusammen
   c) $\frac{8}{16}$, möglichst viele Sechzehntel zusammen

7. Verzichte auf eine Zeichnung und schreibe sofort die neue Darstellung des Bruches auf.
   a) $\frac{6}{9}$, möglichst viele Neuntel zusammen
   b) $\frac{4}{12}$, möglichst viele Zwölftel zusammen

8. Bei Aufgabe 7 hast du gerechnet. Diesen Rechenvorgang nennt man *Kürzen eines Bruches*.
   a) Kürze $\frac{6}{8}$ durch 2.   b) Kürze $\frac{12}{15}$ durch 3.

9. Formuliere zusammen mit einem anderen Kind deiner Klasse eine Regel, wie man einen Bruch durch eine Zahl kürzt, und schreibe ein Beispiel auf.

10. Sind „$\frac{8}{10}$ gekürzt durch 2" und „$\frac{8}{10} : 2$" gleich?

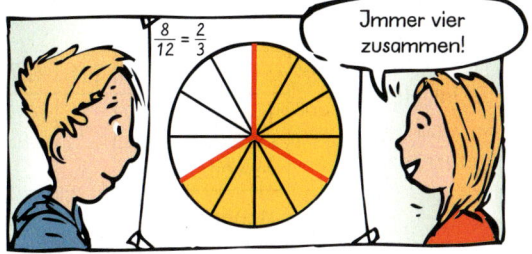

6 Brüche und Dezimalbrüche (3)

Erweitern und Kürzen

> Man **erweitert** einen Bruch, indem man Zähler und Nenner mit derselben Zahl multipliziert.
>
> Man **kürzt** einen Bruch, indem man Zähler und Nenner durch dieselbe Zahl dividiert.
>
> Beim Erweitern und Kürzen eines Bruches **ändert** sich der **Wert nicht**.

Erweitere $\frac{2}{3}$ mit 4. Lösung: $\frac{2}{3} = \frac{2 \cdot 4}{3 \cdot 4} = \frac{8}{12}$ Kürze $\frac{4}{6}$ durch 2. Lösung: $\frac{4}{6} = \frac{4:2}{6:2} = \frac{2}{3}$

1.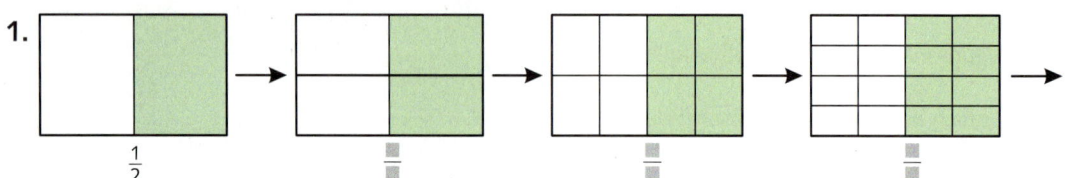
$\frac{1}{2}$ $\frac{\blacksquare}{\blacksquare}$ $\frac{\blacksquare}{\blacksquare}$ $\frac{\blacksquare}{\blacksquare}$

Halbiere ein rechteckiges Blatt Papier durch Falten oder Zeichnen und färbe die Hälfte. Halbiere die Bruchteile immer weiter und notiere den jeweiligen Bruch, der zum gefärbten Bruchteil gehört.

2. Erweitere den Bruch mit der angegebenen Zahl.

	a)	b)	c)	d)	e)	f)	g)	h)	i)	j)	k)	l)	m)	n)	o)
Bruch	$\frac{2}{3}$	$\frac{1}{4}$	$\frac{3}{4}$	$\frac{2}{5}$	$\frac{1}{6}$	$\frac{7}{10}$	$\frac{4}{5}$	$\frac{1}{3}$	$\frac{3}{5}$	$\frac{3}{8}$	$\frac{1}{2}$	$\frac{3}{10}$	$\frac{1}{5}$	$\frac{3}{7}$	$\frac{5}{8}$
erweitere mit	2	5	3	2	10	2	4	5	20	30	50	10	8	4	9

3. Kürze den Bruch durch die angegebene Zahl.

	a)	b)	c)	d)	e)	f)	g)	h)	i)	j)	k)	l)	m)	n)	o)
Bruch	$\frac{6}{15}$	$\frac{4}{8}$	$\frac{4}{6}$	$\frac{10}{30}$	$\frac{6}{9}$	$\frac{8}{10}$	$\frac{20}{50}$	$\frac{20}{60}$	$\frac{10}{50}$	$\frac{50}{100}$	$\frac{80}{120}$	$\frac{100}{140}$	$\frac{24}{56}$	$\frac{55}{125}$	$\frac{9}{36}$
kürze durch	3	4	2	10	3	2	10	20	10	50	40	20	8	5	3

4. Mit welcher Zahl wurde erweitert bzw. durch welche Zahl wurde gekürzt?

a) $\frac{3}{5} = \frac{6}{10}$ b) $\frac{6}{12} = \frac{1}{2}$ c) $\frac{6}{14} = \frac{3}{7}$ d) $\frac{7}{10} = \frac{14}{20}$ e) $\frac{12}{15} = \frac{4}{5}$ f) $\frac{2}{3} = \frac{4}{6}$ g) $\frac{3}{5} = \frac{9}{15}$

h) $\frac{12}{18} = \frac{2}{3}$ i) $\frac{1}{2} = \frac{4}{8}$ j) $\frac{2}{3} = \frac{20}{30}$ k) $\frac{5}{25} = \frac{1}{5}$ l) $\frac{10}{20} = \frac{1}{2}$ m) $\frac{16}{24} = \frac{2}{3}$ n) $\frac{2}{3} = \frac{40}{60}$

5. Kürze bzw. erweitere auf den angegebenen Nenner.

a) $\frac{1}{2} = \frac{\blacksquare}{4}$ b) $\frac{1}{3} = \frac{\blacksquare}{9}$ c) $\frac{1}{4} = \frac{\blacksquare}{20}$ d) $\frac{2}{5} = \frac{\blacksquare}{25}$ e) $\frac{3}{5} = \frac{\blacksquare}{100}$ f) $\frac{4}{7} = \frac{\blacksquare}{35}$

g) $\frac{4}{6} = \frac{\blacksquare}{3}$ h) $\frac{2}{12} = \frac{\blacksquare}{6}$ i) $\frac{8}{20} = \frac{\blacksquare}{5}$ j) $\frac{12}{18} = \frac{\blacksquare}{3}$ k) $\frac{8}{18} = \frac{\blacksquare}{9}$ l) $\frac{10}{15} = \frac{\blacksquare}{3}$

6. Übertrage ins Heft und ergänze.

a)

	(1)	(2)	(3)	(4)
Bruch	$\frac{4}{5}$	$\frac{2}{7}$		$\frac{4}{25}$
erweitere mit	3		5	
neuer Bruch		$\frac{4}{14}$	$\frac{5}{10}$	$\frac{16}{100}$

b)

	(1)	(2)	(3)	(4)
Bruch	$\frac{10}{12}$		$\frac{15}{20}$	$\frac{25}{100}$
gekürzt durch	2	3		5
neuer Bruch		$\frac{3}{10}$	$\frac{3}{4}$	

33

6 Brüche und Dezimalbrüche (3)

7. a) $\frac{3}{1} = \frac{\blacksquare}{10}$ b) $\frac{5}{1} = \frac{10}{\blacksquare}$ c) $\frac{60}{20} = \frac{\blacksquare}{1}$ d) $\frac{300}{100} = \frac{3}{\blacksquare}$ e) $1 = \frac{11}{\blacksquare}$ f) $2 = \frac{\blacksquare}{100}$

8. Kürze so weit wie möglich.
a) $\frac{12}{18}$ b) $\frac{5}{10}$ c) $\frac{8}{20}$ d) $\frac{15}{20}$ e) $\frac{6}{24}$ f) $\frac{25}{100}$ g) $\frac{12}{14}$ h) $\frac{6}{12}$
i) $\frac{3}{12}$ j) $\frac{8}{10}$ k) $\frac{6}{15}$ l) $\frac{12}{30}$ m) $\frac{20}{50}$ n) $\frac{18}{20}$ o) $\frac{12}{16}$ p) $\frac{75}{100}$

$$\frac{12}{20} = \frac{6}{10} = \frac{3}{5}$$

9. Welcher Bruchteil ist gefärbt? Gib jeweils zwei Brüche an.
a)   b)   c)   d)   e)
f)   g)   h)   i)   j)

10. Das nebenstehende Bild zeigt den Unterschied zwischen *Erweitern* und *Multiplizieren*. Erkläre!
a) Erkläre selbst durch eine Zeichnung den Unterschied zwischen „$\frac{3}{4}$ erweitert mit 3" und „$\frac{3}{4}$ multipliziert mit 3".
b) Erkläre selbst durch eine Zeichnung den Unterschied zwischen „$\frac{6}{10}$ gekürzt durch 2" und „$\frac{6}{10}$ dividiert durch 2".

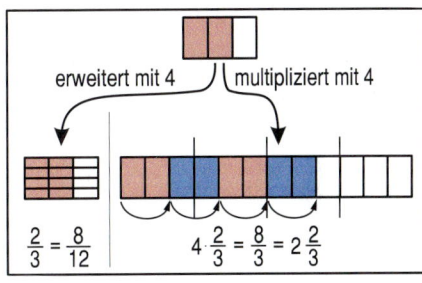

erweitert mit 4 / multipliziert mit 4
$\frac{2}{3} = \frac{8}{12}$ $4 \cdot \frac{2}{3} = \frac{8}{3} = 2\frac{2}{3}$

11. a) Erweitere $\frac{2}{5}$ mit 3.
Berechne $\frac{2}{5} \cdot 3$.
Vergleiche die Ergebnisse.

b) Erweitere $\frac{4}{7}$ mit 2.
Berechne $2 \cdot \frac{4}{7}$.
Vergleiche die Ergebnisse.

c) Erweitere $\frac{3}{4}$ mit 5.
Berechne $\frac{3}{4} \cdot 5$.
Vergleiche die Ergebnisse.

d) Kürze $\frac{8}{12}$ durch 4.
Berechne $\frac{8}{12} : 4$.
Vergleiche die Ergebnisse.

e) Kürze $\frac{5}{15}$ durch 5.
Berechne $\frac{5}{15} : 5$.
Vergleiche die Ergebnisse.

f) Kürze $\frac{30}{40}$ durch 10.
Berechne $\frac{30}{40} : 10$.
Vergleiche die Ergebnisse.

12. Wie heißt die Aufgabe? Es wird erweitert, gekürzt, multipliziert oder dividiert.

	a)	b)	c)	d)	e)	f)	g)	h)
Bruch	$\frac{2}{3}$	$\frac{2}{3}$	$\frac{6}{12}$	$\frac{6}{7}$	$\frac{3}{8}$	$\frac{4}{7}$	$\frac{15}{6}$	$\frac{3}{8}$
Aufgabe	???	???	???	???	???	???	???	???
neuer Bruch	$\frac{10}{15}$	$\frac{4}{3}$	$\frac{1}{2}$	$\frac{1}{7}$	$\frac{6}{16}$	$\frac{2}{7}$	$\frac{5}{2}$	$1\frac{1}{8}$

13. Hast du Erklärungen für die Fehler? Tausche deine Überlegungen mit anderen aus und korrigiere die Fehler.

Ach Herrjeh! Alles falsch.

6 Brüche und Dezimalbrüche (3)

Größenvergleich bei Brüchen

1. Bildet 3er- oder 4er-Gruppen als Expertengruppen für die Arbeitskarten A bis D. Achtet darauf, dass jede Arbeitskarte von mindestens zwei Expertengruppen bearbeitet wird.

A: Zeichnen

Entscheidet mit Hilfe einer Zeichnung (Zahlenstrahl, Kreis oder Rechteck), welcher Bruch größer ist.

a) $\frac{1}{4}$ oder $\frac{1}{12}$ b) $\frac{5}{8}$ oder $\frac{1}{2}$

c) $\frac{5}{6}$ oder $\frac{3}{4}$ d) $\frac{1}{3}$ oder $\frac{3}{12}$

Erklärt die Strategie und sucht weitere Brüche, die auf diese Weise verglichen werden können.

B: Brüche mit gleichem Zähler oder mit gleichem Nenner

Vergleicht die Brüche und entscheidet, welcher größer ist.

a) $\frac{4}{5}$ oder $\frac{2}{5}$ b) $\frac{6}{7}$ oder $\frac{3}{7}$

c) $\frac{3}{4}$ oder $\frac{3}{10}$ d) $\frac{2}{11}$ oder $\frac{2}{3}$

Erklärt die Strategie und sucht weitere Brüche, die auf diese Weise verglichen werden können.

C: Nähe zu 1

Vergleicht die Brüche und entscheidet, welcher größer ist.

a) $\frac{6}{7}$ oder $\frac{5}{4}$ b) $\frac{10}{9}$ oder $\frac{3}{4}$

c) $\frac{2}{3}$ oder $\frac{9}{10}$ d) $\frac{4}{5}$ oder $\frac{19}{20}$

Erklärt die Strategie und sucht weitere Brüche, die auf diese Weise verglichen werden können.

D: Nähe zu $\frac{1}{2}$

Vergleicht die Brüche und entscheidet, welcher größer ist.

a) $\frac{2}{3}$ oder $\frac{3}{10}$ b) $\frac{1}{2}$ oder $\frac{3}{4}$

c) $\frac{5}{8}$ oder $\frac{11}{20}$ d) $\frac{5}{12}$ oder $\frac{49}{100}$

Erklärt die Strategie und sucht weitere Brüche, die auf diese Weise verglichen werden können.

---

2. Bildet neue Arbeitsgruppen, aus jeder Expertengruppe A bis D soll mindestens ein Vertreter in jeder neuen Gruppe sein. Dann könnt ihr jetzt die gefundenen Strategien anwenden: Vergleicht die Brüche und überlegt, welcher größer oder kleiner ist. Erklärt eure Überlegungen.

a) $\frac{7}{10}$ und $\frac{9}{10}$ b) $\frac{1}{6}$ und $\frac{5}{6}$ c) $\frac{1}{7}$ und $\frac{1}{2}$ d) $\frac{2}{3}$ und $\frac{2}{5}$ e) $\frac{7}{8}$ und $\frac{8}{9}$ f) $\frac{4}{9}$ und $\frac{5}{8}$

g) $\frac{4}{5}$ und $\frac{10}{11}$ h) $\frac{4}{7}$ und $\frac{4}{9}$ i) $\frac{5}{12}$ und $\frac{3}{4}$ j) $\frac{5}{8}$ und $\frac{3}{10}$ k) $\frac{7}{12}$ und $\frac{5}{8}$ l) $\frac{4}{10}$ und $\frac{3}{8}$

3. Bildet Gruppen, fertigt die Bruchkarten und entscheidet euch für eine Spielregel.

Bruchkarten:

$\frac{1}{2}$ $\frac{2}{2}$ $\frac{1}{3}$ $\frac{2}{3}$ $\frac{4}{3}$ $\frac{1}{4}$ $\frac{3}{4}$ $\frac{5}{4}$ $\frac{1}{5}$ $\frac{2}{5}$ $\frac{3}{5}$ $\frac{4}{5}$ $\frac{6}{5}$ $\frac{1}{6}$ $\frac{5}{6}$ $\frac{7}{6}$ $\frac{1}{8}$

$\frac{3}{8}$ $\frac{5}{8}$ $\frac{7}{8}$ $\frac{9}{8}$ $\frac{1}{9}$ $\frac{2}{9}$ $\frac{4}{9}$ $\frac{5}{9}$ $\frac{7}{9}$ $\frac{8}{9}$ $\frac{10}{9}$ $\frac{1}{10}$ $\frac{3}{10}$ $\frac{5}{10}$ $\frac{7}{10}$ $\frac{9}{10}$ $\frac{11}{10}$

Spielregel 1:
- Alle Karten liegen verdeckt in der Mitte.
- Ein Spieler beginnt und zieht zwei Karten.
- Nun entscheidet der Spieler, welcher der Brüche kleiner ist.
- Hat er richtig entschieden, darf er beide Karten behalten, sonst werden sie wieder unter die Karten in der Mitte gemischt.
- Danach zieht der nächste zwei Karten …

Spielregel 2:
- Alle Spieler erhalten gleich viele Karten.
- Die Karten liegen vor jedem Spieler auf einem Stapel (Rückseite oben).
- Alle spielen die oberste Karte aus.
- Der größte Bruch sticht, d. h. wer den größten Bruch umgedreht hat, gewinnt die Karten.
- Nun werden die nächsten Karten ausgespielt …

6 Brüche und Dezimalbrüche (3) 133

Vergleichen von Brüchen

1. a) Erkläre Rosas Verfahren an Aufgabe **(1)**. b) Erkläre Daniels Verfahren an Aufgabe **(2)**.
c) Löse Aufgabe **(3)** nach beiden Verfahren. Welches findest du einfacher? Begründe.

Mit diesem Verfahren kann man immer Brüche vergleichen:
(1) Man erweitert die Brüche auf denselben Nenner.
(2) Man vergleicht die Zähler.

Beispiel: $\frac{3}{5} \ \square\ \frac{4}{7}$

$\frac{3}{5} = \frac{21}{35}$
$\frac{4}{7} = \frac{20}{35}$ $\Big\}$ $\frac{21}{35} > \frac{20}{35}$, also $\frac{3}{5} > \frac{4}{7}$

---

2. Erkläre am Bild, wie man einen gemeinsamen Nenner für zwei Brüche findet.

3. Erweitere auf denselben Nenner und setze das richtige Zeichen „<" oder „>" ein.

a) $\frac{3}{5} \ \square\ \frac{7}{10}$ b) $\frac{2}{3} \ \square\ \frac{5}{7}$ c) $\frac{3}{4} \ \square\ \frac{5}{8}$ d) $\frac{11}{15} \ \square\ \frac{4}{5}$

e) $\frac{9}{20} \ \square\ \frac{13}{30}$ f) $\frac{2}{3} \ \square\ \frac{3}{5}$ g) $\frac{5}{6} \ \square\ \frac{7}{10}$ h) $\frac{3}{8} \ \square\ \frac{5}{12}$

i) $\frac{1}{4} \ \square\ \frac{3}{10}$ j) $\frac{5}{6} \ \square\ \frac{6}{8}$ k) $\frac{5}{9} \ \square\ \frac{7}{12}$ l) $\frac{7}{5} \ \square\ \frac{8}{7}$

4. Erkläre, wie Marc das Problem löst, und rechne ebenso.

a) $\frac{5}{7} \ \square\ \frac{7}{9}$ b) $\frac{5}{8} \ \square\ \frac{7}{10}$ c) $\frac{4}{9} \ \square\ \frac{11}{21}$

d) $\frac{3}{7} \ \square\ \frac{5}{11}$ e) $\frac{6}{13} \ \square\ \frac{4}{9}$ f) $\frac{7}{8} \ \square\ \frac{17}{19}$

5. Gib den nächstkleineren und den nächstgrößeren Bruch mit dem Nenner 8 an.

a) ___ < $\frac{4}{7}$ < ___   b) ___ < $\frac{5}{12}$ < ___   c) ___ < $\frac{1}{3}$ < ___   d) ___ < $\frac{8}{9}$ < ___   e) ___ < $\frac{7}{6}$ < ___

6. Ordne die Brüche der Größe nach. Beginne mit dem kleinsten Bruch.

a) $\frac{1}{5}, \frac{2}{3}, \frac{1}{2}$ b) $\frac{7}{6}, \frac{3}{4}, \frac{1}{7}$ c) $\frac{5}{4}, \frac{4}{5}, \frac{4}{9}$ d) $\frac{9}{10}, \frac{1}{4}, \frac{1}{3}$ e) $\frac{5}{6}, \frac{7}{9}, \frac{3}{4}$ f) $\frac{3}{10}, \frac{2}{5}, \frac{4}{15}$

7. Partnerarbeit: Findet drei Brüche, die zwischen den Zahlen liegen.

a) 0 und 1   b) $\frac{3}{10}$ und $\frac{7}{10}$ c) $\frac{3}{4}$ und $\frac{1}{2}$ d) $\frac{1}{3}$ und $\frac{2}{3}$ e) $\frac{1}{4}$ und $\frac{1}{5}$ f) $2\frac{1}{2}$ und $3\frac{1}{6}$

8. Welcher Bruch ist größer: 0,88 oder $\frac{7}{8}$? Notiere und erkläre, wie du die richtige Antwort findest.

6 Brüche und Dezimalbrüche (3)

Brüche, Dezimalbrüche und Prozentschreibweise

1. Partnerarbeit: Die Kinder haben die Aufgabe unterschiedlich gelöst. Erklärt die Lösungswege.

> ① Viele Brüche kann man auf den Nenner 100 erweitern oder kürzen und dann als Dezimalbruch bzw. in der Prozentschreibweise notieren.
>
> $\frac{7}{20} = \frac{35}{100}$
> $\frac{7}{20} = 0{,}35$ bzw. $\frac{7}{20} = 35\,\%$
>
> ② Alle Brüche kann man durch die Division „Zähler durch Nenner" in Dezimalbrüche umwandeln und dann auch in der Prozentschreibweise notieren.
>
> $\frac{2}{3} = 2 : 3 = 0{,}666\ldots$
> $\frac{2}{3} \approx 0{,}67$ bzw. $\frac{2}{3} \approx 67\,\%$

2. Erweitere auf den Nenner 10 bzw. 100, notiere als Dezimalbruch und in der Prozentschreibweise.
a) $\frac{1}{2}$ b) $\frac{1}{4}$ c) $\frac{3}{5}$ d) $\frac{3}{20}$ e) $\frac{11}{50}$ f) $\frac{9}{25}$ g) $\frac{75}{50}$ h) $\frac{9}{30}$ i) $\frac{36}{40}$ j) $\frac{12}{60}$ k) $\frac{3}{75}$

3. Schreibe als Bruch. Kürze so weit wie möglich.
a) 16 %   b) 25 %   c) 30 %   d) 75 %   e) 24 %   f) 70 %   g) 35 %   h) 15 %   i) 36 %

4. Lege dir ein Merkblatt an und ergänze die fehlenden Dezimalbrüche mit der zugehörigen Prozentschreibweise.
Lege das Merkblatt in dein Mathematikheft. Noch besser wäre ein spezielles Heft für Regeln und Formeln, so eine Art Mathematik-Lexikon. Lerne den Inhalt des Merkblattes auswendig.

$\frac{1}{2} = 0{,}5 = 50\,\%$ $\frac{2}{5} = \blacksquare = \blacksquare$
$\frac{1}{4} = \blacksquare = \blacksquare$ $\frac{1}{10} = \blacksquare = \blacksquare$
$\frac{3}{4} = \blacksquare = \blacksquare$ $\frac{1}{3} \approx 0{,}33 = 33\,\%$
$\frac{1}{5} = \blacksquare = \blacksquare$ $\frac{2}{3} \approx 0{,}67 = \blacksquare$

5. Notiere in der Prozentschreibweise: a) 0,47   b) 0,68   c) 0,03   d) 0,07   e) 0,6   f) 0,9

6. Schreibe als Dezimalbruch: a) 31 %   b) 7 %   c) 90 %   d) 68 %   e) 40 %   f) 5 %

7. Lies die nebenstehende Information und rechne möglichst einfach aus: Wie viele Kinder der 6b wachsen in einer Familie mit beiden Elternteilen auf?

8. Berechne mit einem Bruchteil.
a) 50 % von 24 €
b) 25 % von 60 kg
c) 75 % von 40 €
d) 20 % von 35 kg
e) etwa 33 % von 15 m
f) ca. 67 % von 90 m

6 Brüche und Dezimalbrüche (3)

9. Teile Zähler durch Nenner und notiere als Dezimalbruch.
a) $\frac{2}{5}$ b) $\frac{7}{2}$ c) $\frac{3}{4}$ d) $\frac{22}{50}$ e) $\frac{13}{20}$ f) $\frac{31}{20}$ g) $\frac{9}{25}$ h) $\frac{17}{10}$
i) $\frac{16}{25}$ j) $\frac{11}{5}$ k) $\frac{9}{4}$ l) $\frac{31}{25}$ m) $\frac{7}{8}$ n) $\frac{13}{8}$ o) $\frac{31}{50}$ p) $\frac{5}{8}$

10.

Name	Würfe	Treffer	Trefferquote
		9	$\frac{9}{60}$
Nadine	60	4	
Klaus	32	14	
Simone	80	15	
Kemal	99	8	
Natalie	50		

a) Notiere die Trefferquoten der fünf Kinder als Brüche. Kürze diese Brüche so weit wie möglich.
b) Notiere die Trefferquoten als Dezimalbrüche (runde auf zwei Stellen nach dem Komma) und in der Prozentschreibweise.
c) Stelle eine Rangliste für die Trefferquote der fünf Kinder auf.

11. Schreibe als Bruch. Kürze so weit wie möglich.
a) 18 % b) 35 % c) 44 % d) 70 % e) 25 % f) 36 % g) 17 %

12. Überprüfe die Gleichungen. Notiere sie im Heft und schreibe ein „w" dahinter, wenn sie wahr sind, und ein „f", wenn sie falsch sind.
a) $\frac{1}{5} \stackrel{?}{=} 5\%$ b) $\frac{2}{5} \stackrel{?}{=} 40\%$ c) $\frac{3}{4} \stackrel{?}{=} 34\%$ d) $\frac{7}{10} \stackrel{?}{=} 70\%$ e) $\frac{1}{3} \stackrel{?}{=} 33\%$
f) $\frac{3}{20} \stackrel{?}{=} 15\%$ g) $\frac{7}{25} \stackrel{?}{=} 30\%$ h) $\frac{3}{5} \stackrel{?}{=} 60\%$ i) $\frac{17}{50} \stackrel{?}{=} 34\%$ j) $\frac{1}{20} \stackrel{?}{=} 20\%$

LVL 13. Jasmin spart jede Woche ein Viertel ihres Taschengelds, Astrid spart 20 % von ihrem Taschengeld. Wer von den beiden spart mehr? Oder lässt sich das so gar nicht entscheiden?

LVL 14. Die Schülerzeitung berichtet: „Bei einer Fahrradkontrolle hatte jedes vierte Fahrrad eine defekte Lichtanlage. Das muss besser werden, aber jetzt im Sommer sind diese 4 % ohne Beleuchtung nicht so gefährdet wie im Winter". Was meinst du dazu?

15. Ordne alle Brüche kleiner als 1 mit dem Nenner 2, 3, 4 oder 5 vom kleinsten zum größten.

16. Vergleiche durch Erweitern oder durch Dividieren.
a) $\frac{5}{8}$ ▪ $\frac{7}{12}$ b) $\frac{3}{5}$ ▪ $\frac{7}{10}$ c) $\frac{1}{2}$ ▪ $\frac{2}{3}$ d) $\frac{6}{7}$ ▪ $\frac{11}{13}$ e) $\frac{9}{10}$ ▪ $\frac{10}{11}$ f) $\frac{3}{4}$ ▪ $\frac{5}{6}$

LVL 17. Wettkampf „6er-Würfeln": Wer ist Würfelkönig?

- Inge: 107 Würfe, 19 „6er".
- Daniel: Trefferquote $\frac{1}{7}$.
- Markus: Trefferquote 18 %.
- Sabrina: 15 Würfe, kein „6er", Lust verloren!
- Tatjana: Für 50 „6er" habe ich 295 Würfe gebraucht.
- Stefan: Meine Ergebnisse: 1, 5, 6, 3, 4, 1, 5, 2.

6 Brüche und Dezimalbrüche (3)

Brüche am Zahlenstrahl

1. Partnerarbeit:
  a) Auf jedem Zahlenstrahl findet sich eine andere Einteilung.
     Übertragt alle drei ins Heft und kennzeichnet jede Markierung mit einem Bruch.
  b) Zeichnet einen vierten Zahlenstrahl und kennzeichnet folgende Brüche: $\frac{1}{5}$, $\frac{3}{5}$, $\frac{4}{5}$ und $\frac{6}{5}$.

2. Übertrage den Zahlenstrahl ins Heft und stelle die Schilder an der richtigen Stelle auf.

3. Welche Brüche gehören zu den Punkten auf dem Zahlenstrahl?

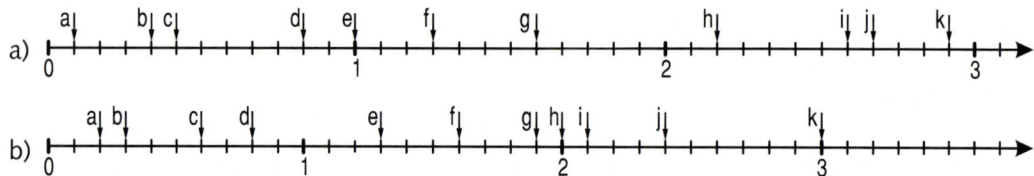

4. Ordne zu. Welcher Bruch gehört zu welchem Buchstaben?

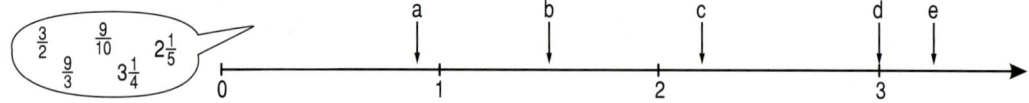

5. Zeichne einen Zahlenstrahl, auf dem die natürlichen Zahlen einen Abstand von 6 cm (= 60 mm) haben. Trage die Punkte ein, zu denen die folgenden Brüche gehören.
  a) $\frac{2}{3}$ $\frac{7}{6}$ $\frac{3}{2}$ $1\frac{5}{6}$ $\frac{3}{3}$ $1\frac{2}{3}$ $\frac{4}{2}$ $\frac{1}{6}$ b) $1\frac{5}{12}$ $\frac{1}{4}$ $\frac{6}{5}$ $1\frac{1}{5}$ $\frac{2}{5}$ $\frac{21}{10}$ $\frac{23}{12}$ $1\frac{3}{4}$

6. Ordne zu. Welcher Bruch gehört zu welchem Buchstaben?

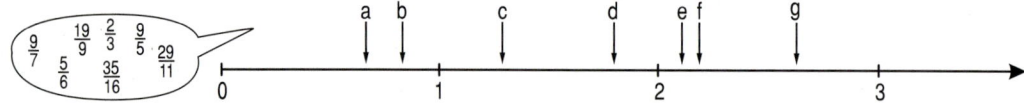

7. Die Brüche $\frac{3}{8}$, $\frac{17}{12}$, $1\frac{1}{4}$, $\frac{13}{6}$, $\frac{5}{3}$, $\frac{37}{24}$ sollen auf einem Zahlenstrahl dargestellt werden. Wähle einen geeigneten Abstand der natürlichen Zahlen als Einheit.

8. a) Zeichne einen Zahlenstrahl und trage ein: $1\frac{1}{2}$ 0,6 $\frac{15}{6}$ 1,5 $\frac{3}{5}$ 1,2 $\frac{6}{5}$
  b) Wähle 2 Punkte auf deinem Zahlenstrahl. Gib zu jedem Punkt 6 Brüche an.
  c) Wie viele verschiedene Punkte gehören zu den Brüchen: $\frac{5}{8}$; 0,6; $\frac{4}{5}$; $\frac{3}{5}$; $\frac{12}{20}$; 0,8; 1,6 ?

6 Brüche und Dezimalbrüche (3)

Bruchzahlen

LVL 1. Partnerarbeit: a) Sortiert die Brüche in eine der vier Dosen und schreibt so: $\frac{2}{3} = \frac{4}{6} = \frac{10}{15} = \ldots$
b) Nennt zu jeder Dose mindestens zwei weitere passende Brüche.

> Alle Brüche, die untereinander gleich sind, bezeichnen dieselbe **Bruchzahl**.
> Sie gehören zu demselben Punkt auf der Zahlengeraden.
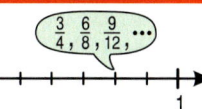

LVL 2. Begründe die Gleichungskette unter dem Zahlenstrahl und ergänze sie um einen weiteren Bruch.

a) 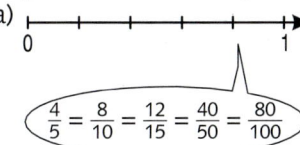   b) 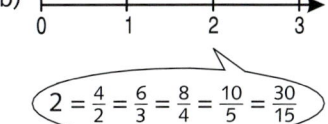   c)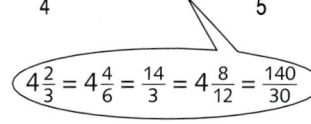

3. Übertrage die Abbildung ins Heft (Skizze) und sortiere die folgenden Brüche richtig ein.

$\frac{2}{5}$ $\frac{4}{3}$ 3 $\frac{1}{4}$ $\frac{9}{3}$ $\frac{6}{15}$ $\frac{4}{16}$ $\frac{12}{9}$ $\frac{3}{12}$ $1\frac{2}{6}$ $\frac{4}{10}$ $\frac{15}{5}$ $1\frac{1}{3}$ $\frac{12}{4}$ $\frac{2}{8}$ $\frac{8}{20}$

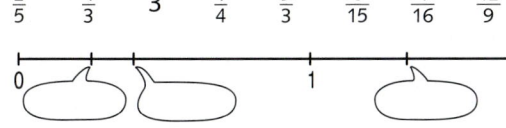

4. Setze die Gleichungskette um jeweils fünf Brüche fort.

a) $\frac{1}{2} = \frac{2}{4} = \frac{3}{6} = \frac{4}{8} = \ldots$ b) $5\frac{5}{6} = 5\frac{10}{12} = 5\frac{15}{18} = 5\frac{20}{24} = \ldots$ c) $2\frac{3}{5} = 2\frac{6}{10} = 2\frac{9}{15} = 2\frac{12}{20} = \ldots$

5. Sortiere in Gleichungsketten. Du erhältst fünf Gleichungsketten, jede mit 5 Brüchen.

$\frac{1}{5}$ $\frac{5}{2}$ $\frac{7}{3}$ $\frac{3}{8}$ $\frac{5}{6}$ $\frac{14}{6}$ $\frac{15}{40}$ $\frac{2}{10}$ $\frac{10}{4}$ $\frac{30}{36}$ $\frac{21}{9}$ $\frac{20}{8}$ $\frac{35}{15}$ $\frac{6}{16}$ $\frac{25}{30}$ $\frac{4}{20}$ $\frac{10}{12}$ $\frac{15}{6}$ $\frac{42}{18}$ $\frac{3}{15}$ $\frac{9}{24}$ $\frac{12}{32}$ $\frac{6}{30}$ $\frac{15}{18}$ $\frac{30}{12}$

6. a) $5 = \frac{\square}{2} = \frac{\square}{3} = \frac{\square}{4} = \frac{\square}{5} = \ldots$ b) $3 = \frac{\square}{2} = \frac{\square}{4} = \frac{\square}{6} = \frac{\square}{8} = \ldots$ c) $10 = \frac{\square}{3} = \frac{\square}{7} = \frac{\square}{11} = \ldots$
d) $1 = \frac{\square}{9} = \frac{\square}{7} = \frac{\square}{4} = \frac{\square}{5} = \ldots$ e) $6 = \frac{\square}{7} = \frac{\square}{4} = \frac{\square}{8} = \frac{\square}{15} = \ldots$ f) $7 = \frac{\square}{5} = \frac{\square}{2} = \frac{\square}{10} = \ldots$

7. Gib zu jedem Punkt auf dem Zahlenstrahl vier Brüche an. Schreibe mit Gleichungsketten.

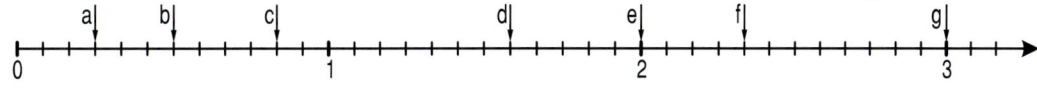

LVL 8. Wie viele Brüche gibt es, die auf dem Zahlenstrahl durch denselben Punkt dargestellt werden wie der Bruch $\frac{5}{8}$?

17
18
36
37

BLEIB FIT!

Die Ergebnisse der Aufgaben ergeben vier Dichter aus Deutschland.

1. Schreibe richtig untereinander und berechne.
   a) 135,84 + 12,39 + 25,83
   b) 1 025,35 − 245,386 − 7,824
   c) 248,353 + 125,36 + 98,737

2. Gib an, ob die Geraden senkrecht (⊥) oder parallel (∥) zueinander sind.

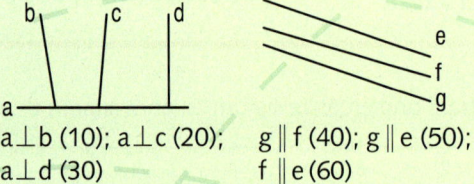

   a⊥b (10); a⊥c (20);   g ∥ f (40); g ∥ e (50);
   a⊥d (30)   f ∥ e (60)

3. Runde auf die angegebene Stelle.
   a) 0,9209   (auf Hundertstel)
   b) 1 234,49   (auf Zehntel)
   c) 1 238   (auf Zehner)
   d) 24 562   (auf Hunderter)

4. Lies die Flusslänge aus dem Diagramm ab.

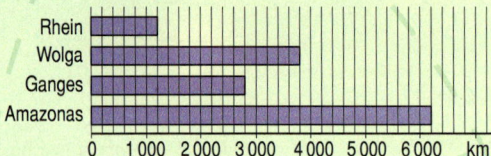

5. Berechne.
   a) 38,4 · 5
   b) 27,9 · 14
   c) 47,25 : 7
   d) 56,7 : 9

6. Wandle um.
   a) 7 500 cm³   (in l)
   b) 3 500 dm³   (in m³)
   c) 1,25 l (in cm³)
   d) 2 500 cm³   (in dm³)

7. Welche Koordinaten haben die Punkte A und B?

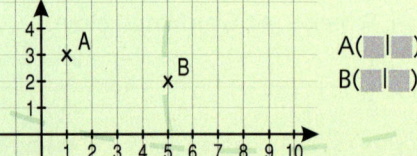

A(▉▉)
B(▉▉)

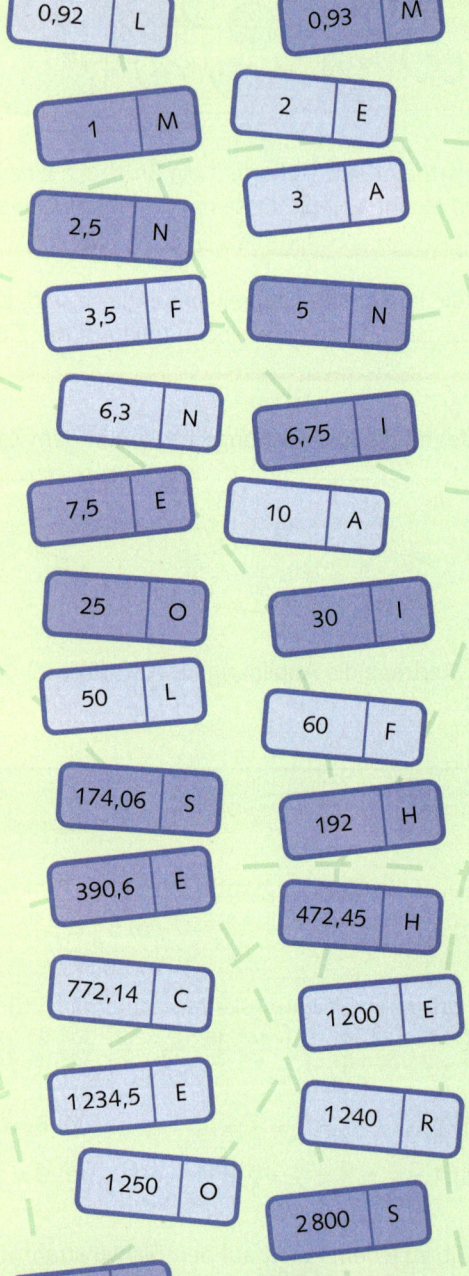

6 Brüche und Dezimalbrüche (3)

LVL

Addieren und Subtrahieren von Brüchen mit verschiedenen Nennern

Löst die Aufgaben 1.–6. in Partnerarbeit und stellt eure Ergebnisse und Überlegungen in der Klasse vor. Die 7. Aufgabe soll in Gruppenarbeit gelöst werden.

1. In zweiten Bild behauptet Pia, die Regel von Jan im ersten Bild wäre „Unsinn". Und sie glaubt, diesen „Unsinn" mit der Beispielaufgabe $\frac{1}{2} + \frac{1}{2}$ begründen zu können. Erklärt!

2. Im dritten Bild fragt Pia nach dem Ergebnis der Aufgabe $\frac{2}{4} + \frac{1}{2}$. Warum tut sie das?

3. Im letzten Bild zeigt Tom eine Zeichnung zu der Aufgabe an der Tafel. Was kann Tom mit dieser Zeichnung begründen?

4. Wählt selbst eine Subtraktionsaufgabe von zwei Brüchen mit verschiedenen Nennern und macht durch eine Zeichnung deutlich, dass die Regel „Zähler – Zähler, Nenner – Nenner" nicht stimmen kann.

5. Rechnet die Aufgabe im dritten Bild zu Ende und prüft mit einer Zeichnung, ob das Ergebnis stimmen kann.

6. Löst die folgenden Aufgaben und prüft jeweils mit einer Zeichnung, ob das Ergebnis stimmen kann. Dann vergleicht mit den Ergebnissen anderer Partner.
① $\frac{3}{8} + \frac{1}{4}$ ② $\frac{5}{6} - \frac{2}{3}$ ③ $\frac{3}{4} + \frac{5}{6}$ ④ $1\frac{1}{6} - \frac{3}{4}$

7. Vier Kinder schließen sich zu einer Gruppe zusammen. Jeweils zwei Kinder in der Gruppe sollen vorher schon Partner gewesen sein.
Formuliert gemeinsam in der Gruppe eine Regel, wie man Brüche addiert und subtrahiert, und schreibt für jede Rechenart ein Beispiel auf. Regel und Beispiele werden auf eine Folie übertragen, alle Regeln werden in der Klasse vorgestellt.
Wählt die beste Regel aus, verbessert sie eventuell noch und übertragt sie ins Heft.

6 Brüche und Dezimalbrüche (3)

Addition und Subtraktion von Brüchen

> Brüche mit verschiedenen Nennern werden vor dem Addieren oder Subtrahieren zuerst so erweitert, dass sie den gleichen Nenner haben.

6 ist ein Vielfaches von 3.

4 · 5 = 20

$\frac{3}{4} + \frac{2}{5} = \frac{15}{20} + \frac{8}{20} = \frac{23}{20} = 1\frac{3}{20}$

$\frac{5}{6} - \frac{1}{3} = \frac{5}{6} - \frac{2}{6} = \frac{3}{6} = \frac{1}{2}$

$3\frac{1}{2} + \frac{3}{4} = 3\frac{2}{4} + \frac{3}{4} = 3\frac{5}{4} = 4\frac{1}{4}$

1. Den neuen Nenner findest du durch Multiplizieren beider Nenner.
a) $\frac{1}{4} + \frac{2}{3}$ b) $\frac{1}{3} + \frac{2}{5}$ c) $\frac{1}{2} + \frac{4}{9}$ d) $\frac{5}{6} - \frac{2}{5}$ e) $\frac{3}{4} - \frac{1}{3}$ f) $\frac{4}{5} - \frac{1}{2}$

2. Einer der beiden Nenner ist ein Vielfaches des anderen.
a) $\frac{5}{8} - \frac{1}{4}$ b) $\frac{8}{9} - \frac{2}{3}$ c) $\frac{5}{6} - \frac{1}{2}$ d) $\frac{3}{4} + \frac{1}{2}$ e) $\frac{5}{8} + \frac{1}{4}$ f) $\frac{2}{5} + \frac{3}{10}$

3. a) $\frac{3}{10} + \frac{2}{3}$ b) $\frac{4}{9} - \frac{1}{5}$ c) $\frac{2}{7} + \frac{3}{5}$ d) $\frac{4}{5} - \frac{1}{3}$ e) $\frac{3}{4} + \frac{4}{5}$ f) $\frac{4}{9} + \frac{2}{3}$

4. Rechne möglichst im Kopf.
a) $\frac{1}{2} + \frac{1}{4}$ b) $\frac{2}{3} - \frac{1}{6}$ c) $\frac{3}{8} + \frac{3}{4}$ d) $\frac{2}{5} - \frac{3}{10}$ e) $\frac{5}{6} + \frac{1}{3}$ f) $\frac{7}{50} - \frac{14}{100}$

5. a)

+	$\frac{4}{5}$	$\frac{1}{4}$	$\frac{5}{6}$	$\frac{2}{3}$
$\frac{2}{3}$				
$\frac{7}{10}$				

b)

−	$\frac{5}{8}$	$\frac{1}{3}$	$\frac{2}{7}$	$\frac{2}{5}$
$\frac{9}{10}$				
$\frac{5}{6}$				

6. Wie viel Kilogramm Weintrauben sind auf der Waage?

a) b) c)

7. a) $2\frac{2}{3} + \frac{1}{6}$ b) $5\frac{3}{4} - \frac{3}{8}$ c) $1\frac{1}{4} + \frac{2}{3}$ d) $4\frac{2}{3} - \frac{1}{5}$ e) $2\frac{7}{10} - \frac{2}{5}$ f) $3\frac{2}{5} + \frac{1}{9}$

LVL 8.

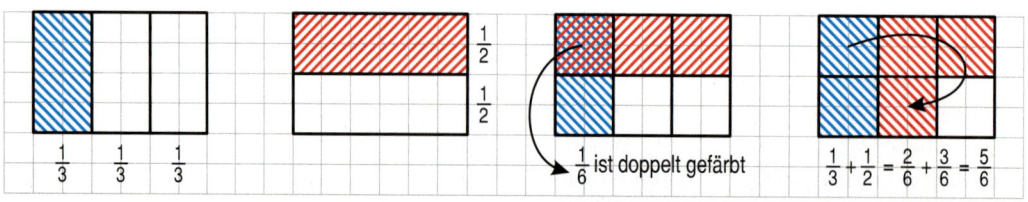

Manuel hat die Aufgabe $\frac{1}{3} + \frac{1}{2}$ im Rechteckmodell gelöst. Zeichne ebenso und berechne.
a) $\frac{3}{4} + \frac{1}{5}$ b) $\frac{1}{2} + \frac{1}{3}$ c) $\frac{1}{6} + \frac{2}{5}$ d) $\frac{3}{10} + \frac{1}{3}$ e) $\frac{1}{2} + \frac{7}{10}$ f) $\frac{2}{3} + \frac{3}{5}$

6 Brüche und Dezimalbrüche (3)

Hauptnenner

LVL 1. a) Warum hört Julia bei 12 auf? b) Vergleiche Ramons und Julias Lösung

> Am einfachsten rechnet man mit dem *kleinsten* gemeinsamen Nenner. Er heißt **Hauptnenner** und ist das kleinste gemeinsame Vielfache (kgV) der einzelnen Nenner.

2. a) $\frac{5}{8} + \frac{1}{6}$ b) $\frac{7}{10} + \frac{8}{15}$ c) $\frac{5}{6} - \frac{7}{9}$ d) $\frac{5}{12} - \frac{3}{20}$ e) $\frac{7}{12} + \frac{3}{8}$

3. Bestimme die fehlende Zahl.
a) $\square - \frac{1}{3} = \frac{1}{2}$ b) $\square + \frac{2}{5} = \frac{7}{10}$ c) $\square - \frac{3}{4} = \frac{5}{8}$ d) $\square + \frac{3}{10} = \frac{2}{3}$ e) $\square + \frac{2}{5} = 1\frac{9}{10}$

4. a) Armin denkt sich eine Zahl und addiert $\frac{2}{5}$. Das Ergebnis ist $\frac{7}{10}$.
b) Beate subtrahiert von ihrer Zahl $\frac{1}{8}$. Als Ergebnis erhält sie $\frac{3}{4}$.
c) Corinna addiert zu ihrer Zahl $\frac{1}{4}$ und erhält als Ergebnis $\frac{1}{2}$.
d) Daniel subtrahiert von seiner Zahl $\frac{2}{5}$ und erhält als Ergebnis $\frac{3}{10}$.

> Ute addiert zu ihrer Zahl $\frac{2}{3}$. Als Ergebnis erhält sie $\frac{11}{12}$.
> $\square + \frac{2}{3} = \frac{11}{12}$
> $\square = \frac{11}{12} - \frac{2}{3}; \ldots$

5. Manchmal musst du für das Subtrahieren auch noch ein Ganzes in Bruchteile umwandeln.
a) $1\frac{1}{2} - \frac{3}{4}$ b) $1\frac{3}{10} - \frac{4}{5}$ c) $1\frac{2}{3} - \frac{5}{6}$ d) $1\frac{3}{8} - \frac{1}{2}$
e) $2\frac{3}{5} - \frac{7}{10}$ f) $1\frac{2}{3} - \frac{4}{5}$ g) $2\frac{1}{2} - \frac{2}{3}$ h) $2\frac{1}{4} - \frac{3}{10}$

> Umgewandelt $1 = \frac{6}{6}$
> $1\frac{1}{6} - \frac{1}{3} = 1\frac{1}{6} - \frac{2}{6}$
> $= \frac{7}{6} - \frac{2}{6}$
> $= \frac{5}{6}$

6. a) $3 - \frac{2}{3}$ b) $11 - 4\frac{2}{3}$ c) $14 - 12\frac{3}{5}$ d) $10 - 9\frac{9}{10}$ e) $\frac{8}{1} - 6\frac{4}{5}$ f) $\frac{10}{2} - 3\frac{1}{6}$

LVL 7. *7-Tage-Rennen:* Am Start sind 2 oder mehr Spieler, jeder hat 10 Punkte. Der Spieler, der an der Reihe ist, wirft zuerst eine Münze. Bei „Zahl" zieht er ein Feld weiter geradeaus, bei „Wappen" schräg in die andere Reihe. Dann berechnet er seine Punktzahl durch Addition oder Subtraktion wie im neuen Feld angegeben. Sieger ist, wer im Ziel die meisten Punkte hat.

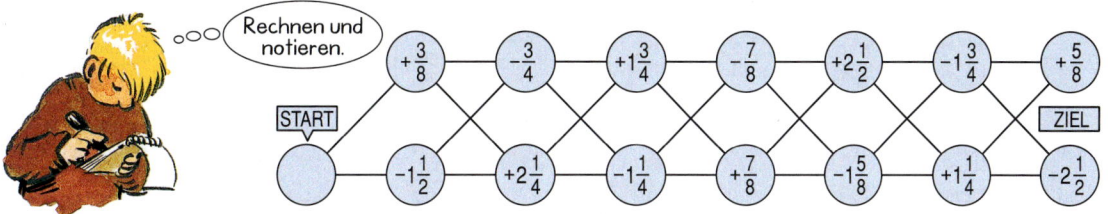

6 Brüche und Dezimalbrüche (3)

8. Subtrahiere die kleinere von der größeren Zahl.   a) $\frac{5}{9}, \frac{7}{15}$ b) $\frac{3}{8}, \frac{3}{4}$ c) $\frac{5}{6}, \frac{3}{4}$ d) $\frac{7}{10}, \frac{3}{5}$

9. a) Anna denkt sich zwei Zahlen, eine ist um $\frac{1}{5}$ kleiner als $\frac{7}{10}$, die andere ist um $\frac{1}{5}$ größer als $\frac{7}{10}$.
b) Von Bernies beiden Zahlen ist eine um $\frac{2}{3}$ kleiner als $4\frac{1}{2}$, die andere um $\frac{2}{3}$ größer als $4\frac{1}{2}$.
c) Von Carstens beiden Zahlen ist eine um $1\frac{1}{4}$ kleiner als $3\frac{5}{8}$, die andere um $1\frac{1}{4}$ größer als $3\frac{5}{8}$.

10. Karin hat ein Viertel des Kuchens gegessen, Raja ein Drittel. Wie viel bleibt noch für Martin?

11. Esther gibt drei Achtel ihres Taschengeldes für Comics aus und ein Viertel für Süßigkeiten. Den Rest spart sie, welcher Bruchteil ist das?

12. Rechne auch mit zwei gemischten Zahlen.

a) $1\frac{3}{8} + 1\frac{1}{4}$ b) $4\frac{3}{4} - 1\frac{1}{3}$ c) $2\frac{1}{6} + 2\frac{3}{4}$ d) $2\frac{3}{5} - 1\frac{1}{2}$
e) $3\frac{2}{5} + 1\frac{2}{3}$ f) $9\frac{5}{6} - 7\frac{2}{3}$ g) $6\frac{1}{2} + 2\frac{3}{4}$ h) $4\frac{4}{5} - 2\frac{1}{2}$

$$4\frac{1}{2} + 5\frac{2}{3} = 4\frac{3}{6} + 5\frac{4}{6} = 9\frac{7}{6} = 10\frac{1}{6}$$

LVL 13. Magische Quadrate
a) Ergänze so, dass die Summe in jeder Zeile, Spalte und Diagonale gleich groß ist.
b) Denke dir selbst ein magisches Quadrat aus.

Diagonalen

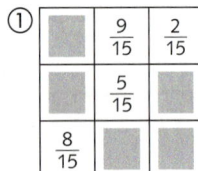 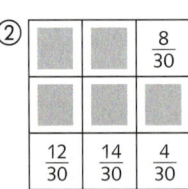 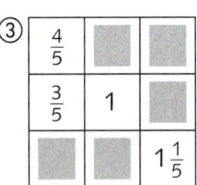 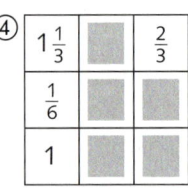

14. Erweitere zuerst so, dass alle drei Brüche denselben Nenner haben.

a) $\frac{3}{4} + \frac{1}{2} + \frac{5}{8}$ b) $\frac{1}{4} + \frac{5}{6} + \frac{2}{3}$ c) $\frac{7}{12} + \frac{3}{4} - \frac{2}{3}$ d) $\frac{8}{9} - \frac{2}{3} + \frac{5}{6}$

15. Vergleiche geschickt (<, > oder =) und versuche dabei, möglichst wenig zu rechnen.

a) $4\frac{1}{2} + 5\frac{3}{4}$ ■ 10 b) $14\frac{3}{5} - 4\frac{1}{3}$ ■ 10 c) 10 ■ $3\frac{8}{9} + 5\frac{11}{12}$ d) 10 ■ $2\frac{2}{5} + 7\frac{6}{10}$

16. a) Andy addiert $2\frac{1}{3}$ und $2\frac{1}{6}$. Von der Summe subtrahiert er $3\frac{1}{2}$. Bestimme sein Ergebnis.
b) Betty subtrahiert $4\frac{2}{5}$ von $5\frac{7}{10}$. Zu dieser Differenz addiert sie $7\frac{3}{4}$.
c) Cindy addiert $5\frac{4}{9}$ und $7\frac{5}{6}$. Von dieser Summe subtrahiert sie $4\frac{2}{3}$.

LVL 17.

6 Brüche und Dezimalbrüche (3)

Arbeiten mit Brüchen und Dezimalbrüchen

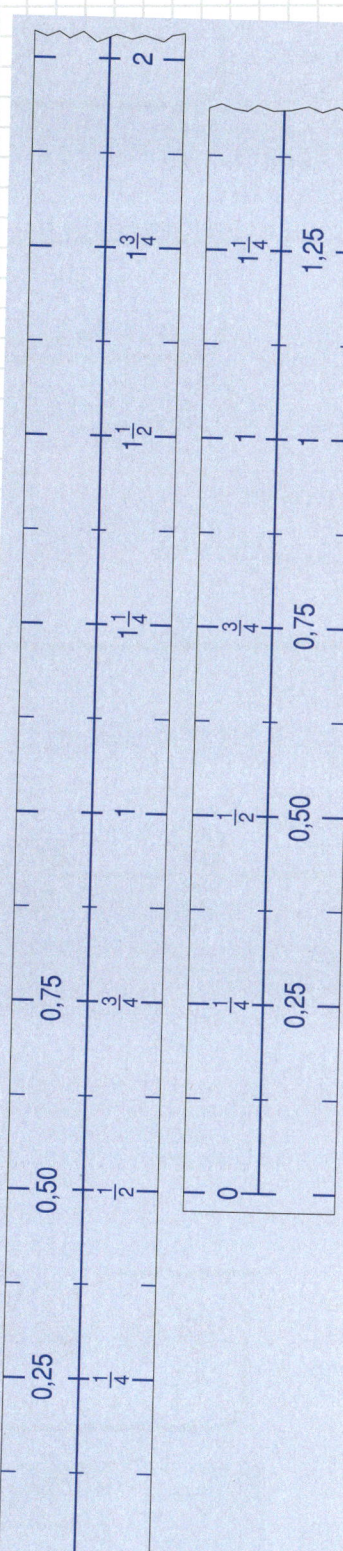

1. Addieren und Subtrahieren mit Bruchstreifen.

   a) Mit den Bruchstreifen, die du am linken Rand siehst, kannst du Brüche addieren und auch subtrahieren. Schau dir die Lage der Streifen genau an. Lies die Ergebnisse ab:

   $\frac{1}{2} + 1$ $\frac{1}{2} + \frac{1}{4}$ $\frac{1}{2} + \frac{1}{8}$ $\frac{1}{2} + 0{,}75$

   $1 - \frac{1}{2}$ $1\frac{1}{4} - \frac{1}{2}$ $1{,}75 - \frac{1}{2}$

   b) Zeichne die beiden Streifen auf Karopapier (10 cm für die Einheit 1). Trage auf beiden Streifen die angegebenen Zahlen ein. Ergänze weitere Brüche und Dezimalbrüche.

   c) Schneide die beiden Streifen aus. Löse damit durch passendes Anlegen der Streifen die Aufgaben.

   $\frac{3}{4} + \frac{1}{2}$ $\frac{3}{4} + \frac{3}{8}$ $\frac{3}{4} + 1\frac{1}{4}$

   $1 - \frac{3}{4}$ $\frac{3}{4} - \frac{1}{2}$ $1\frac{1}{4} - \frac{3}{4}$ $\frac{3}{4} - \frac{3}{8}$

   d) Partnerarbeit: Jeder stellt Aufgaben, die sein Partner lösen soll. Wer die meisten Aufgaben richtig gelöst hat, hat gewonnen.

2. Brüche mit Zählern und Nennern von 1 bis 10.

   a) Übertrage die Tabelle in dein Heft. Ergänze alle Brüche bis zu Zählern und Nennern 10.

   b) Wie oft steht die Zahl 1, die 2, … in deiner Tabelle?

   c) Wie viele gemischte Zahlen enthält deine Tabelle?

   d) Erzähle deinen Mitschülern, was dir sonst noch in der Tabelle auffällt.

Zähler / Nenner	1	2	3
1	$\frac{1}{1} = 1$	$\frac{2}{1} = 2$	$\frac{3}{1} = 3$
2	$\frac{1}{2} = 0{,}5$	$\frac{2}{2} = 1$	$\frac{3}{2} = 1\frac{1}{2} = 1{,}5$
3	$\frac{1}{3} = 0{,}333\ldots$	$\frac{2}{3} = 0{,}666\ldots$	$\frac{3}{3} = 1$
4	$\frac{1}{4} = 0{,}25$	$\frac{2}{4} = 0{,}5$	$\frac{3}{4} = 0{,}75$

6 Brüche und Dezimalbrüche (3)

Vorteilhaft rechnen

1. Verwandle zuerst den Dezimalbruch in einen Bruch.

a) $\frac{2}{3} + 0{,}5$ b) $\frac{5}{6} - 0{,}2$ c) $0{,}7 + \frac{2}{9}$ d) $0{,}8 - \frac{2}{15}$

e) $0{,}5 - \frac{1}{12}$ f) $0{,}2 + \frac{1}{3}$ g) $0{,}25 + \frac{1}{6}$ h) $\frac{11}{12} - 0{,}75$

$\frac{1}{3} + 0{,}3 = \frac{1}{3} + \frac{3}{10}$
$= \ldots$

2. a) $0{,}9 - \frac{5}{6}$ b) $0{,}25 + \frac{1}{6}$ c) $3{,}5 - \frac{1}{3}$ d) $4{,}7 + \frac{4}{9}$ e) $1\frac{2}{3} + 0{,}75$ f) $4\frac{8}{15} - 0{,}40$

3. Verwandle zuerst den Bruch in einen Dezimalbruch.

a) $\frac{1}{2} + 0{,}7$ b) $\frac{3}{4} - 0{,}4$ c) $0{,}8 - \frac{7}{10}$ d) $0{,}7 - \frac{2}{5}$

e) $\frac{1}{4} + 0{,}67$ f) $0{,}83 - \frac{1}{5}$ g) $\frac{9}{10} - 0{,}63$ h) $\frac{3}{5} - 0{,}15$

$\frac{1}{5} + 0{,}4 = 0{,}2 + 0{,}4$
$= \ldots$

4. a) $\frac{37}{100} + 0{,}52$ b) $\frac{83}{100} - 0{,}4$ c) $1\frac{7}{10} - 0{,}3$ d) $3\frac{3}{10} + 0{,}8$ e) $1{,}55 + \frac{1}{2}$ f) $4{,}80 - \frac{3}{4}$

5. Entscheide selbst, ob du mit Brüchen oder mit Dezimalbrüchen rechnest.

a) $\frac{5}{12} + 0{,}75$ b) $1\frac{3}{5} - 0{,}4$ c) $2{,}5 + 1\frac{3}{10}$ d) $1{,}5 - \frac{3}{8}$ e) $2{,}35 + \frac{13}{20}$ f) $1{,}5 - \frac{1}{3}$

g) $\frac{7}{8} + 0{,}5$ h) $\frac{5}{12} + 1{,}2$ i) $4{,}65 - \frac{3}{10}$ j) $2{,}15 + \frac{7}{50}$ k) $1{,}75 - \frac{3}{8}$ l) $4{,}25 - 1\frac{1}{3}$

6. Manche Rechenaufgabe wird leichter durch geschicktes Vertauschen und Zusammenfassen.

a) $\frac{2}{5} + \frac{1}{3} + \frac{3}{5}$ b) $\frac{7}{10} + \frac{5}{8} + \frac{3}{10}$

c) $\frac{7}{8} - \frac{3}{5} + \frac{1}{8}$ d) $\frac{8}{15} - \frac{5}{12} + \frac{7}{15}$

$\frac{3}{4} + \frac{3}{7} + \frac{1}{4}$ \quad\quad $\frac{3}{4} + \frac{3}{7} + \frac{1}{4}$
$= \frac{21}{28} + \frac{12}{28} + \frac{7}{28}$ \quad $= (\frac{3}{4} + \frac{1}{4}) + \frac{3}{7}$

soo schwer! babyleicht!

7. a) $\frac{5}{9} + 1\frac{1}{3} + \frac{4}{9}$ b) $\frac{13}{20} - \frac{7}{8} + \frac{7}{20}$

8. Vereinfache durch geschicktes Vertauschen und Zusammenfassen.

a) $4\frac{1}{5} + 3\frac{1}{8} - 2\frac{1}{5}$ b) $3\frac{2}{3} + 4\frac{1}{5} + 4\frac{1}{3}$ c) $5\frac{7}{9} - 2\frac{3}{4} + 2\frac{2}{9}$ d) $8\frac{4}{7} + 3\frac{2}{5} + 5\frac{3}{7}$

9. a) $3\frac{5}{8} + 2\frac{5}{6} - 1\frac{5}{8}$ b) $4\frac{9}{10} - 2\frac{4}{7} + 1\frac{1}{10}$ c) $3\frac{7}{15} - 4\frac{3}{8} + 4\frac{8}{15}$ d) $2\frac{5}{11} - 1\frac{1}{4} + 1\frac{6}{11}$

10. Fülle die Lücken aus. Bei den letzten drei Teilaufgaben gibt es mehrere Lösungen.

a) $\frac{1}{3} + \frac{5}{\blacksquare} = \frac{11}{15}$ b) $\frac{8}{9} - \frac{\blacksquare}{3} = \frac{2}{9}$ c) $\frac{\blacksquare}{4} + \frac{5}{6} = 1\frac{7}{12}$

d) $\frac{\blacksquare}{5} + \frac{\blacksquare}{5} = 1$ e) $\frac{\blacksquare}{2} - \frac{\blacksquare}{6} = 1$ f) $\frac{2}{\blacksquare} + \frac{\blacksquare}{4} = 1$

$\frac{1}{2}$
$+ \frac{1}{3} + \frac{2}{3}$
$+ \frac{1}{4} + \frac{2}{4} + \ldots$
$\ldots$

LVL 11. Wenn man mit zwei Würfeln verschiedene Augenzahlen würfelt, kann man die kleinere als Zähler und die größere als Nenner eines Bruches nehmen. Berechne geschickt die Summe aller solcher Brüche.

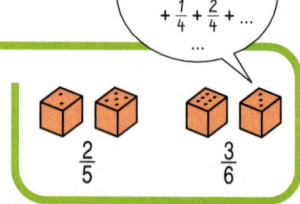

LVL 12. Zeichne und berechne die Summen. Erkennst du, wie es weitergeht? Prüfe deine Vermutung, indem du fortsetzt. Erkläre deine Entdeckung den Mitschülern.

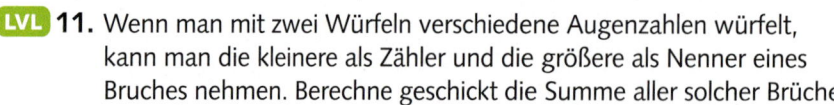

$\frac{1}{2}$ \quad\quad $\frac{1}{2} + \frac{1}{4}$ \quad\quad $\frac{1}{2} + \frac{1}{4} + \frac{1}{8}$ \quad\quad $\frac{1}{2} + \frac{1}{4} + \frac{1}{8} + \frac{1}{16}$

6 Brüche und Dezimalbrüche (3)

Vermischte Aufgaben

1. a) Gib vier Brüche mit dem Nenner 36 an, die sich kürzen lassen, und kürze soweit wie möglich.
b) Gib vier Brüche mit dem Nenner 36 an, die sich nicht kürzen lassen.

2. Kürze soweit wie möglich. Du kannst in mehreren Schritten kürzen oder auf einmal.

a) $\frac{9}{12}$ b) $\frac{21}{35}$ c) $\frac{48}{96}$ d) $\frac{45}{55}$ e) $\frac{24}{36}$ f) $\frac{88}{96}$

g) $\frac{36}{54}$ h) $\frac{72}{120}$ i) $\frac{80}{200}$ j) $\frac{750}{1000}$ k) $\frac{42}{70}$ l) $\frac{54}{108}$

$\frac{36}{72} = \frac{18}{36} = \frac{9}{18} = \frac{1}{2}$
oder
$\frac{36}{72} = \frac{1}{2}$

3. Vergleiche die Brüche. Welcher ist größer?
a) eine Hälfte oder ein Zehntel
b) zwei Drittel oder zwei Fünftel
c) fünf Achtel oder ein Viertel
d) sieben Sechstel oder sechs Siebtel

4. Partnerarbeit: Jeder würfelt mit zwei Würfeln. Die kleinere Zahl ist der Zähler, die größere der Nenner. Wer hat den größeren Bruch?

5. Martin kauft im Metzgerladen $\frac{3}{4}$ kg Gehacktes, einen Braten, der $2\frac{1}{2}$ kg wiegt, $\frac{1}{4}$ kg Aufschnitt und $\frac{1}{2}$ kg Bratwurst. Wie viel Kilogramm sind das zusammen?

6. Schreibe in Prozent und addiere.
a) $\frac{1}{2}, \frac{1}{4}, \frac{1}{5}$ b) $\frac{7}{10}, \frac{3}{20}, \frac{15}{100}$ c) $\frac{14}{100}, \frac{46}{50}, \frac{3}{25}$ d) $\frac{27}{30}, \frac{18}{75}, \frac{12}{16}$ e) $\frac{60}{80}, \frac{60}{150}, \frac{33}{55}$

7. Familie Walz hat bei einer Lotterie 2 000 € gewonnen. Der Gewinn soll entsprechend dem Alter verteilt werden: Der Vater ist 43 Jahre alt, er bekommt deshalb 43 %. Die Mutter ist 39 Jahre alt, Anika 13 Jahre und Moritz 11 Jahre. Was meinst du dazu?

8. Additionsmauer: Im oberen Stein steht die Summe der beiden Brüche darunter. Ergänze im Heft.

a)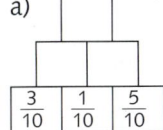
b)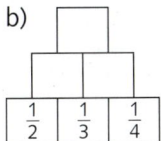
c)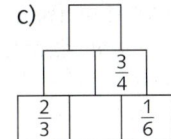
d)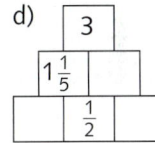

9. Partnerarbeit: Beide erfinden eine Additionsmauer und tauschen sie gegenseitig aus. Jeder muss dann die Lösung des anderen korrigieren.

10. Die sieben Kontinente der Erde nehmen zusammen eine Landfläche von etwa 150 Mio. km² ein.
In der Karte sind von allen Kontinenten die Anteile an der gesamten Landfläche angegeben.
a) Gib die Anteile der Kontinente in Prozent an und ordne nach der Größe.
b) Gib die Größe aller Kontinente in Quadratkilometer an.

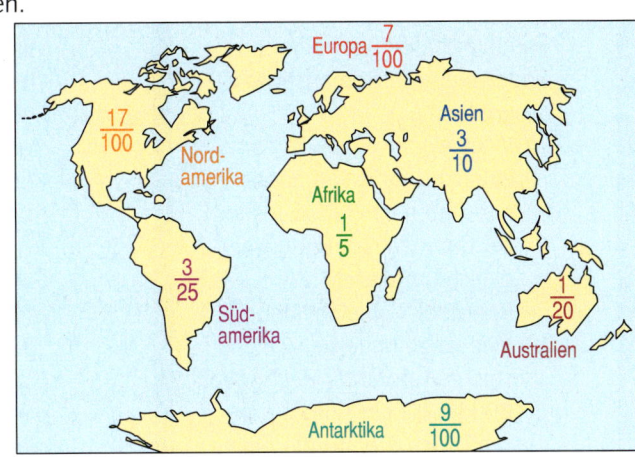

6 Brüche und Dezimalbrüche (3)

LVL

Die Bodensee-Fähre

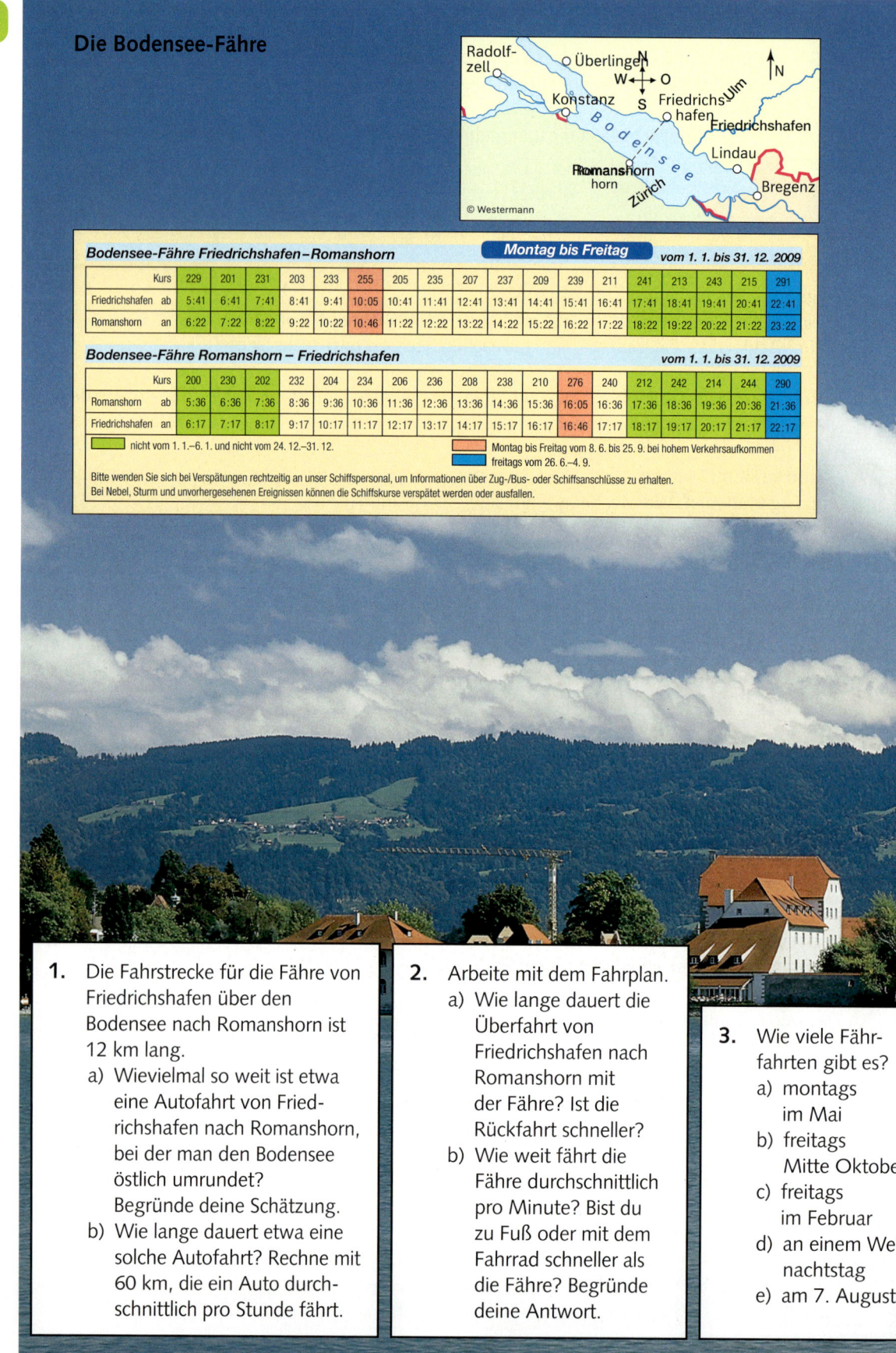

Bodensee-Fähre Friedrichshafen–Romanshorn — Montag bis Freitag — vom 1. 1. bis 31. 12. 2009

Kurs	229	201	231	203	233	255	205	235	207	237	209	239	211	241	213	243	215	291
Friedrichshafen ab	5:41	6:41	7:41	8:41	9:41	10:05	10:41	11:41	12:41	13:41	14:41	15:41	16:41	17:41	18:41	19:41	20:41	22:41
Romanshorn an	6:22	7:22	8:22	9:22	10:22	10:46	11:22	12:22	13:22	14:22	15:22	16:22	17:22	18:22	19:22	20:22	21:22	23:22

Bodensee-Fähre Romanshorn – Friedrichshafen — vom 1. 1. bis 31. 12. 2009

Kurs	200	230	202	232	204	234	206	236	208	238	210	276	240	212	242	214	244	290
Romanshorn ab	5:36	6:36	7:36	8:36	9:36	10:36	11:36	12:36	13:36	14:36	15:36	16:05	16:36	17:36	18:36	19:36	20:36	21:36
Friedrichshafen an	6:17	7:17	8:17	9:17	10:17	11:17	12:17	13:17	14:17	15:17	16:17	16:46	17:17	18:17	19:17	20:17	21:17	22:17

■ nicht vom 1. 1.–6. 1. und nicht vom 24. 12.–31. 12.
■ Montag bis Freitag vom 8. 6. bis 25. 9. bei hohem Verkehrsaufkommen
■ freitags vom 26. 6.–4. 9.

Bitte wenden Sie sich bei Verspätungen rechtzeitig an unser Schiffspersonal, um Informationen über Zug-/Bus- oder Schiffsanschlüsse zu erhalten.
Bei Nebel, Sturm und unvorhergesehenen Ereignissen können die Schiffskurse verspätet werden oder ausfallen.

1. Die Fahrstrecke für die Fähre von Friedrichshafen über den Bodensee nach Romanshorn ist 12 km lang.
   a) Wievielmal so weit ist etwa eine Autofahrt von Friedrichshafen nach Romanshorn, bei der man den Bodensee östlich umrundet? Begründe deine Schätzung.
   b) Wie lange dauert etwa eine solche Autofahrt? Rechne mit 60 km, die ein Auto durchschnittlich pro Stunde fährt.

2. Arbeite mit dem Fahrplan.
   a) Wie lange dauert die Überfahrt von Friedrichshafen nach Romanshorn mit der Fähre? Ist die Rückfahrt schneller?
   b) Wie weit fährt die Fähre durchschnittlich pro Minute? Bist du zu Fuß oder mit dem Fahrrad schneller als die Fähre? Begründe deine Antwort.

3. Wie viele Fährfahrten gibt es?
   a) montags im Mai
   b) freitags Mitte Oktober
   c) freitags im Februar
   d) an einem Weihnachtstag
   e) am 7. August

6 Brüche und Dezimalbrüche (3)

LVL

4. Es gibt ganz unterschiedliche Fahrpreise für die Fähre.
   a) Wie viel Euro zahlen 2 Erwachsene (ohne Fahrzeug) und 3 Kinder (Alter: 5, 9 und 13 Jahre) zusammen?
   b) Herr und Frau Richter machen einen Tagesausflug mit ihrem SMART. Auf der Hin- und Rückfahrt benutzen sie die Fähre. Wie viel Euro bezahlen sie?
   c) Ab wie vielen Fahrten sollte ein Erwachsener (ohne Fahrzeug) besser eine Mehrfahrtenkarte kaufen?
   d) Für 100 sFr zahlt man 66,41€. Ist es dann besser mit Schweizer Franken oder mit Euro zu bezahlen?

Personen, Einzelreisende	Euro	sFr.
Erwachsene	7,50	11,80
Kinder (6 bis 15 Jahre)	3,70	5,80
Wochenkarten	37,50	59,20
Mehrfahrtenkarten für 10 einfache Fahrten	63,80	100,70
Jahreskarten/-Abo	1140,00	1798,90
Gruppenreisende ab 6 Personen	**Euro**	**sFr.**
Gesellschaften	6,40	10,10
Schüler, Jugendliche von 6 bis 15 Jahren	3,20	5,00
Schüler, Studenten von 16 bis 24 Jahren	4,50	7,10
Zweiräder	**Euro**	**sFr.**
Fahrrad, Anhänger, Motorfahrrad	5,00	7,90
Fahrrad-Tageskarte	7,50	11,80
Fahrräder inkl. Personen für 4 Fahrten	36,60	57,80
Fahrräder für 10 einfache Fahrten	35,50	56,00
Kraftfahrzeuge und/oder Anhänger	**Euro**	**sFr.**
Länge bis 3,00 m (z. B. SMART)	17,00	26,80
Länge bis 4,00 m	19,00	30,00
Pkw Tageskarte	25,50	40,20
Monatskarte	207,00	326,60
Länge ab 4,00 m	22,00	34,70
Pkw Tageskarte	33,00	52,10
Monatskarte	266,00	419,70

5. An einem Dienstag im Juni gab es 17 Fährfahrten von Romanshorn nach Friedrichshafen. Eine Woche später gab es nur 16 Fährfahrten. Woran kann das gelegen haben?

6. Zwei Lehrer (32 und 58 Jahre alt) machen einen Ausflug mit 12 Schülerinnen und Schülern (13 bis 15 Jahre alt). Alle wollen mit ihren Rädern die Fähre von Friedrichshafen nach Romanshorn benutzen.
Berechne den günstigsten Preis.

6 Brüche und Dezimalbrüche (3)

Rechnen wie die alten Ägypter

Die alten Ägypter schrieben Brüche als Summen *verschiedener* Stammbrüche, z. B.:

$\frac{2}{5} = \frac{1}{3} + \frac{1}{15}$ $\frac{3}{5} = \frac{1}{3} + \frac{1}{5} + \frac{1}{15}$

Man weiß das aus dem sogenannten *Papyrus Rhind*, auch *Rechenbuch des Ahmes* genannt. Ahmes war der Schreiber, der den Papyrus etwa 1650 v. Chr. als Kopie eines älteren Werkes schrieb. Rhind war ein Engländer, der den Papyrus 1858 kaufte und dem Britischen Museum in London vermachte.

Zahlzeichen im Alten Ägypten

I = 1 (Strich)   ∩ = 10 (Bügel)   ꝯ = 100 (Seil)

Stammbrüche: Zeichen ◯ über dem zugehörigen Zahlzeichen

Besondere Zeichen für $\frac{1}{2}$ = ⌢ $\frac{1}{4}$ = ✕ $\frac{2}{3}$ = ⋔

Beispiele für Brüche: $\frac{1}{3}$ = ⋔ $\frac{1}{12}$ = ⋔ $\frac{1}{28}$ = ⋔

1. a)    b)    c)

Wie würde man den Bruchteil heute angeben?

2. Übersetze in die heutige Schreibweise.

a) $\frac{1}{2} + \frac{1}{5}$ b) $\frac{1}{3} + \frac{1}{5}$ c) $\frac{1}{4} + \frac{1}{5}$ d) $\frac{1}{2} + \frac{1}{5} + \frac{1}{10}$ e) $\frac{1}{2} + \frac{1}{4} + \frac{1}{6}$

3. Das hätten die Ägypter kürzer schreiben können: a) $\frac{1}{10} + \frac{1}{15}$ b) $\frac{1}{10} + \frac{1}{40}$ c) $\frac{1}{15} + \frac{1}{30}$ d) $\frac{1}{40} + \frac{1}{60}$

4. Schreibe wie die alten Ägypter, indem du wie im Beispiel wiederholt den größtmöglichen Stammbruch als Summand abspaltest.

a) $\frac{2}{3}$ b) $\frac{4}{5}$ c) $\frac{4}{7}$ d) $\frac{5}{7}$

e) $\frac{3}{8}$ f) $\frac{5}{8}$ g) $\frac{7}{8}$ h) $\frac{5}{9}$

> $\frac{3}{7}$ als Summe verschiedener Stammbrüche
> ① Suche den größten Stammbruch $< \frac{3}{7}$
>   Das ist $\frac{1}{3}$, also $\frac{3}{7} = \frac{1}{3} + \blacksquare$
> ② Berechne $\blacksquare = \frac{3}{7} - \frac{1}{3} = \frac{9}{21} - \frac{7}{21} = \frac{2}{21}$
>   also: $\frac{3}{7} = \frac{1}{3} + \frac{2}{21}$
> ③ Für $\frac{2}{21}$ jetzt ebenso: $\frac{2}{21} = \frac{1}{11} + \blacksquare$
>   mit $\blacksquare = \frac{2}{21} - \frac{1}{11} = \frac{22}{231} - \frac{21}{231} = \frac{1}{231}$
> Also: $\frac{3}{7} = \frac{1}{3} + \frac{1}{11} + \frac{1}{231}$

5. Dieses Verfahren liefert nur eine von verschiedenen Möglichkeiten. Es gibt z. B. noch eine andere Darstellung von $\frac{3}{7}$, bestimme sie.
$\frac{3}{7} = \frac{1}{4} + \blacksquare + \blacksquare$

LVL 6. Zum Addieren mussten ägyptische Schulkinder lernen, wie man zum Beispiel Brüche mit dem Zähler 2 als Summe *verschiedener* Stammbrüche schreibt. Solche Tabellen findet man im Papyrus Rhind. Fertige eine eigene Tabelle an für $\frac{2}{3}, \frac{2}{5}, \ldots, \frac{2}{15}$. Erkläre deinen Mitschülern, wie du gerechnet hast.

> $(\frac{1}{2} + \frac{1}{3}) + (\frac{1}{3} + \frac{1}{15})$
> $= \frac{1}{2} + \frac{1}{3} + \frac{1}{3} + \frac{1}{15}$
> $= \frac{1}{2} + \underbrace{\frac{1}{2} + \frac{1}{6}}_{} + \frac{1}{15} = 1 + \frac{1}{6} + \frac{1}{15}$

LVL 7. Erkennst du die Regel? Setze fort. $\frac{1}{2} - \frac{1}{3} = \blacksquare$ $\frac{1}{3} - \frac{1}{4} = \blacksquare$ $\frac{1}{4} - \frac{1}{5} = \blacksquare$

6 Brüche und Dezimalbrüche (3) 149

1. Zeichne ins Heft, schreibe den neuen Bruch.
   a) Verfeinere jedes Viertel in 3 Teile
   b) Vergröbere: Je 3 Neuntel zusammen.

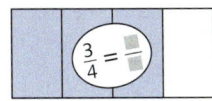 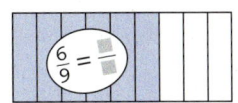

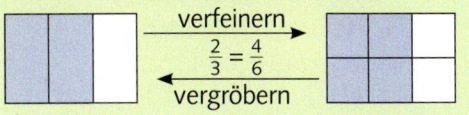

Durch Verfeinern und Vergröbern kann man Brüche verschieden darstellen.

$\frac{2}{3} = \frac{4}{6}$ verfeinern / vergröbern

2. a) Kürze $\frac{8}{12}$ durch 4. b) Erweitere $\frac{2}{5}$ mit 3.
   c) Kürze $\frac{15}{20}$ durch 5. d) Erweitere $\frac{3}{8}$ mit 2.

Man **erweitert** bzw. **kürzt** einen Bruch, indem man Zähler und Nenner mit derselben Zahl multipliziert bzw. durch dieselbe Zahl dividiert. Der Wert des Bruches ändert sich dabei nicht.

Beispiel: $\frac{3}{4} = \frac{3 \cdot 3}{4 \cdot 3} = \frac{9}{12}$ $\frac{9}{12} = \frac{9 : 3}{12 : 3} = \frac{3}{4}$

3. Kürze so weit wie möglich.
   a) $\frac{6}{9}$ b) $\frac{12}{15}$ c) $\frac{16}{20}$ d) $\frac{6}{12}$ e) $\frac{12}{18}$

4. Erweitere oder kürze auf 10, 100, 1 000 … als Nenner und schreibe als Dezimalbruch.
   a) $\frac{2}{5}$ b) $\frac{1}{2}$ c) $\frac{18}{25}$ d) $\frac{7}{200}$ e) $\frac{3}{8}$

Viele Brüche kann man auf 10, 100, 1000, … als Nenner erweitern oder kürzen und dann als **Dezimalbruch** oder in **Prozentschreibweise** notieren.

Beispiel: $\frac{7}{20} = \frac{7 \cdot 5}{20 \cdot 5} = \frac{35}{100} = 0{,}35 = 35\,\%$

5. Erweitere auf 100 als Nenner und schreibe als Dezimalbruch und in Prozentschreibweise.
   a) $\frac{3}{5}$ b) $\frac{1}{2}$ c) $\frac{12}{25}$ d) $\frac{11}{20}$ e) $\frac{7}{10}$

Alle Brüche kann man durch Division „Zähler durch Nenner" in Dezimalbrüche umwandeln und dann auch in Prozentschreibweise notieren.

6. Dividiere Zähler durch Nenner und schreibe als Dezimalbruch, runde auf 2 Nachkommastellen. Schreibe auch in Prozent.
   a) $\frac{1}{3}$ b) $\frac{5}{6}$ c) $\frac{4}{9}$ d) $\frac{7}{8}$ e) $\frac{4}{7}$

Beispiel: $\frac{2}{3} = 2 : 3 = 0{,}666…$
$\frac{2}{3} \approx 0{,}67 = 67\,\%$

7. Vergleiche: < oder >; schreibe ins Heft.
   a) $\frac{3}{4}$ ▨ $\frac{5}{8}$ b) $\frac{2}{3}$ ▨ $\frac{4}{12}$ c) $\frac{2}{3}$ ▨ $\frac{3}{4}$
   d) $\frac{6}{10}$ ▨ $\frac{4}{5}$ e) $\frac{3}{5}$ ▨ $\frac{5}{6}$ f) $\frac{5}{8}$ ▨ $\frac{4}{6}$

Größenvergleich für Brüche:
① Man erweitert sie auf denselben Nenner.
② Man vergleicht die neuen Zähler.

Beispiel: Vergleiche $\frac{1}{3}$ und $\frac{2}{5}$.
$\frac{1}{3} = \frac{5}{15}$, $\frac{2}{5} = \frac{6}{15}$: $\frac{5}{15} < \frac{6}{15}$, also $\frac{1}{3} < \frac{2}{5}$

8. Was wäre dir lieber:
   a) $\frac{3}{10}$ oder $\frac{2}{5}$ eines Lottogewinns?
   b) $\frac{3}{7}$ oder $\frac{5}{9}$ eines Gewinns beim Pferderennen?

9. $\frac{15}{6}$ 1,2 $\frac{5}{2}$ $\frac{3}{4}$ $2\frac{1}{2}$ $\frac{15}{20}$ $\frac{6}{5}$
   0,75 $\frac{12}{10}$ $\frac{6}{8}$

   Welche Brüche bezeichnen dieselbe Bruchzahl?

Alle zueinander gleichen Brüche bezeichnen dieselbe **Bruchzahl**.

$1\frac{1}{2} = \frac{3}{2} = \frac{6}{4} = \frac{9}{6} = \frac{30}{20} = …$

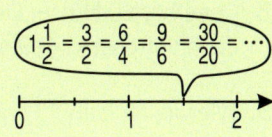

10. a) $\frac{1}{2} + \frac{1}{3}$ b) $\frac{1}{3} + \frac{3}{5}$ c) $\frac{3}{4} + \frac{1}{3}$
    d) $\frac{5}{8} - \frac{1}{4}$ e) $\frac{2}{3} - \frac{1}{6}$ f) $\frac{7}{10} - \frac{3}{5}$

Brüche mit verschiedenen Nennern werden vor dem Addieren oder Subtrahieren zuerst auf denselben Nenner erweitert.

11. a) $\frac{3}{4} + \frac{1}{6}$ b) $\frac{1}{2} - \frac{1}{5}$ c) $\frac{3}{4} - \frac{3}{10}$
    d) $\frac{7}{8} - \frac{1}{6}$ e) $\frac{4}{5} + \frac{1}{10}$ f) $\frac{1}{4} + \frac{1}{3}$

Beispiele: $\frac{3}{4} + \frac{2}{5} = \frac{15}{20} + \frac{8}{20} = \frac{23}{20} = 1\frac{3}{20}$
$\frac{5}{6} - \frac{1}{3} = \frac{5}{6} - \frac{2}{6} = \frac{3}{6} = \frac{1}{2}$

6 Brüche und Dezimalbrüche (3)

DIAGNOSETEST

Grundaufgaben

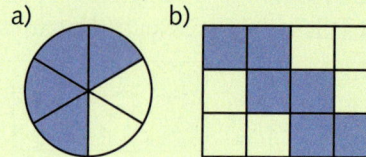

1. Schreibe für den gefärbten Anteil zwei Brüche auf.

2. Skizziere zwei Darstellungen für den Bruch $\frac{4}{10}$.

3. Übertrage ins Heft und ergänze die fehlenden Zahlen: $\frac{24}{30} = \frac{\blacksquare}{5} = \frac{\blacksquare}{10} = \frac{\blacksquare}{100} = \blacksquare\%$

4. Kürze, wenn möglich, dann schreibe den Bruch als Dezimalbruch und in Prozentschreibweise. Runde, wenn nötig. a) $\frac{14}{56}$ b) $\frac{20}{30}$

5. Berechne und kürze so weit wie möglich. a) $\frac{2}{5} + \frac{1}{2}$ b) $\frac{7}{8} - \frac{1}{4}$

Erweiterungsaufgaben

1. Schreibe als Bruch und kürze, wenn möglich. a) 0,7 b) 0,04 c) 0,125 d) 0,48

2. Schreibe als Dezimalbruch und auch als gekürzten Bruch.
   a) 20 % b) 35 % c) 5 % d) 75 %

3. Tanja denkt sich eine Zahl. Sie subtrahiert $1\frac{1}{2}$ und erhält $\frac{1}{4}$. Wie heißt die gedachte Zahl?

4. Maximilian denkt sich eine Zahl. Er addiert $\frac{2}{5}$ und erhält $2\frac{1}{4}$.

5. Mark, Nora und Burak teilen sich eine ganze Pizza. Burak bekommt $\frac{1}{3}$, Nora $\frac{1}{4}$ der Pizza. Wie viel bleibt für Mark übrig?

6. David hat eine halbe Pizza gegessen, Hakan $\frac{2}{3}$ einer Pizza und Valentina $\frac{3}{4}$. Alle Pizzen waren gleich groß. Wer hat am meisten Pizza gegessen, wer am wenigsten?

7. Die Kinder Kai, Paula und Tim wollen untereinander 48 Spielsteine verteilen.
   a) Kai soll die Hälfte, Paula ein Drittel und Tim ein Viertel erhalten. Geht das? Begründe.
   b) Kai erhält ein Drittel aller Spielsteine, Paula und Tim erhalten gleich viele.
      Welchen Anteil erhalten Paula und Tim?

8. Cagri hat 60 Nüsse. Die Hälfte gibt er Giovanni. Vom Rest gibt er die Hälfte an Maria, dann verschenkt er 9 an Violetta. Wie viele Nüsse behält Cagri für sich übrig?

9. Wie viel fehlt an 1? Ergänze die Gleichung.
   a) $\frac{1}{3} + \frac{1}{6} + \blacksquare = 1$ b) $\frac{2}{5} + \frac{1}{2} + \blacksquare = 1$

10. Vergleiche die beiden Zahlen. Setze <, = oder > ein.
    a) $\frac{3}{4}$ ■ $\frac{3}{7}$ b) $\frac{3}{4}$ ■ $\frac{2}{3}$ c) $\frac{3}{4}$ ■ 75 % d) 0,45 ■ $\frac{5}{9}$

11. Schreibe das Ergebnis in der angegebenen Maßeinheit.
    a) $\frac{1}{2}$ kg + 600 g = ■ kg b) $1\frac{3}{4}$ kg – 1,5 kg = ■ g c) $1\frac{1}{2}$ h – 50 min = ■ min

Daten und Zufall

7 Daten und Zufall

Mittelwert und Spannweite

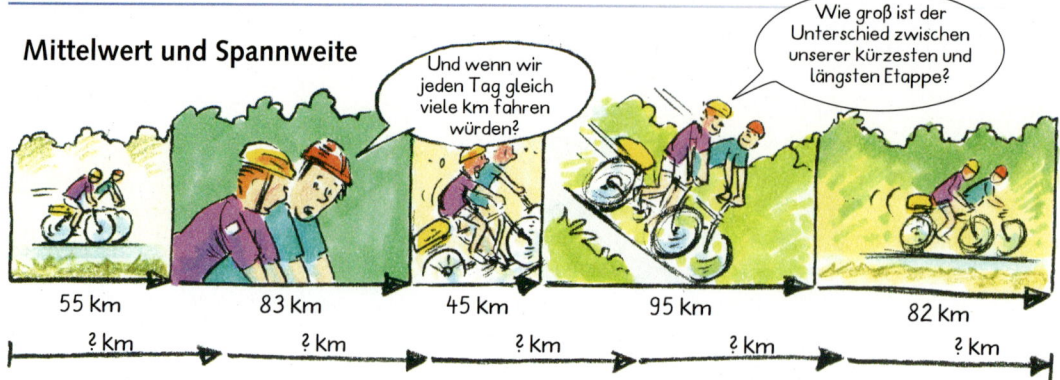

1. Beantworte die beiden Fragen zur Fahrradtour.

> Den **Mittelwert** (*Durchschnitt*) von Größen berechnet man in zwei Schritten:
> 1. Man addiert alle Größen. 2. Dann dividert man die Summe durch die Anzahl der Größen.
> Die **Spannweite** von Größen ist die Differenz zwischen dem kleinsten und dem größten Wert.

> Ein Kanal wird in 6 Abschnitten ausgehoben: 23 m   30 m   18 m   25 m   27 m   25 m
> a) Wie lang ist ein Abschnitt im Durchschnitt?   b) Wie groß ist die Spannweite?
> $$\frac{23 + 30 + 18 + 25 + 27 + 25}{6} = \frac{148}{6} = 24{,}66\ldots \approx 24{,}7$$
> Die Spannweite beträgt
> 30 m − 18 m = 12 m.
> Ein Abschnitt ist durchschnittlich ca. 24,70 m lang.

2. Pia, Ralf und Lina haben eine Fahrradtour unternommen. Pia hat für jeden Tag im Tagebuch die Tageskilometer aufgeschrieben.
a) Wie groß ist die Spannweite?
b) Wie viel Kilometer haben sie insgesamt im Münsterland zurückgelegt?
c) Wie viel Kilometer sind sie im Durchschnitt an jedem Tag gefahren?

Im Münsterland		
24. 7.	Münster – Coesfeld	43 km
25. 7.	Coesfeld – Borken	39 km
26. 7.	Borken – Reken	41 km
27. 7.	Reken – Haltern	27 km
28. 7.	Haltern – Lüdinghausen	33 km
29. 7.	Lüdinghausen – Münster	53 km

3. Berechne den Notendurchschnitt in Deutsch und Mathematik und gib auch die Spannweite an.

a)
für Silke					
Mathe:	2	5	3	2	3
Deutsch:	3	4	3	4	

b)
für David					
Mathe:	3	4	4	3	2
Deutsch:	2	3	2	1	

4.

Lara	Jens	Steffi	Sven	Lukas
1,61 m	1,58 m	1,39 m	1,67 m	1,44 m

a) Findest du die Kinder auf dem Foto?
b) Die Latte zeigt die Durchschnittsgröße der Kinder an. In welcher Höhe ist sie angebracht?
c) Wer ist kleiner als der Mittelwert, wer ist größer als der Mittelwert?
d) Wie groß ist die Spannweite?

7 Daten und Zufall

5.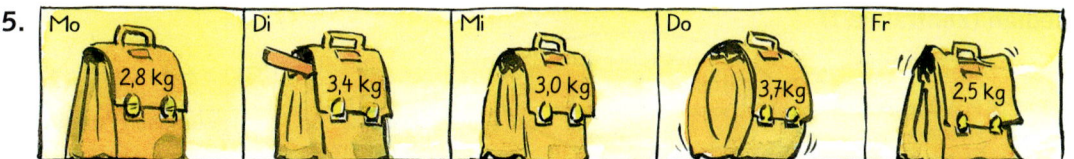

Olli hat seine Schultasche gewogen. Wie viel Kilogramm hat er im Durchschnitt zu tragen? Runde auf eine Stelle nach dem Komma.

6. Martin und Karin sind in Etappen gewandert. Wie lang war eine Etappe im Durchschnitt?
24 km 28 km 25 km 22 km 28 km 31 km 25 km 24 km 27 km 32 km 19 km 22 km

7. a) In einem Ruderboot wiegen die vier Ruderer 86 kg, 83 kg, 91 kg und 88 kg.
Wie viel Kilogramm sind das im Durchschnitt?
b) Der Steuermann wiegt nur 53 kg. Wie groß ist das Durchschnittsgewicht aller fünf Personen?

8. Esther trainiert 400-m-Lauf. Ihre Zeiten waren: 70,3 s 70,8 s 71,2 s 79,8 s 72,0 s 71,3 s
a) Wie schnell war sie im Durchschnitt?
b) Ein Ergebnis ist ein „Ausreißer", da ging Esther mit Fieber an den Start. Welcher Wert ist der „Ausreißer" und welche Durchschnittszeit hat Esther in den übrigen Läufen geschafft?

9. Katrins Körpergröße wurde von vier verschiedenen Personen gemessen. Alle vier haben sorgfältig gearbeitet.   1,45 m 1,43 m 1,44 m 1,43 m
a) Nenne einen Grund, warum sie trotz Sorgfalt nicht alle dasselbe Ergebnis haben.
b) Welche Größe würdest du für Katrin angeben? Besprich dich mit Mitschülern.

10. Acht Personen haben einen Test geschrieben. Zwei Testergebnisse sind nicht mehr lesbar, aber die Lehrerin weiß noch die Spannweite 13 und den Mittelwert 11. Kannst du jetzt die fehlenden Testwerte bestimmen?

Punkte im Test			
12	8	10	5
	13		12

11.

1	2	3	4	5	6	7	8	9	10	11	12	13	14	15	16	17	18	19	20	21	22	23	24	25	26	27	28	29	30
Mo	Di	Mi	Do	Fr	Sa	So	Mo	Di	Mi	Do	Fr	Sa	So	Mo	Di	Mi	Do	Fr	Sa	So	Mo	Di	Mi	Do	Fr	Sa	So	Mo	Di
25	30	38	34	34	20	21	28	30	30	35	37	28	25	38	38	27	22	32	26	24	32	32	32	38	36	30	30	35	35

Ein Hotel mit 38 Zimmern schreibt auf, wie viele Zimmer täglich belegt waren. Dies ist die Liste vom Juni. Wie viele Zimmer waren im Durchschnitt täglich belegt und wie groß ist die Spannweite?

12. Gibt es bei den drei Klassenarbeiten deutliche Unterschiede?

Mathematik					
1	2	3	4	5	6
II	IIII	IIIII IIIII I	IIIII	II	I

Deutsch					
1	2	3	4	5	6
III	II	IIIII III	IIIII III	IIII	

Englisch					
1	2	3	4	5	6
II	IIIII IIIII	III	III	IIIII	II

13. Stelle zwei sinnvolle Fragen und beantworte sie. Benötigst du zur Beantwortung den Mittelwert?
a) Frau Kuhnen möchte eine Digitalkamera „Contipix 5" kaufen. Sie erfährt bei verschiedenen Fotohändlern verschiedene Preise: 489 €, 349 €, 539 €, 389 €, 649 €, 499 €.
b) Herr Schallbruch kauft einen Computer für 1 049 €, einen Flachbildschirm für 649 €, einen Laserdrucker für 809 € und ein Laptop für 1 389 €.
c) Frau Raueisers Monatseinkommen ist erfolgsabhängig. In den ersten sechs Monaten des Jahres verdiente sie: 3 215 €, 2 735 €, 2 256 €, 2 890 €, 3 780 €, 3 365 €.

Median (Zentralwert)

Ergebnisse (Punkte)

0	1	2	2	3
4	5	5	5	9
9	10	11	11	11
12	12	12	13	14
14	14	15	15	16

1. „Das will ich wissen" sagt das Mädchen rechts im Bild. Erklärt in Partnerarbeit, wie es vorgeht.

Der **Median** (*Zentralwert*) steht in der Mitte einer Rangliste. Um ihn zu bestimmen, notiert man zunächst alle Daten der Größe nach.

Beispiele

bei 5 Werten (ungerade Anzahl)

2	4	4	5	7

Median = 4

bei 6 Werten (gerade Anzahl)

2	4	4	5	7	14

Median = $\frac{4+5}{2}$ = **4,5**

---

2. Ordne die Testergebnisse vom kleinsten bis zum größten und bestimme den Median.
Prüfe, ob der Mittelwert größer oder kleiner als der Median ist.

a)
16	8	2	12	17	10	4	20	10	12
4	18	7	11	19	9	16	10	4	

b)
10	2	9	15	12	0	10	5	4	10
13	6	1	12	4	16	2	10	5	12

3. Wie viele Testergebnisse liegen über dem Mittelwert, wie viele liegen über dem Median?

a)
10	2	14	16	0	5	10	14	12	2
5	10	16	8	11	4	15	2	14	10

b)
5	16	10	6	19	18	6	6	8	17
14	6	18	5	16	7	20	6	6	

LVL 4. Man sagt, der Mittelwert sei „empfindlich gegen Ausreißer", der Median aber nicht. Erkläre, was das heißen kann. Verwende dazu die beiden Tabellen mit fast gleichen Testergebnissen bis auf einen „Ausreißer".

Test A:	14	9	17
2	15	4	7	13	16
4	16	10	8	12	2
14	6	12	6	5	18

Test B:	13	9	18
2	15	4	7	13	16
5	15	10	8	12	2
13	6	13	6	5	99

LVL 5. Ein Hotel hat seine Gäste befragt, wie sie die verschiedenen Angebote bewerten. Die Tabelle zeigt die Anzahlen der einzelnen Beurteilungen.
a) Warum liegen zu den Angeboten ungleich viele Beurteilungen vor?
b) Warum kann man für kein Angebot einen Mittelwert berechnen?
c) Wie lässt sich beurteilen, ob ein Angebot besser oder schlechter als ein anderes bewertet wurde?

	Zimmer	Restaurant	Bar	Baden	Sport
sehr gut	12	8	10	38	0
gut		31	15	18	12
mittel	15	24	8	3	17
schlecht	5	8	2	0	23

Relative Häufigkeit

1. Partnerarbeit: Welche Klasse ist eurer Meinung nach die beste? Begründet eure Meinung.

Absolute Häufigkeit ist eine Anzahl, **relative Häufigkeit** ist ein Anteil.

$$\text{relative Häufigkeit} = \frac{\text{absolute Häufigkeit}}{\text{Gesamtzahl}}$$

Beispiel: Siegerurkunden in der Klasse 6a

$$\text{relative H.} = \frac{8 \text{ (absolute H.)}}{32 \text{ (Gesamtzahl)}} = \frac{1}{4} = 0{,}25 = 25\,\%$$

Die Leibniz-Schule hat 500 Kinder, davon 300 Mädchen. Die Gauß-Schule hat 400 Kinder, davon 280 Mädchen. Welche Schule hat mehr Mädchen?

	Leibniz-Schule	Gauß-Schule
Gesamtzahl (Kinder)	500	400
absolute H. (Mädchen)	300	280
relative H. oder Anteil	$\frac{300}{500} = \frac{3}{5} = 0{,}6 = 60\,\%$	$\frac{280}{400} = \frac{7}{10} = 0{,}7 = 70\,\%$

Absolut hat die Leibniz-Schule mehr Mädchen: 300 statt 280.
Relativ hat die Gauß-Schule den höheren Anteil Mädchen: 70 % statt 60 %.

---

2. Die Klasse 6a besteht aus 30 Kindern, davon 18 Jungen. Die Klasse 6b besteht aus 20 Kindern, davon 14 Jungen. Bestimme und vergleiche die relativen Häufigkeiten von Jungen.

3. In A-Dorf sind von 1 200 Einwohnern 240 Kinder unter 14 Jahren, in B-Dorf sind es 480 Kinder von insgesamt 1 600 Einwohnern. Bestimme und vergleiche die relativen Häufigkeiten von Kindern in beiden Dörfern.

4. Zwei Tests hat Eva im letzten Halbjahr geschrieben. Im ersten erreichte sie 40 von 50 möglichen Punkten, im zweiten 45 von 60 Punkten. Welches Ergebnis war besser?

LVL 5. In der Klasse 6a mit 30 Kindern erhielt Esther bei der Klassensprecherwahl $\frac{4}{5}$ aller Stimmen. In Klasse 6b wählten von 24 Kindern insgesamt 18 Kinder Fahrid zum Klassensprecher. Stelle Fragen und beantworte sie.

6. An den Schulen Neustadts beträgt der Anteil der Fahrschüler durchschnittlich $\frac{2}{5}$. Die Gauß-Schule in Neustadt hat 600 Schüler, davon sind 210 Fahrschüler.

7. Bei einer Kontrolle hatten 8 von 40 Fahrrädern Defekte an Bremsen und Beleuchtung. Wie viele wären es bei gleicher relativer Häufigkeit, wenn 100 Räder kontrolliert würden?

7 Daten und Zufall

8. Vergleiche Karins Testergebnisse. Berechne dazu die relativen Anteile erreichter Punkte.

	Biologie	Englisch	Erdkunde	Mathematik
mögliche Punkte	70	60	30	90
erreichte Punkte	46	38	22	75

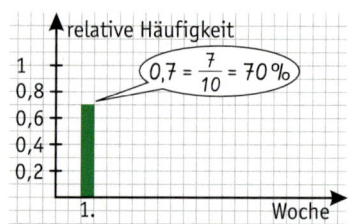

Auf Hundertstel runden.

$46 : 70 = 0{,}657\ldots$

$\frac{46}{70} \approx 0{,}66$

$= \frac{66}{100}$

$= 66\,\%$

9. Aaron, Beate und Carmen haben Tests geschrieben. Aaron erreichte 63 von 80 Punkten, Beate 19 von 30, Carmen 37 von 50. Wer hat das relativ beste, wer das relativ schlechteste Ergebnis?

10. Nachmittags im Fernsehen: Uwe sieht 80 Minuten lang Western-TV, davon sind 17 Minuten Werbung. Annika sieht 50 Minuten lang Sport-TV, davon sind 9 Minuten Werbung.
a) Wer von beiden sieht absolut mehr Werbung?   b) Wer von beiden sieht relativ mehr Werbung?

11. In der Arndt-Schule kommen 58 von 90 Sechstklässlern mit dem Bus zur Schule, in der Brahms-Schule sind es 37 von 70. Vergleiche.

12. Fahrradkontrollen, bestimme die relativen Häufigkeiten defekter Räder. Ordne die Ergebnisse.

Schule	A	B	C	D	E	F	G	H
Anzahl kontrolliert	40	70	50	90	30	50	60	40
Anzahl defekt	19	28	12	36	23	29	19	29

13. Anna, Bernd und Conny spielen im Tischtennisverein. In der vergangenen Saison hat Anna 27 von 50 Spielen gewonnen, Bernd 14 von 60, Conny 23 von 30. Vergleiche.

LVL 14. Raja trainiert wöchentlich Elfmeterschießen. Bestimme die relativen Häufigkeiten erzielter Tore (gerundet auf Zehntel) und stelle sie grafisch dar.

Woche	1.	2.	3.	4.	5.	6.	7.	8.
Versuche	30	20	40	50	30	40	30	40
Tore	22	14	32	38	17	29	26	35

$0{,}7 = \frac{7}{10} = 70\,\%$

LVL 15. Pia trainiert Freiwürfe beim Basketball. Bestimme die relativen Häufigkeiten erzielter Treffer (gerundet auf Zehntel) und stelle sie grafisch dar.

Woche	1.	2.	3.	4.	5.	6.	7.	8.	9.	10.
Anzahl Würfe	70	60	80	90	50	60	80	70	90	60
Anzahl Treffer	36	48	60	48	27	23	55	46	73	51

LVL 16. Bei den Meiers mag jede Person entweder nur Reis oder nur Nudeln oder nur Kartoffeln als Beilage. Der Anteil der Nudelesser ist doppelt so groß wie der der Reisesser, beide zusammen sind gleich dem Anteil der Kartoffelesser. Würde eine Person von Kartoffeln zu Reis wechseln, wäre die Anzahl der Kartoffelesser doppelt so groß wie die der Reisesser. Wie viele Personen sind es?

7 Daten und Zufall

Säulen- und Streifendiagramm

Aufgabe
In einem Mietshaus wohnen 50 Personen.
25 sind Deutsche.
10 sind Türken.
15 sind von anderer Nationalität.
Stelle die Anteile in einem Diagramm dar.

① Alle Brüche auf den selben Nenner bringen, hier zum Beispiel auf Zehntel:

Deutsche: $\frac{25}{50} = \frac{5}{10}$

② Anteile darstellen in einem Streifen- oder Säulendiagramm

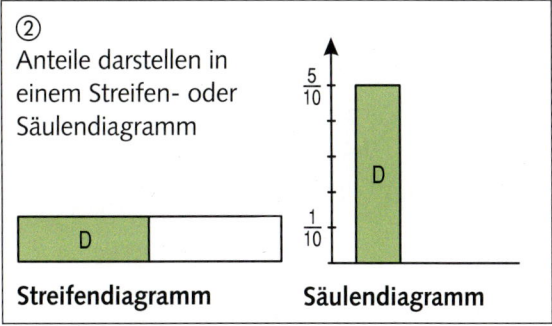

Streifendiagramm   **Säulendiagramm**

VL 1. Partnerarbeit: Führt die Lösungsschritte zu ① und ② aus. Wählt bei ② eine zweckmäßige Streifenlänge und einen zweckmäßigen Maßstab für das Säulendiagramm.

2. Wegen der Gefahr, die Alkohol vor allem für Kinder und Jugendliche darstellt, beschloss der Bundestag im Jahr 2004 eine Sondersteuer für alkoholhaltige Mixgetränke („Alcopops"). Ein erhöhter Preis sollte vom Kauf abschrecken.
  a) Schreibe die Prozentangaben als Brüche und Dezimalbrüche und stelle sie in zwei jeweils 10 cm langen Streifen dar.

LVL b) Welche Zahl hat die Bundestagsabgeordneten vermutlich ganz besonders zu ihrem Beschluss veranlasst?

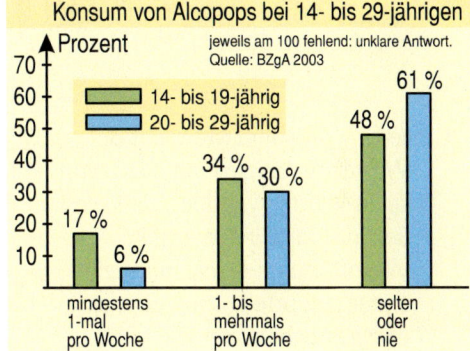

3. Im Jahre 2007 wurden etwa 100 000 Straftaten von Kindern bis 14 Jahren registriert, überwiegend Diebstähle und Sachbeschädigungen. Zu „sonstige" gehören zum Beispiel Körperverletzungen und Raub.
  a) Berechne die ungefähren Anzahlen der jeweiligen Straftaten.
  b) Notiere die Anteile und stelle sie in einem Säulen- oder Streifendiagramm dar mit einer geeigneten Länge für $\frac{1}{20}$.

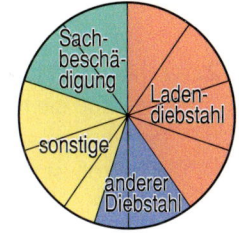

4. Im Jahr 2006 gab es in Deutschland etwa 23 Mio. Haustiere in 12 Mio. Haushalten. Nicht gezählt sind dabei Fische in Aquarien und Teichen sowie Reptilien in Terrarien. Unter „Kleintiere" sind Kaninchen, Hamster, Meerschweinchen usw. zusammengefasst.
  a) Welches ist das „beliebteste Haustier" in Deutschland?
  b) Berechne die Anteile der Tierarten, runde auf zwei Stellen nach dem Komma. Stelle diese Anteile in einem Diagramm dar.

LVL c) Dany meint: „Dann ist ungefähr in jedem zweiten Haushalt ein Haustier." Passt das zu deiner Erfahrung in deinem Freundes- und Bekanntenkreis? Erkläre deine Meinung.

Katzen	8 Mio.
Kleintiere	6 Mio.
Hunde	5 Mio.
Vögel	4 Mio.
	23 Mio.

www.wissenswertes.at

46
85

7 Daten und Zufall

Die Würfel fallen

	Alan					Birgit				
	4	5	1	6	3	5	2	2	5	3
	2	3	2	5	2	6	4	3	4	1
	6	6	4	1	4	2	3	4	1	2
	2	1	3	4	5	6	1	5	1	4
	6	5	1	5	2	6	2	3	2	6
	6	4	3	5	6	3	5	6	5	2

	Chris					Daria				
	1	3	1	5	6	4	6	2	4	5
	4	6	2	4	3	6	5	3	2	1
	3	1	5	5	1	1	4	1	2	4
	5	1	3	1	2	2	6	6	4	2
	6	5	1	4	3	5	5	6	2	4
	3	2	5	3	1	3	1	2	6	6

	Emilio					Franzi				
	1	3	3	5	6	4	6	4	1	6
	2	6	2	1	1	1	5	2	4	2
	5	3	1	3	2	6	3	1	4	4
	3	1	6	3	4	4	1	6	3	1
	4	2	2	4	1	2	4	4	5	4
	1	3	1	5	3	6	6	2	1	6

1. Jede Spalte der Listen gibt die Würfelergebnisse einer Serie von sechs Würfen wieder. Wie viele Serien sind es insgesamt? Wie oft wurde 6-mal hintereinander gewürfelt, ohne dass eine einzige Sechs dabei war? Schätze zuerst, dann zähle nach.

	Serien ohne 6
Alan	4
Birgit	
Chris	

2. Zähle, wie oft jede Augenzahl gewürfelt wurde, und berechne die relativen Häufigkeiten. Runde auf Tausendstel.
Wie groß ist der durchschnittliche Anteil der Augenzahlen?

	⚀	⚁	⚂	⚃	⚄	⚅	Spaltensumme
Alan	4	5	4	5	6	6	30
Birgit	4	7	5	4	5		
Chris							
Daria							
Emilio							
Franzi							
Gina							
Henrik							
Inga							
Jan							
GESAMT							
Rel. H							

$$\frac{\text{gesamt}}{300} = \text{relative Häufigkeit der Augenzahl}$$

3. Franzi und Jan haben die relativen Häufigkeiten für die Augenzahl „Drei" und „Sechs" nach 30, 60, 90, 120, … Würfen berechnet und in ein Koordinatensystem eingetragen. Franzi verbindet die Punkte mit einem Lineal.

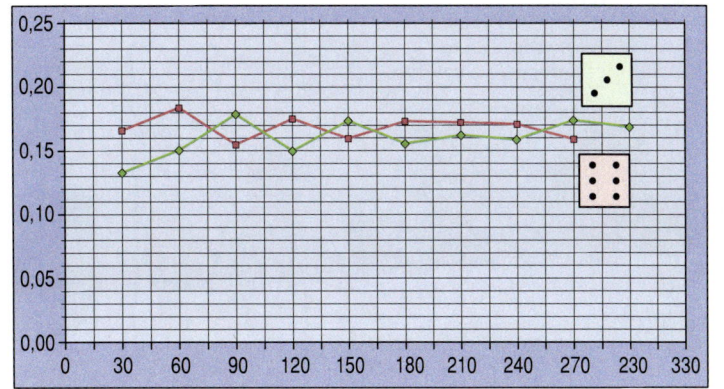

Ich ahne, welchen ungefähren Wert die relative Häufigkeit für die anderen Augenzahlen bei 300 Würfen hat.

Mir wär's lieber, du könntest die absolute Häufigkeit für meine nächsten 6 Würfe voraussagen!

Wo sollen wir spielen?

Wo am meisten zu holen ist.

Gina					Henrik			
5	6	6	3	2	1	6	5	4	1
2	5	1	5	4	5	1	6	3	1
4	3	5	5	1	2	3	1	5	2
5	6	3	2	3	1	5	2	1	4
3	1	4	6	3	6	1	6	3	5
6	5	2	5	5	6	5	1	5	3

Inga					Jan			
2	3	3	6	3	2	6	5	2	3
5	3	4	3	2	4	3	1	4	5
3	4	2	4	4	1	4	2	3	2
6	4	1	2	3	2	6	4	5	6
2	2	4	2	4	5	2	6	5	1
3	5	3	4	2	6	4	2	3	6

4. Wie viel Geld hättest du mit den 300 Testwürfen gewonnen oder verloren? Schätze zuerst, dann rechne.

	Aladin	Boooom	Casino
Anzahl der Gewinnwürfe			
Anzahl mal Gewinn			
Kosten für 300 Würfe			
Gesamter Gewinn/Verlust			

5.

Bei welchem Einsatz pro Wurf ginge es für Würfelmeister ALADIN plusminus Null aus?

Wahrscheinlichkeit

LVL **1.** Partnerarbeit: Der oben benutzte Spielwürfel ist „fair", das heißt, bei jedem Wurf haben alle Augenzahlen dieselbe Chance. Mit welcher Wahrscheinlichkeit wird „grün" von „rot" geschlagen?

Da man das Ergebnis eines Zufallsexperiments nicht voraussagen kann, schätzt man die Wahrscheinlichkeit für das gewünschte Ereignis.

Beispiel:
Wenn beim Würfeln alle sechs Augenzahlen gleich wahrscheinlich sind, dann berechnet sich die **Wahrscheinlichkeit p**, eine Sechs oder eine Zwei zu würfeln, so:

$$\mathbf{p} \text{ (Sechs oder Zwei)} = \frac{\text{Anzahl der günstigen Ergebnisse}}{\text{Anzahl der möglichen Ergebnisse}} = \frac{2}{6} \approx 0{,}33 = 33\,\%$$

---

2. Mit welcher Wahrscheinlichkeit würfelt man mit einem fairen Würfel
  a) eine Eins,   b) eine gerade Zahl,   c) eine Zahl kleiner als 3,   d) eine Primzahl?

3. Ein Skatblatt besteht aus 32 Karten, von jeder der vier „Kartenfarben" gibt es acht Einzelkarten. Mit welcher Wahrscheinlichkeit zieht man aus einem vollständigen, gut gemischten Skatblatt
  a) eine Herzkarte,   b) eine rote Karte,
  c) die Kreuzdame,   d) ein Ass,
  e) eine Karte mit einem Personenbild?

4. Jonas legt drei Hölzer mit verschieden gefärbten Köpfen in eine Streichholzschachtel. Wie groß ist die Wahrscheinlichkeit, dass Martin die richtige Reihenfolge von links nach rechts errät?

5. Bestimme für die Lostrommel die Wahrscheinlichkeit dafür, dass eine blaue Kugel gezogen wird. Runde auf Tausendstel.
  a)   b)   c)

LVL **6.** Mira und Leo würfeln jeder mit zwei Würfeln. Ziel ist es, die Augensumme 7 zu erreichen.

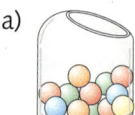

Mögliche Augensummen sind 2, 3, 4, ..., 12 also Wahrscheinlichkeit $\frac{1}{11}$ für jede.

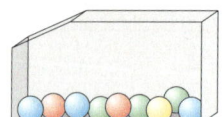

$\frac{1}{11}$ für jede kann irgendwie nicht stimmen!

BLEIB FIT!

Die Ergebnisse der Aufgaben ergeben vier Namen berühmter Deutscher.

1. Welche Zahl kannst du auf dem Zahlenstrahl ablesen?

2. Berechne.
a) 304 · 29   b) 9 338 : 46
c) 75,8 + 14,1 + 7,5 + 310
d) 84,02 − 7,56 − 4 − 32,9

3. Wie heißen die dargestellten Vierecke?
a)   b)   c)

Rechteck (20)   Raute (30)   Quadrat (40)
Drachen (50)   Trapez (60)

4. Wandle um.
a) 175 cm (in m)   b) 4,35 m (in cm)
c) 1,6 m² (in dm²)   d) 140 cm² (in dm²)
e) 2,5 l (in cm³)   f) 1 200 cm³ (in dm³)

5. Welcher der Anteile entspricht rund
a) einem Drittel   b) einem Viertel?
192 € von 456 € (11)   360 g von 1 075 g (12)
13,2 m von 49 m (13)   1,78 € von 7,10 € (14)

6. Ein Telefongespräch kostet 12 Cent je Minute.
a) Frau Helmer telefoniert eine Viertelstunde lang. Wie viel Euro kostet das Gespräch?
b) Wie viele Minuten kann sie für 2,88 € telefonieren?

7. Wie viel Kilometer sind 4 cm in einer Karte mit folgendem Maßstab?
a) 1 : 200 000 (Straßenkarte)
b) 1 : 1 000 000 (Atlas)
c) 1 : 25 000 (Wanderkarte)

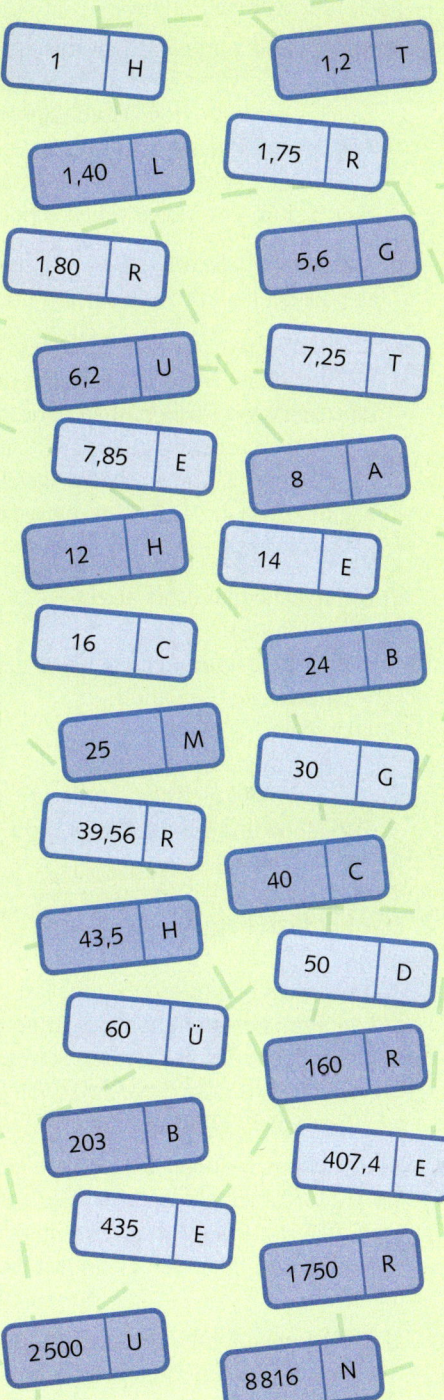

Wissen · Anwenden · Vernetzen

1. Umfang und Flächeninhalt

Bei dem nebenstehenden Quadrat ist jede Seite in sechs gleich große Abschnitte eingeteilt.
Dadurch entstehen auf jeder Quadratseite neben den Eckpunkten noch fünf weitere Punkte.

a) Bodo wählt auf jeder Quadratseite einen Punkt so aus, dass die Verbindungsstrecken der vier Punkte ein Rechteck bilden, dessen Seiten parallel zu den Diagonalen des Quadrats liegen.
Er behauptet, dass er auf diese Weise insgesamt 10 verschieden große Rechtecke herstellen kann. Mareike meint, dass es höchstens 5 sind. Wie viele sind es wirklich? Begründe.

b) Mareike hat alle möglichen Rechtecke eingezeichnet. Bestimme den Flächeninhalt des kleinsten und des größten Rechtecks.

c) Bodo berechnet den Umfang des Rechtecks mit dem größten Flächeninhalt, Mareike bestimmt den Umfang des Rechtecks mit dem kleinsten Flächeninhalt. Überrascht stellen sie fest, dass sie zum selben Ergebnis gekommen sind.
  • Überprüfe Bodos und Mareikes Berechnungen.
  • Findest du in der Zeichnung weitere Rechtecke, die den selben Umfang haben?

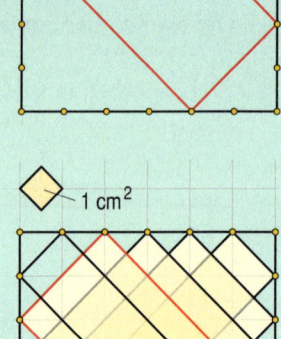

d) Untersuche die rechts abgebildeten Figuren.
  • Begründe, warum auch diese Figuren gleiche Umfänge besitzen.
  • Findest du zwei weitere Figuren mit gleichem Umfang?
  Zeichne und beschreibe, wie du vorgegangen bist.

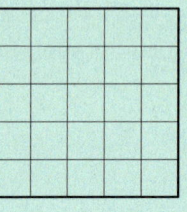 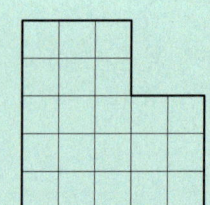 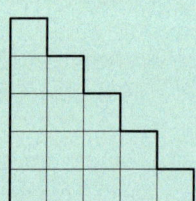

2. Eine knifflige Aufgabe

Robert ist ein begeisterter Fußballfan. Ständig versucht er, seinen Vater zu einem gemeinsamen Besuch eines Fußballspiels zu überreden. Schließlich schlägt der Vater folgende Wette vor: Falls Robert das folgende Rätsel löst, geht es am nächsten Spieltag gemeinsam ins Stadion. Das Rätsel lautet:

Neben einem Brunnen stehen drei leere Gefäße, und zwar ein 1-Liter-Eimer, ein Gefäß mit $\frac{1}{3}$ l Fassungsvermögen und ein Gefäß mit $\frac{1}{4}$ l Fassungsvermögen. Kann es ohne weitere Hilfsmittel gelingen, den Eimer mit exakt $\frac{5}{6}$ Liter Wasser zu füllen?

a) Robert gewinnt die Wette. Er findet sogar zwei Lösungen. Bei einer Lösung überlegt er zuerst, welches die kleinste Wassermenge ist, die er in den Eimer abfüllen kann. Welche Lösung(en) findest du?

b) Zerknirscht seufzt der Vater: „Wären es nicht $\frac{5}{6}$ Liter, sondern $\frac{3}{5}$ Liter gewesen, hättest du keine Chance gehabt!" Stimmt das? Und wenn ja, warum?

3. Dreiecke – gleich oder verschieden?

Auf einem 3 × 3-Geobrett sollen Dreiecke gespannt und untersucht werden.

a) Ayhan und Linus versuchen herauszufinden, wie viele wirklich verschiedene Dreiecke auf dem 3 × 3-Geobrett gespannt werden können. Dazu betrachten sie nach und nach nur einen Teil des Geobretts.
- Auf dem 2 × 2-Feld finden sie nebenstehende Dreiecke. Sind es unterschiedliche Dreiecke oder können sie durch eine Drehung oder durch eine Achsenspiegelung aufeinander abgebildet werden?

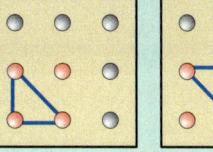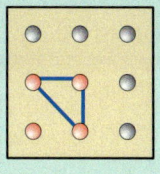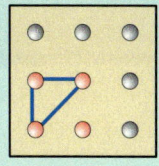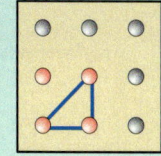

- Ayhan hat bereits ein weiteres Dreieck auf dem 2 × 3-Feld gefunden. Linus sucht nach weiteren Dreiecken auf dem 3 × 3-Feld. Setze die Arbeit von Ayhan und von Linus fort.

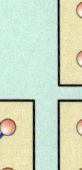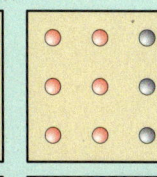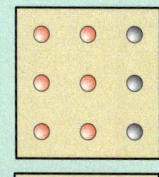

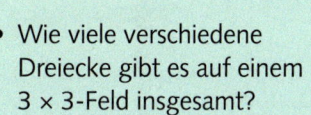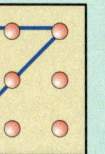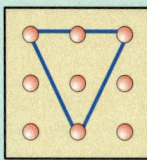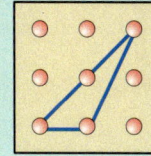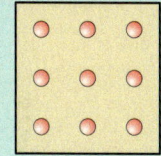

- Wie viele verschiedene Dreiecke gibt es auf einem 3 × 3-Feld insgesamt?

b) Das nebenstehende Bild zeigt Sarahs Geobrett. Sie notiert dazu in ihrem Heft: „Der Flächeninhalt des Dreiecks beträgt $\frac{1}{4}$ des größten Quadrats, das hier gespannt werden könnte."

- Fertige eine Skizze an und überprüfe, ob Sarah recht hat.
- Es gibt ein Dreieck mit einem stumpfen Winkel, dessen Flächeninhalt ebenfalls ein Viertel des großen Quadrates beträgt. Findest du es?

4. Ein Fund auf dem Dachboden

Hannah findet auf dem Dachboden einen alten Wecker. Ihre Mutter dreht ihn auf und stellt die Uhrzeit auf drei Uhr ein. Nach einer Weile stellen sie erstaunt fest, dass der Wecker noch tadellos funktioniert.

a) Der große Zeiger legt in 30 Minuten genau die Hälfte des Uhrkreises zurück.
- Wie viele Minuten benötigt der große Zeiger für ein Viertel, wie viele Minuten für ein Sechstel des Uhrkreises?
- Welchen Bruchteil des Uhrkreises überstreicht der große Zeiger in 20 Minuten?

b) Der kleine Zeiger legt in 60 Minuten genau ein Zwölftel des Uhrkreises zurück.
- Wie viele Minuten benötigt der kleine Zeiger für $\frac{1}{3}$, wie viel für $\frac{1}{24}$ des Uhrkreises?
- Welchen Bruchteil des Uhrkreises überstreicht der kleine Zeiger in 2 Stunden?

c) Der Wecker besitzt zusätzlich einen roten Zeiger, mit dem die Weckzeit eingestellt werden kann. Hannah hat ihn auf Punkt 6 Uhr eingestellt. Welche weiteren Uhrzeiten zwischen 6 und 7 Uhr lassen sich mit Hilfe des Ziffernblatts exakt einstellen?

d) Als Hannah zwischen 15:00 Uhr und 15:30 Uhr wieder auf den Wecker blickt, stehen der große und der kleine Zeiger genau übereinander. Wie spät ist es ungefähr?

LVL

Familie Krügers neue Wohnung

Familie Krüger wird in eine neue 4-Zimmer-Wohnung umziehen. Der Grundriss ist im Maßstab 1 : 100 abgebildet.

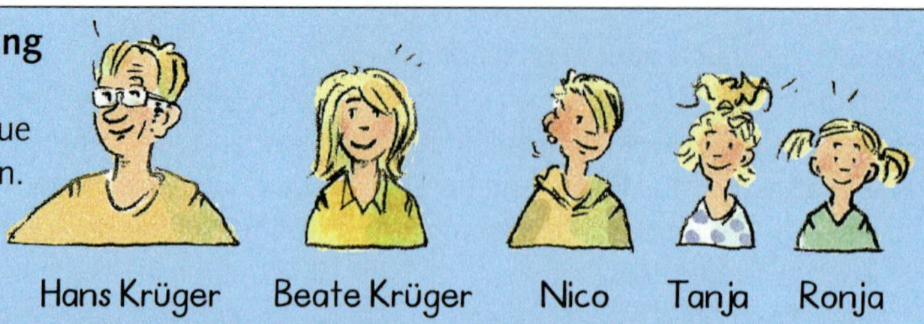
Hans Krüger
Beate Krüger
Nico
Tanja
Ronja

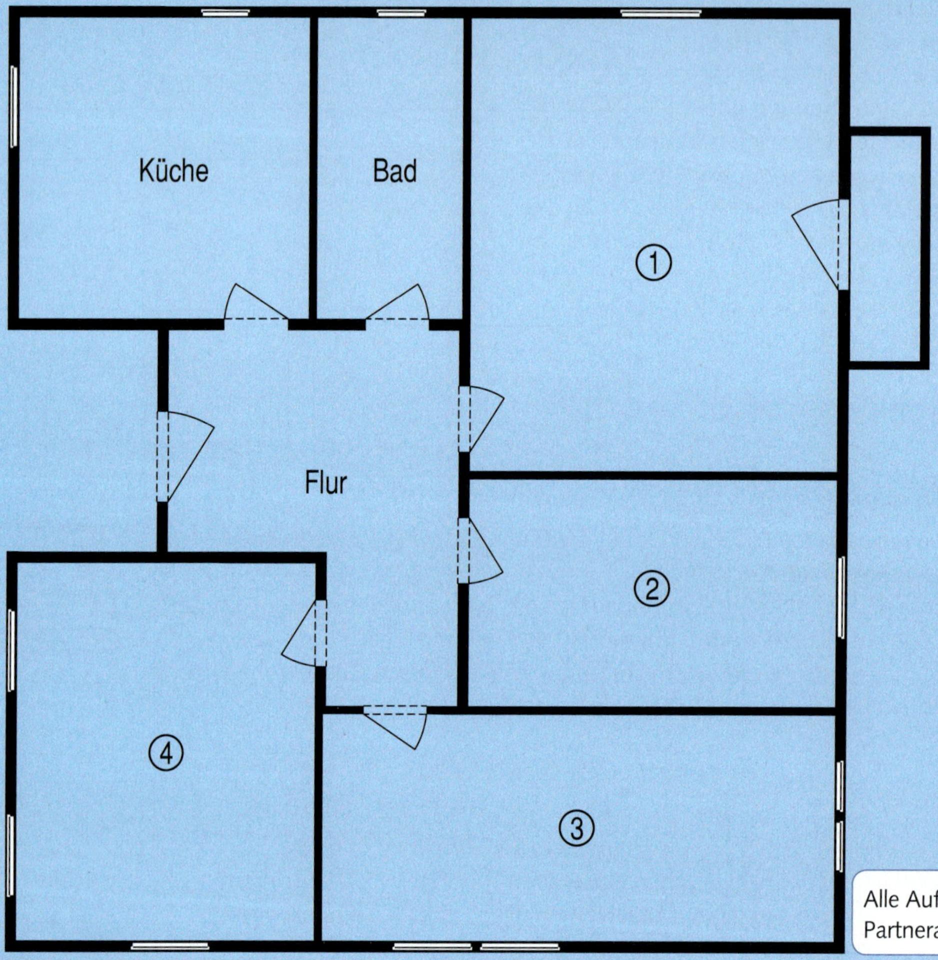
Küche
Bad
①
Flur
②
④
③

Alle Aufgaben in Partnerarbeit

Raum	Flur	Küche	Bad	①	②	③	④	*gesamt*
Fläche (m^2)								
Anteil								

1. Übertragt die Tabelle ins Heft und füllt sie aus. Gebt dabei die Flächen der Räume und der ganzen Wohnung in m^2 ganzzahlig gerundet an. Berechnet den Anteil eines Raumes an der gesamten Wohnungsfläche als Dezimalzahl, auf zwei Stellen hinter dem Komma gerundet.

2. Stellt die Anteile aus Aufgabe 1 in einem Säulendiagramm und in einem Streifendiagramm dar. Welches Diagramm findet ihr übersichtlicher? Begründet eure Meinung.

3. Macht einen Vorschlag, wie die Zimmer von den Familienmitgliedern genutzt werden könnten.

7 Daten und Zufall

LVL

Schulranzen

Jedes Jahr zu Beginn des neuen Schuljahrs widmen sich Zeitungsartikel und Internetseiten dem Thema „Schulranzen". Mit Schlagzeilen wie „Kinder sind keine Packesel" oder „Aktion gesunder Kinderrücken" wird beklagt, dass viele Schülerinnen und Schüler zu schwere Schulranzen täglich mit sich herumschleppen. Als Faustregel gilt: Der Schulranzen sollte mit Inhalt nicht mehr als den zehnten Teil des Körpergewichts wiegen. Untersuche mit deinen Mitschülerinnen und Mitschülern, ob ihr in eurer Klasse auch zu schwere Ranzen tragt. Überlegt, wie ihr vorgehen wollt.

Sollen wir den Ranzen nur an einem Tag oder an mehreren Tagen wiegen?

Sollen wir uns morgens, mittags, mit oder ohne Kleidung wiegen?

Ich wiege ihn am Mittwoch, da ist er wegen Sport besonders schwer.

Und wie sammeln wir die Messergebnisse?

Ich hab schon eine Liste vorbereitet!

1. Warum solltet ihr eure Ranzen nicht nur an einem Tag, sondern von Montag bis Freitag wiegen? Welcher Wert ist dann zu nehmen, der größte oder der Mittelwert?

2. Warum genügt es, euer Gewicht einmal zu wiegen?

3. Notiert die Daten aller Personen gemeinsam in einer Liste (*Urliste*).

4. Wertet die Ergebnisse aus.
   a) Bei wie vielen ist das Ranzengewicht höchstens ein Zehntel des Körpergewichts, bei wie vielen ist es höher?
   b) Wie groß sind die relativen Häufigkeiten (gerundet)?

	Ranzengewicht (kg)							max. $\frac{1}{10}$
Name	kg	Mo	Di	Mi	Do	Fr	mittel	max.	ja/nein

	Anzahl	rel. Häufigkeit
höchstens $\frac{1}{10}$		
mehr als $\frac{1}{10}$		
gesamt		

5. Präsentiert und erklärt die Ergebnisse. Stellt die Planung und die Ergebnisse übersichtlich dar.
   a) Wie lässt sich erreichen, dass kein Ranzen zu schwer ist?
   b) Wie steht ihr im Vergleich zu anderen Klassen?

Wir könnten auch untersuchen, ob die Schultaschen unserer Lehrerinnen und Lehrer zu schwer sind.

Oder etwas ganz anderes: Wie lange sitzen wir täglich an unseren Hausaufgaben?

Dafür habe ich auch eine Faustregel gelesen: Schuljahr mal 10 gleich Hausaufgabenzeit in Minuten.

7 Daten und Zufall

Europäische Union (EU)

1. Was kann man meinen, wenn die Staaten der Europäischen Union „der Größe nach" geordnet werden sollen?

2. Das Säulendiagramm zeigt die Einwohnerzahlen einiger Länder der EU.
   a) Welche Länder sind es?
   b) Zeichne selbst ein solches Säulendiagramm für alle EU-Länder. Wähle einen zweckmäßigen Maßstab.

Staaten der Europäischen Union (1.5.2004)

Land	Einwohner	Fläche (in km²)
Belgien	10 000 000	31 000
Dänemark	5 300 000	43 000
Deutschland	82 000 000	360 000
Estland	1 400 000	45 000
Finnland	5 200 000	340 000
Frankreich	60 000 000	540 000
Griechenland	11 000 000	130 000
Großbritannien	60 000 000	240 000
Irland	3 800 000	70 000
Italien	58 000 000	300 000
Lettland	2 400 000	65 000
Litauen	3 700 000	65 000
Luxemburg	400 000	3 000
Malta	400 000	300
Niederlande	16 000 000	42 000
Österreich	8 100 000	84 000
Polen	39 000 000	310 000
Portugal	10 000 000	92 000
Schweden	8 800 000	450 000
Slowakei	5 400 000	49 000
Slowenien	2 000 000	20 000
Spanien	40 000 000	510 000
Tschechien	10 000 000	79 000
Ungarn	10 000 000	93 000
Zypern	800 000	9 000

TIPP

Was ist ein „zweckmäßiger" Maßstab?
1. Die richtige Säulenlänge sollte einfach zu bestimmen sein.
2. Die längste Säule sollte noch auf das Zeichenblatt passen.
3. Die kürzeste Säule sollte noch sichtbar sein.

Nicht immer lassen sich alle drei Forderungen erfüllen. Dann muss man entscheiden, auf welche man verzichtet, und wie man das mitteilt.

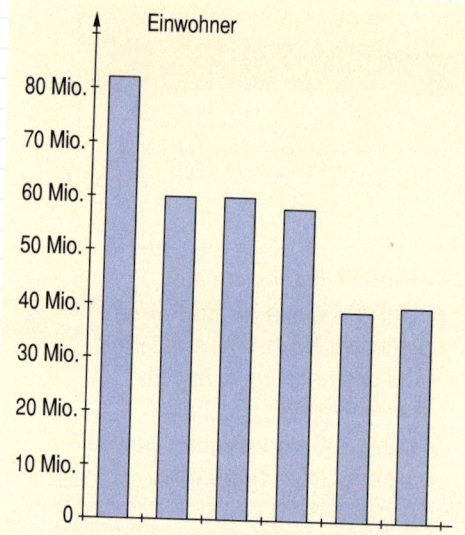

3. Zeichne ein Säulendiagramm für die Flächengröße der Länder. Wähle wiederum einen zweckmäßigen Maßstab.

4. In welchem Land sind die meisten Einwohner *im Verhältnis* zur Fläche des Landes?
   a) Berechne für jedes Land die Anzahl der Einwohner pro km², runde die Ergebnisse auf Zehner und notiere sie in einer Tabelle.
   b) Ordne die Länder nach Einwohnerzahl pro km² und stelle diese Zahlen mit einem Säulendiagramm dar. Wähle einen zweckmäßigen Maßstab.

7 Daten und Zufall

Sprachen in der Europäischen Union (EU)

Ende 2005 bestand die EU aus 25 Staaten, in denen ingesamt etwa 450 Mio. Menschen lebten. 20 Sprachen waren als „Amtssprachen" anerkannt, das heißt, allgemeine Verordnungen und Gesetze müssen in jeder dieser Amtssprachen geschrieben werden. Und jeder Bürger der EU kann eine dieser Amtssprachen benutzen, wenn er an die Kommission in Brüssel oder an den Gerichtshof in Luxemburg schreibt.

Man kann eine Sprache als Muttersprache sprechen oder als Fremdsprache. Das Kreisdiagramm zeigt die Anteile der in der EU als **Muttersprache** meistgesprochenen Sprachen; Diese Anteile sind auf Zwanzigstel gerundet[*]

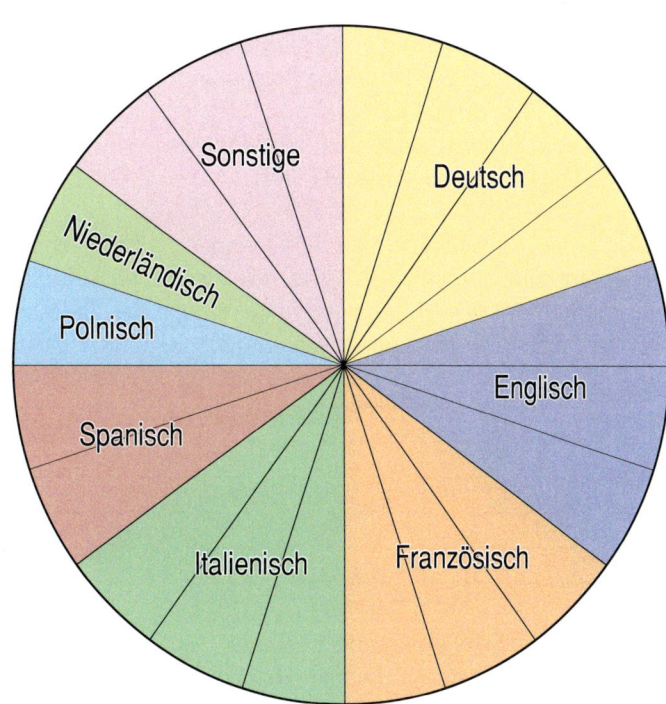

Alle Aufgaben in Partner- oder Gruppenarbeit

1. a) Lest die dargestellten Anteile ab und notiert sie als Bruch in einer Tabelle.
   b) Stellt die Anteile in einem Streifendiagramm dar. Wählt dazu eine geeignete Streifenlänge.

2. Berechnet mit den Anteilen aus der 1. Aufgabe die ungefähre Anzahl der Menschen in der EU, die die jeweilige Sprache als Muttersprache sprechen. Notiert die Werte in einer Tabelle.

3. Überlegt, ob die Aussage stimmt oder nicht. Begründet eure Meinung.
   a) Mehr als die Hälfte der EU-Bürger kann Englisch sprechen.
   b) Mehr als zwei Drittel in der EU sprechen Englisch, Deutsch oder Französisch als Fremdsprache.

   In der EU werden drei Sprachen am häufigsten als **Fremdsprachen** gesprochen, ihre Anteile sind in der Tabelle gerundet angegeben.[*]

   Englisch $\frac{8}{20}$
   Deutsch $\frac{3}{20}$
   Französisch $\frac{3}{20}$

4. a) EU-Bürger sprechen Englisch entweder als Muttersprache oder als Fremdsprache oder gar nicht. Stellt diese Anteile in einem Kreisdiagramm und in einem Streifendiagramm dar. Welches erscheint euch besser?
   b) Stellt die Anteile für Deutsch und für Französisch in einem Kreis- oder Streifendiagramm dar.

[*] Quelle: Eurobarometer Spezial 243, Feb. 2006, zitiert nach Wikipedia

7 Daten und Zufall

Vermischte Aufgaben

LVL 1. Viele Tierarten sind vom Aussterben bedroht. Die Tabelle enthält gerundete Zahlen für die wissenschaftlich untersuchten Tierarten, eingeteilt in verschiedene Klassen.
Gruppenarbeit:
a) Für welche Klassen ist die Bedrohung durch Aussterben am größten, am zweitgrößten, …? Ordnet nach dem Grad der Bedrohung und fertigt eine Präsentation eures Ergebnisses.
b) Informiert euch und nennt zu jeder Klasse mindestens eine spezielle Tierart.

untersuchte Arten	Arten gesamt	Arten bedroht
Säugetiere	4 900	1 100
Vögel	9 900	1 200
Reptilien	500	300
Amphibien	5 700	1 800
Fische	22 700	5 200
Insekten	800	600
Weichtiere	2 200	1 000
Krebstiere	500	400

Quelle: Frankf. Rundschau 22.05.2007

LVL 2. In drei 6. Klassen haben die Schülerinnen und Schüler eine Umfrage innerhalb der eigenen Klasse veranstaltet zu der Frage: „Wie viele Minuten hast du für die letzte Mathematik-Hausaufgabe gebraucht?" Die Umfrageergebnisse sind in den Tabellen notiert.
Überlegt in Gruppenarbeit, wie man die Ergebnisse darstellen und die Klassen vergleichen kann.

Klasse 6a					
12	16	15	18	15	14
21	12	19	17	12	24
15	16	12	15	14	15
18	10				

Klasse 6b					
10	23	13	18	12	9
30	16	8	15	24	15
15	22	11	28	15	12
11	10	18	8	16	20
14	19	12	18	13	10

Klasse 6c					
11	22	9	20	15	10
28	16	10	24	9	20
16	8	26	12	60	14
20	12	16	10	18	8
18					

3. a) In einer Schulklasse sind 12 Kinder Deutsche, 8 Kinder Türken und 4 Kinder Angehörige anderer Staaten. Berechne die jeweiligen Anteile.
b) Eine Freikarte für das Erlebnisbad wird in der Klasse verlost. Dazu wird für jedes Kind ein Zettel in einen Kasten gelegt, die Zettel werden gut gemischt, und dann wird einer gezogen. Mit welcher Wahrscheinlichkeit gewinnt weder ein deutsches noch ein türkisches Kind?

4. In einer Urne sind zwanzig Lose mit den Nummern von 1 bis 20. Armin darf ein Los ziehen. Mit welcher Wahrscheinlichkeit zieht er
a) eine Fünf,
b) eine Zahl von 13 bis 17,
c) eine gerade Zahl,
d) eine zweistellige Zahl,
e) eine durch 3 teilbare Zahl,
f) eine Primzahl?

5. a) Mit welcher Wahrscheinlichkeit gewinnt man bei diesem Spiel etwas?
b) Angenommen es wird 500-mal gespielt. Wie viele Haupt- und Trostpreise werden dann ungefähr gewonnen?

LVL 6. Gruppenarbeit:
• Erfindet ein Glücksspiel, bei dem man mit den angegebenen Wahrscheinlichkeiten etwas gewinnen kann.
• Wie viel müsste man für ein Spiel als Einsatz mindestens zahlen, damit nach dem Schulfest ein Überschuss in der Klassenkasse ist?

7 Daten und Zufall

1. Irene beobachtet während fünf Tagen, wie lange sie täglich an den Hausaufgaben sitzt:
   95 min   50 min   58 min   70 min   82 min
   Wie lange ist das im Durchschnitt?

2. Victor vergleicht seine Testergebnisse (Punkte).

Mathematik	15	17	13	15	16	14
Englisch	12	18	19	12	18	11

   a) Wie gut ist Victor durchschnittlich?
   b) Wie hoch ist jeweils die Spannweite?

3. Die NOLL KG beschäftigt unter ihren insgesamt 40 Angestellten vier Auszubildende, bei der RUF GmbH sind es fünf Auszubildende unter insgesamt 45 Angestellten. Welche Firma beschäftigt relativ mehr Auszubildende?

4. Wie groß ist die Wahrscheinlichkeit, mit einem fairen Spielwürfel eine Primzahl zu würfeln?

5. Bleibt das Glücksrad auf einem blauen Feld stehen, gewinnt der Spieler. Wenn es fair zugeht, für welches Glücksrad sollte er sich entscheiden?

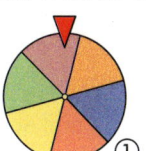 ① 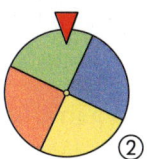 ② 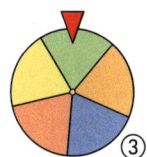 ③

6. Um den Förderbedarf im Fach Deutsch zu ermitteln, wurden die Schulen eines Bezirks befragt. Berechne die relativen Anteile nicht Deutschsprachiger und stelle sie mit einem Säulendiagramm dar.

Schule	A	B	C	D	E
deutschsprachig	200	350	300	250	450
nicht deutschsprachig	600	350	150	450	150

7. Die Klasse 6a macht eine Umfrage zur Zeitdauer für Hausaufgaben. Was macht sie *falsch*?

   ① Befragt werden alle Mädchen der Klassenstufe 6 in der Gauss-Schule.
   ② Die Frage: Wie empfindest du die Zeit, die du für die Hausaufgaben brauchst?
   ■ zu kurz, ■ genau richtig, ■ zu lang
   ③ Die Klasse 6a präsentiert als Ergebnis: Fast alle arbeiten zu lange an Hausaufgaben.

Den **Mittelwert** oder **Durchschnitt** von Größen berechnet man so:
1. Man addiert alle Größen.
2. Dann dividiert man die Summe durch die Anzahl der Größen.

Beispiel:
Berechne den Mittelwert von
23 m   30 m   18 m   25 m   27 m   25 m
$\frac{23 + 30 + 18 + 25 + 27 + 25}{6} = 24{,}66\ldots \approx \mathbf{24{,}7}$

Die **Spannweite** ist die Differenz zwischen dem kleinsten und dem größten Wert.

Absolute Häufigkeit ist eine Anzahl, **relative Häufigkeit** ist ein Anteil.

relative Häufigkeit = $\frac{\text{absolute Häufigkeit}}{\text{Gesamtzahl}}$

Beispiel: 8 von 32 Kindern haben eine Siegerurkunde.

relative Häufigkeit: $\frac{8}{32} = \frac{1}{4} = 0{,}25$

Darstellung im **Streifendiagramm**.

Bei einem Zufallsexperiment, bei dem jedes Ergebnis gleich wahrscheinlich ist, kann man die Wahrscheinlichkeit (**p**) für ein gewünschtes Ereignis berechnen:

$p = \frac{\text{Anzahl der günstigen Ergebnisse}}{\text{Anzahl aller möglichen Ergebnisse}}$

Darstellen von relativen Häufigkeiten im **Säulendiagramm**:

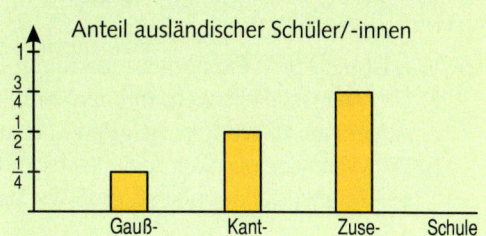

Statistische Untersuchung
1. *Planen:* Wer wird was gefragt?
2. *Erfassen* der Antworten (Urliste)
3. *Ordnen* der Antworten (Liste)
4. *Auswerten* der Antworten
5. *Präsentieren* der Auswertung

7 Daten und Zufall

Grundaufgaben

1. Horst hat eine Woche lang jeden Morgen die Außentemperatur notiert. Bestimme die durchschnittliche Temperatur (runde ganzzahlig) und die Spannweite.

Tag	Mo	Di	Mi	Do	Fr	Sa	So
Temp. (°C)	10	6	4	9	11	14	14

2. Zur Vertrauenslehrerin wurde Frau Rainer an der Rilke-Schule mit 350 von 500 Stimmen gewählt, Frau Wolf an der Goethe-Schule erhielt 400 von 640 Stimmen. Vergleiche die Stimmenanteile.

3. Wie groß ist die Wahrscheinlichkeit bei diesem fairen Glücksrad für das Ergebnis
   a) der Zeiger steht auf einem gelben Feld,   b) der Zeiger steht auf einem blauen Feld.

4. Bei einer fairen Münze sind „Wappen" und „Zahl" gleich wahrscheinlich. Welche relative Häufigkeit von Wappen erwartest du nach 5 000 Würfen?

5. Der Odeon Filmpalast kontrolliert die Auslastung seiner vier Kinosäle. Die Tabelle zeigt, wie viele der Plätze in jedem Saal verkauft wurden. Berechne die Anteile der verkauften Plätze und stelle sie in einem Säulendiagramm dar.

Saal	A	B	C	D
Plätze	400	250	100	50
verkauft	280	200	50	45

Erweiterungsaufgaben

1. Karin ist 1,70 m groß, Martin 1,50 m. Ihr Bruder Raja hat den Mittelwert aller drei als Körpergröße. Wie groß ist Raja?

2. An einem Aktionswochenende „Saubere Flussufer" beteiligten sich 340 Schülerinnen und Schüler von insgesamt 500 Schülern der Rilke-Schule. Von den 640 Schülern der Goethe-Schule halfen 384 Schülerinnen und Schüler bei dieser Aktion. Vergleiche die Aktionsbeiträge der Schulen.

3. Das STRANDHOTEL hat 200 Zimmer, das Hotel SEEBLICK nur 50 Zimmer. Im STRANDHOTEL sind 150 Zimmer belegt, im SEEBLICK 40 Zimmer. Sind beide Hotels gleich gut belegt?

4. Bei 100 Würfen wurde die Augenzahl 1 mit einer relativen Häufigkeit von 0,2 gewürfelt. Wie groß war die absolute Häufigkeit, mit der eine Eins gewürfelt wurde?

5. Was ist bei einem Experiment mit fairen Spielwürfeln richtig?
   a) Die Wahrscheinlichkeit, mit dem 6er-Spielwürfel eine gerade Augenzahl zu würfeln, ist größer als mit dem 12er-Spielwürfel.
   b) Die Wahrscheinlichkeit, eine Sechs zu würfeln, ist bei dem 6er-Spielwürfel doppelt so groß wie bei dem 12er-Spielwürfel.

6. Von 9:00 bis 9:30 Uhr war Verkehrszählung an einer Kreuzung. Stelle die relativen Häufigkeiten mit einem Säulendiagramm dar.

Fahrzeugart	Gezählte Fahrzeuge
Pkw	92
Lkw	46
Motorrad/Mofa	28
Fahrrad	34

7. Die Klasse 6a veranstaltet auf dem Schulfest ein Glücksspiel: Einmal Würfeln kostet 0,50 €, wer eine 6 oder eine 1 wirft, bekommt 1 € ausgezahlt. Wie viel wird voraussichtlich nach 600 Spielen in der Klassenkasse sein?

Brüche und Dezimalbrüche (4) 8

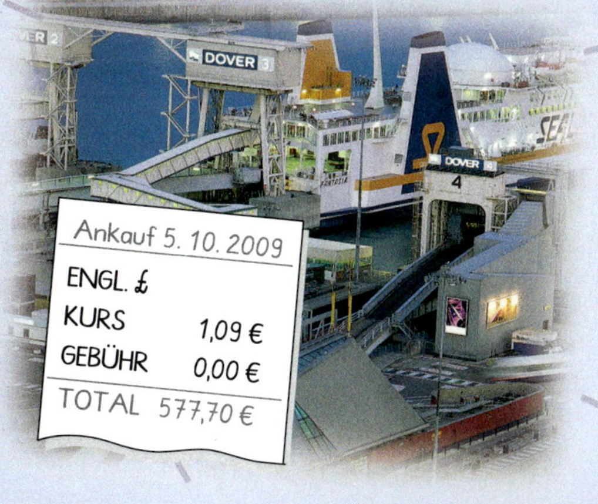

8 Brüche und Dezimalbrüche (4)

Bruch mal Bruch

Hier seht ihr nebeneinander die Überlegungen und Ergebnisse von zwei Arbeitsgruppen; die eine wurde von Carola, die andere von Aynur geleitet.

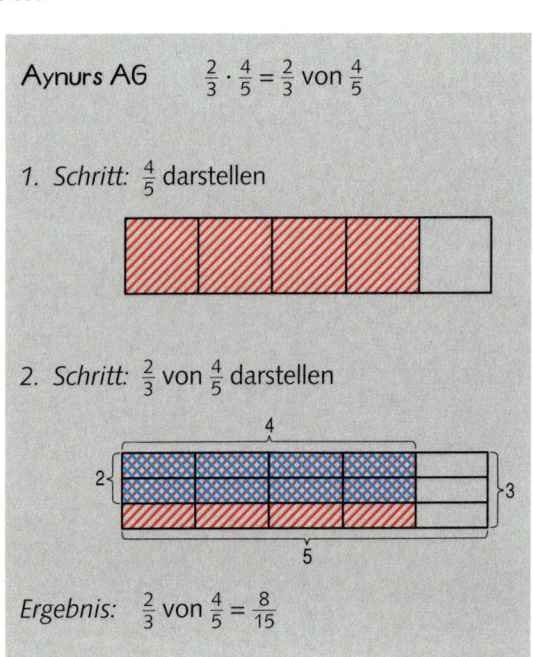

1. Löst die folgenden fünf Aufgaben einmal wie Carolas Arbeitsgruppe und dann zur Kontrolle auch noch einmal wie Aynurs Arbeitsgruppe.

   ① $\frac{3}{4} \cdot \frac{3}{5}$ ② $\frac{2}{5} \cdot \frac{7}{8}$ ③ $\frac{4}{7} \cdot \frac{2}{3}$ ④ $\frac{1}{2} \cdot \frac{9}{10}$ ⑤ $\frac{5}{6} \cdot \frac{5}{6}$

2. Beide Arbeitsgruppen haben am Ende eine Regel gefunden, wie man zwei Brüche miteinander multipliziert.
   a) Wie lautet die Regel? Stellt sie in der Klasse vor.
   b) Löst mit der Regel: $\frac{2}{7} \cdot \frac{1}{3} = $ ▪ ; $\frac{4}{5} \cdot \frac{3}{7} = $ ▪ ; $\frac{2}{9} \cdot \frac{2}{5} = $ ▪ ; $\frac{3}{8} \cdot \frac{7}{8} = $ ▪ ; $\frac{5}{6} \cdot \frac{1}{4} = $ ▪

3. Gelöst werden soll die Aufgabe $\frac{4}{5} \cdot 2\frac{1}{6}$. Überschlagt zunächst das Ergebnis und rechnet die Aufgabe dann aus. Präsentiert euren Rechenweg und das Ergebnis.

8 Brüche und Dezimalbrüche (4)

Multiplikation mit einem Bruch

> Man **multipliziert zwei Brüche** miteinander, indem man **Zähler mit Zähler** und **Nenner mit Nenner** multipliziert. (Kurz: Zähler mal Zähler, Nenner mal Nenner.)

1. a) $\frac{7}{9} \cdot \frac{2}{3}$ b) $\frac{3}{8} \cdot \frac{1}{4}$ c) $\frac{5}{9} \cdot \frac{7}{8}$ d) $\frac{3}{4} \cdot \frac{3}{5}$ e) $\frac{5}{6} \cdot \frac{7}{12}$ f) $\frac{6}{7} \cdot \frac{4}{5}$
g) $\frac{2}{5} \cdot \frac{7}{10}$ h) $\frac{3}{4} \cdot \frac{5}{8}$ i) $\frac{3}{10} \cdot \frac{3}{4}$ j) $\frac{1}{6} \cdot \frac{1}{8}$ k) $\frac{2}{5} \cdot \frac{3}{7}$ l) $\frac{2}{11} \cdot \frac{3}{5}$

2. a) $\frac{1}{4}$ von $\frac{5}{8}$ b) $\frac{3}{8}$ von $\frac{1}{8}$ c) $\frac{1}{3}$ von $\frac{2}{5}$ d) $\frac{1}{2}$ von $\frac{5}{7}$ e) $\frac{2}{3}$ von $\frac{4}{5}$ f) $\frac{5}{6}$ von $\frac{1}{4}$

3. Kürze das Ergebnis.
a) $\frac{2}{7} \cdot \frac{3}{10}$ b) $\frac{3}{5} \cdot \frac{5}{6}$ c) $\frac{1}{2} \cdot \frac{2}{3}$ d) $\frac{3}{4} \cdot \frac{2}{3}$ e) $\frac{8}{9} \cdot \frac{3}{4}$ f) $\frac{6}{7} \cdot \frac{1}{3}$

4. Wandle zuerst die gemischte Zahl in einen reinen Bruch um.
a) $1\frac{1}{3} \cdot 1\frac{1}{4}$ b) $2\frac{1}{2} \cdot \frac{3}{5}$ c) $4\frac{2}{3} \cdot 1\frac{1}{2}$ d) $2\frac{3}{4} \cdot 2\frac{1}{2}$

$2\frac{3}{8} \cdot 1\frac{1}{5} = \frac{19}{8} \cdot \frac{6}{5} = \frac{19 \cdot 6}{8 \cdot 5} = \ldots$

5. Rechne die Aufgaben wie Ute und Kemal und vergleiche.
a) $\frac{5}{12} \cdot \frac{7}{10}$ b) $\frac{8}{15} \cdot \frac{9}{16}$ c) $\frac{16}{25} \cdot \frac{5}{12}$ d) $\frac{4}{15} \cdot \frac{5}{8}$

Ute: $\frac{5}{8} \cdot \frac{9}{20} = \frac{45}{160} = \frac{9}{32}$

Kemal: $\frac{5}{8} \cdot \frac{9}{20} = \frac{\overset{1}{\cancel{5}} \cdot 9}{8 \cdot \underset{4}{\cancel{20}}} = \frac{9}{32}$

6. Kürze schon vor dem Ausrechnen wie Kemal.
a) $\frac{5}{9} \cdot \frac{27}{35}$ b) $\frac{7}{12} \cdot \frac{9}{10}$ c) $\frac{5}{8} \cdot \frac{16}{45}$ d) $\frac{12}{17} \cdot \frac{34}{60}$ e) $\frac{24}{25} \cdot \frac{15}{16}$ f) $\frac{28}{32} \cdot \frac{48}{52}$

7. a) $2\frac{2}{5} \cdot 5\frac{5}{6}$ b) $3\frac{1}{3} \cdot 3\frac{3}{4}$ c) $3\frac{3}{7} \cdot 4\frac{3}{8}$ d) $3\frac{3}{4} \cdot 2\frac{7}{9}$ e) $2\frac{2}{9} \cdot 1\frac{7}{8}$ f) $6\frac{6}{7} \cdot 2\frac{11}{12}$

8. a) b) c) d)

 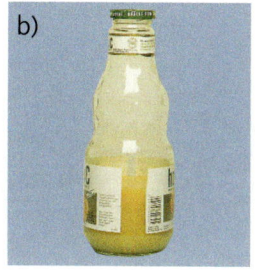 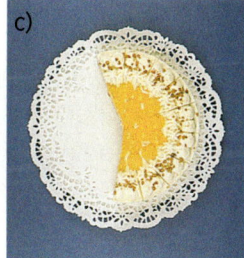 

a) Der Krug fasst $\frac{7}{8}$ l. Er ist zu $\frac{3}{5}$ mit Apfelsaft gefüllt. Wie viel l Saft enthält der Krug?
b) Die $\frac{3}{4}$-l-Flasche ist noch zu $\frac{1}{3}$ mit Orangensaft gefüllt. Wie viel l Saft sind das?
c) $\frac{9}{16}$ des Kuchens sind noch übrig. Susi isst davon $\frac{1}{3}$.
Welchen Bruchteil des ganzen Kuchens isst sie?
d) $\frac{1}{4}$ der Pizza ist noch übrig. Axel isst davon $\frac{2}{5}$. Welcher Teil der ganzen Pizza ist das?

LVL 9. Schreibe drei Fragen auf, rechne aus und formuliere jeweils einen Antwortsatz.
Marco bessert in der Zoohandlung sein Taschengeld auf. Heute soll er einen 50-kg-Sack mit Fischfutter in Tüten umfüllen.
Die kleinste Tüte fasst $\frac{3}{4}$ kg, die mittlere $1\frac{1}{2}$ kg und die große $2\frac{1}{4}$ kg Fischfutter.
Marco füllt von jeder Sorte 11 Tüten.

8 Brüche und Dezimalbrüche (4)

LVL

Ein Test wird korrigiert

TEST
Name: Gundula Schulz
19. 9. 2009

1. $\frac{8}{9} \cdot \frac{4}{3} = \frac{2}{3}$ _____
2. $\frac{4}{5} : \frac{2}{3} = 1\frac{1}{5}$ _____
3. $\frac{3}{8} : \frac{5}{8} = \frac{5}{3}$ _____
4. $1\frac{1}{7} : \frac{4}{7} = 2$ _____
5. $1\frac{1}{5} \cdot \frac{3}{4} = 1\frac{2}{5}$ _____
6. $\frac{5}{6} : 1\frac{2}{3} = 2$ _____
7. $1\frac{4}{5} : \frac{3}{10} = 6$ _____
8. $\frac{5}{7} : \frac{2}{3} = 1\frac{1}{3}$ _____

Du hast ▨ von 8 Punkten erreicht.

Sprechblasen:
- Wir sollen prüfen, ob die Ergebnisse richtig sind.
- Das können wir gar nicht. Wir haben doch bisher nur gelernt, wie man Brüche multipliziert!
- Also, ich habe da eine Idee!
- Ich auch, hört mal zu.

Ingos Idee

Prüfung Aufgabe 1

Wir machen die Probe.

$\frac{2}{3} \cdot \frac{4}{3} = \frac{8}{9}$

Das Ergebnis $\frac{2}{3}$ stimmt.

Prüfung Aufgabe 5

Wir machen die Probe.

$1\frac{2}{5} \cdot \frac{3}{4} = \frac{7}{5} \cdot \frac{3}{4}$
$\phantom{1\frac{2}{5} \cdot \frac{3}{4}} = \frac{21}{20}$
$\phantom{1\frac{2}{5} \cdot \frac{3}{4}} = 1\frac{1}{20}$

Das Ergebnis $1\frac{2}{5}$ ist falsch.

Kerstins Idee

Prüfung Aufgabe 3

0 ————————————— 1

▭ $\frac{3}{8}$

▭ $\frac{5}{8}$

$\frac{5}{8}$ passt weniger als 1-mal in $\frac{3}{8}$ hinein.
Das Ergebnis $\frac{5}{3}$ muss falsch sein.

Prüfung Aufgabe 7

0 ————————— 1 ————————— 2

▭ $1\frac{4}{5}$

▭ $\frac{3}{10}$

Hier könnte das Ergebnis 6 stimmen.

8 Brüche und Dezimalbrüche (4)

Bruch durch Bruch

Herr Krause, der Mathematiklehrer der Klasse 6a, hat seiner Klasse folgendes gesagt: „Wer weiß, wie man mit einem Bruch multipliziert, kann durch Überlegen auch herausfinden, wie man durch einen Bruch dividiert."
Dann hat er die Aufgabe $\frac{4}{3} : \frac{3}{5}$ an die Tafel geschrieben und den Kindern Zeit gegeben, in Partnerarbeit über eine Lösung nachzudenken.

1. Wir haben Patrick und Henrike bei ihren Überlegungen belauscht. Führt die Überlegungen bis zu einem Ergebnis weiter und stellt eure Arbeit in der Klasse vor.

2. Dann haben wir noch Elvira und Joshua belauscht. Elvira gilt als „ganz Schlaue", aber auch Joshua ist nicht auf den Kopf gefallen. Schafft ihr es, auch hier die Überlegungen bis zu einem Ergebnis weiterzuführen?

3. Im Unterricht bei Herrn Krause stand am Ende der zweiten Stunde das Abgebildete an der Tafel.

   Elvira, Joshua, Patrick und Henrike haben mit ihren Ideen dazu beigetragen.

   Wenn ihr euch dieses Tafelbild genau anseht und nachdenkt, könnt ihr eine Regel formulieren, wie man recht einfach das Dividieren durch einen Bruch durch eine bekannte Rechnung ersetzen kann.

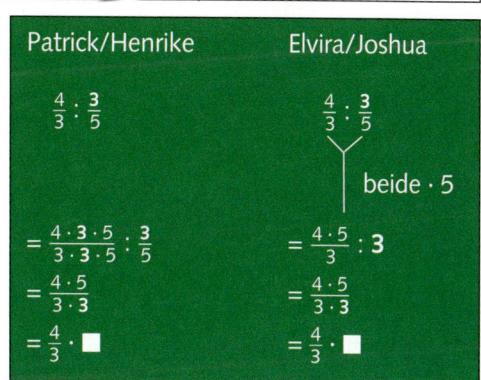

8 Brüche und Dezimalbrüche (4)

Division durch einen Bruch

Man **dividiert durch einen Bruch**, indem man mit seinem **Kehrbruch** multipliziert.

$$\frac{2}{5} : \frac{8}{11} = \frac{2}{5} \cdot \frac{11}{8} = \frac{2 \cdot 11}{5 \cdot 8} = \frac{11}{20}$$

↳ Kehrbruch

Bruch $\frac{8}{11}$ Kehrbruch $\frac{11}{8}$

Zähler und Nenner vertauschen.

1. a) $\frac{15}{28} : \frac{3}{4}$ b) $\frac{3}{4} : \frac{5}{6}$ c) $\frac{8}{5} : \frac{6}{5}$ d) $\frac{6}{33} : \frac{2}{3}$ e) $\frac{25}{32} : \frac{5}{8}$ f) $\frac{2}{7} : \frac{3}{5}$

g) $\frac{5}{9} : \frac{4}{7}$ h) $\frac{18}{35} : \frac{6}{7}$ i) $\frac{12}{15} : \frac{4}{5}$ j) $\frac{6}{7} : \frac{3}{8}$ k) $\frac{5}{9} : \frac{5}{11}$ l) $\frac{4}{27} : \frac{2}{9}$

2. Kürze vor dem Ausrechnen.

a) $\frac{33}{10} : \frac{11}{12}$ b) $\frac{28}{5} : \frac{7}{9}$ c) $\frac{4}{35} : \frac{8}{7}$ d) $\frac{20}{63} : \frac{8}{9}$ e) $\frac{6}{15} : \frac{24}{25}$ f) $\frac{35}{12} : \frac{45}{15}$

3. Wandle vor dem Rechnen in die reine Bruchschreibweise um.

a) $3\frac{1}{2} : \frac{3}{5}$ b) $\frac{5}{7} : 2\frac{1}{2}$ c) $\frac{1}{6} : 2\frac{1}{8}$ d) $1\frac{3}{7} : \frac{5}{6}$ e) $\frac{7}{9} : 3\frac{1}{3}$ f) $5\frac{1}{2} : \frac{2}{5}$

g) $1\frac{2}{3} : \frac{1}{5}$ h) $\frac{5}{6} : 3\frac{1}{6}$ i) $1\frac{2}{7} : \frac{3}{14}$ j) $3\frac{1}{2} : \frac{8}{3}$ k) $4\frac{1}{8} : \frac{11}{12}$ l) $\frac{8}{9} : 6\frac{1}{3}$

4. a) $10 : \frac{3}{4}$ b) $5 : \frac{8}{9}$ c) $7 : \frac{21}{22}$ d) $6 : \frac{12}{13}$ e) $8 : \frac{16}{17}$ f) $4 : \frac{20}{23}$

5. a) Obelix hat 14 Wildschweine gefangen. Pro Tag isst er $3\frac{1}{2}$ Schweine auf. Wie lange reicht der Vorrat?
b) Seine Küche hat einen Flächeninhalt von $10\frac{1}{2}$ m² und ist $2\frac{1}{2}$ m breit. Wie lang ist sie?
c) Asterix hat ein rechteckiges Grundstück mit einem Flächeninhalt von 486 m². Es ist $20\frac{1}{4}$ m lang. Wie breit ist es?

6. Wie oft ist die eine Größe in der anderen enthalten?

a) $\frac{1}{4}$ m in $\frac{5}{4}$ m   b) $\frac{1}{6}$ l in $4\frac{5}{6}$ l

c) $\frac{3}{4}$ kg in $4\frac{1}{2}$ kg   d) $\frac{5}{8}$ g in $4\frac{1}{2}$ g

Wie oft sind $\frac{3}{8}$ m in $5\frac{1}{4}$ m enthalten?
Rechnung:
$5\frac{1}{4} : \frac{3}{8} = \frac{21}{4} : \frac{3}{8} = \frac{21}{4} \cdot \frac{8}{3} = 14$

7. Wie viele $\frac{2}{100}$-l-Gläser kann ein Gastwirt aus einer $\frac{7}{10}$-l-Flasche füllen?

8. Marens Mutter füllt $19\frac{1}{2}$ l Himbeersaft in $\frac{3}{4}$-l-Flaschen. Wie viele Flaschen werden es?

9. Petra füllt mit einer $2\frac{1}{2}$-l-Kanne 10 Gläser. Es bleiben noch 200 cm³ in der Kanne. Passt mehr oder weniger als $\frac{1}{4}$ l in ein Glas?

10. a) Mit $7\frac{1}{2}$ l sind $12\frac{1}{2}$ Flaschen abgefüllt worden. Wie viel l sind in jeder Flasche?
b) In 50 Tuben sind zusammen $4\frac{1}{2}$ kg Zahnpasta. Wie viel kg sind in jeder Tube, wie viel g sind das?

8 Brüche und Dezimalbrüche (4)

Vermischte Aufgaben

1. Ordne die Lösungskarten A, E, U … den Aufgabenkarten zu. Du erhältst ein Wort.

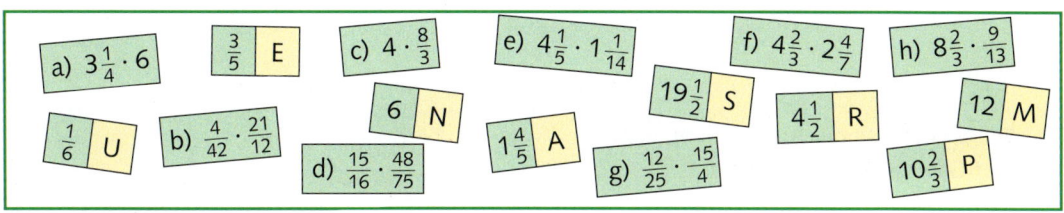

2. Berechne, wie oft die eine Größe in der anderen Größe enthalten ist.

a) $\frac{5}{4}$ m in $3\frac{3}{4}$ m   b) $\frac{3}{8}$ h in $5\frac{1}{4}$ h   c) $\frac{1}{5}$ l in $4\frac{4}{5}$ l   d) $\frac{12}{25}$ kg in $\frac{4}{15}$ kg

e) $1\frac{1}{4}$ t in $6\frac{2}{3}$ t   f) $\frac{40}{96}$ km in $\frac{25}{72}$ km   g) $\frac{5}{8}$ cm in 4 cm   h) $1\frac{30}{34}$ g in $\frac{48}{51}$ g

3. Mache erst einen Überschlag, dann rechne genau.
a) Von einer Baustelle müssen ca. 80 m³ Schutt abgefahren werden. Der Lkw kann $6\frac{1}{4}$ m³ laden. Wie viele Fahrten sind notwendig?
b) Wie viele Fahrten sind es, wenn der Lkw nur $2\frac{1}{12}$ m³ laden kann?

4. a) Eine 98 m lange Wasserleitung soll mit Rohren gebaut werden, die $1\frac{3}{4}$ m lang sind. Wie viele Rohre sind notwendig?
b) Wie viele Rohre werden benötigt, wenn jedes Rohr $1\frac{2}{5}$ m lang ist?

5. Barbara und Mehmed spielen mit der Modelleisenbahn. Der äußere Schienenring der Anlage ist $9\frac{3}{4}$ m lang. Barbaras und Mehmeds Weg zur Schule ist 780 m lang. Wie oft müsste der Zug den Ring durchfahren, um diese Strecke zurückzulegen?

6. Zur Gärtnerei gehören $2\frac{1}{2}$ ha Land. In diesem Jahr wurde die Fläche so aufgeteilt:

– $\frac{1}{8}$ für Blumen   – $\frac{2}{5}$ für Sträucher
– $\frac{3}{16}$ für Polsterpflanzen   – $\frac{1}{4}$ für Bäume

Berechne, wie viel ha jeweils verwendet werden und wie viel m² ungenutzt sind. (Die Umrechnung von ha in m² findest du hinten im Buch.)

7. Suche die Lösungen auf dem Zahlenstrahl. Die Buchstaben ergeben in der Reihenfolge der Aufgaben einen Begriff aus dem Sport.

a) $\frac{19}{32} : \frac{1}{8}$ b) $\frac{12}{25} : \frac{4}{15}$ c) $16\frac{1}{2} : 2$ d) $1\frac{1}{25} : \frac{2}{5}$

e) $8\frac{3}{4} : 1\frac{1}{4}$ f) $10 : 1\frac{1}{2}$ g) $6\frac{2}{5} : 1\frac{3}{5}$ h) $6\frac{3}{10} : 1\frac{4}{5}$

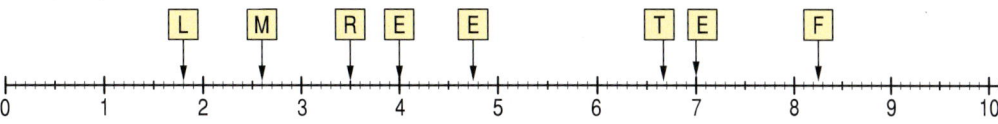

BLEIB FIT!

Die Ergebnisse der Aufgaben ergeben vier Gebirge in Deutschland.

1. Berechne.
   a) $\frac{4}{5}$ von 120
   b) $\frac{3}{4}$ von 180
   c) $\frac{9}{10}$ von 250
   d) $1\frac{1}{2}$ von 78

2. Berechne.
   a) $(12{,}4 + 0{,}8) \cdot 5$
   b) $12{,}4 + 0{,}8 \cdot 5$
   c) $84 : (11{,}5 - 7{,}5)$
   d) $15{,}2 - 156 : 12$

3. Wandle um.
   a) 1 h 5 min 40 s = ■ s
   b) $1\frac{3}{4}$ h = ■ min
   c) 1100 s = ■ min ■ s

4. Schreibe als Dezimalbruch.
   a) $\frac{9}{100}$
   b) $\frac{25}{100}$
   c) $\frac{35}{10}$
   d) $\frac{17}{10}$

5. Das Drahtmodell eines Quaders ist 5 cm lang, 4 cm breit und 3 cm hoch.
   a) Wie viel cm lang ist der Draht, aus dem der Quader hergestellt wurde?
   b) Gib das Volumen des Quaders in cm³ an.

6. Überschlage im Kopf.
   a) 12499 : 63
   b) 53896 : 519
   c) 19,5 · 62
   d) 219,87 · 5

7. Bei einem Fotoversand kostet ein Bild 15 Cent, der Versand der Bilder 2,55 €.
   a) Tanja bestellt 36 Bilder. Wie viel Euro muss sie bezahlen?
   b) Cem bezahlt 6,15 €. Wie viele Bilder hat er bestellt?

8. Berechne.
   a) die Hälfte von 8,9
   b) ein Drittel von 6,18

9. Ein Rechteck ist 15 m breit und doppelt so lang. Wie viel m² ist es groß?

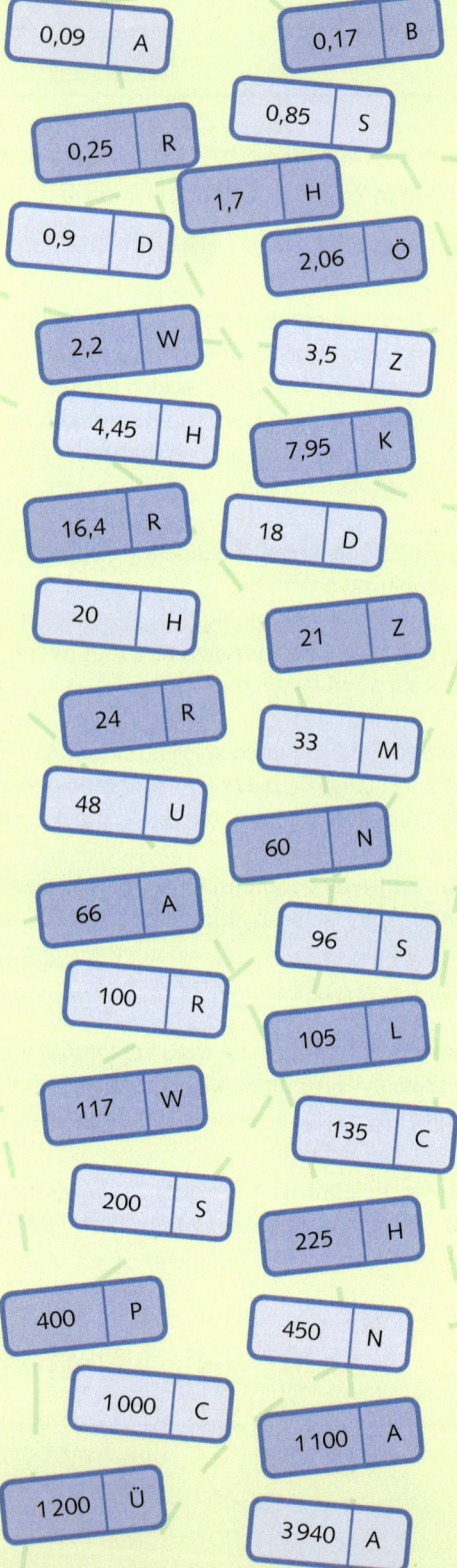

8 Brüche und Dezimalbrüche (4)

Multiplikation und Division eines Dezimalbruchs mit 10, 100, 1000, ...

1000	100	10	1	$\frac{1}{10}$	$\frac{1}{100}$	Dezimalzahl
			4	0	7	4,07
		4	0	7	0	■
	4	0	7	0	0	407

10	1	$\frac{1}{10}$	$\frac{1}{100}$	$\frac{1}{1000}$	Dezimalzahl
5	0	2	0	0	50,2
	5	0	2	0	5,02
	0	5	0	2	■

LVL **1.** Partnerarbeit:
   a) Ergänzt die Stellenwerttafeln im Heft. Welche Regel erkennt ihr?
   b) Wendet die Regel auf die folgenden Aufgaben an:
      374,926 · 10;   25,135 · 100;   8,075 · 1000;   71,32 : 10;   290,1 : 100;   908,15 : 1000

> Wenn man einen Dezimalbruch mit 10, 100, 1 000 ... multipliziert, wird das Komma um 1, 2, 3 ... Stellen nach rechts verschoben.
>
> Wenn man einen Dezimalbruch durch 10, 100, 1 000 ... dividiert, wird das Komma um 1, 2, 3 ...Stellen nach links verschoben.

2. a) 2,65 · 10   b) 1,376 · 100   c) 0,878 · 1 000   d) 9,18 · 100   e) 0,0015 · 1 000
    f) 58,7 : 10   g) 100,7 : 100   h) 8 124,1 : 1 000   i) 511,9 : 100   j) 10,913 : 10

3. Rechne wie in den Beispielen.
Füge Nullen hinzu, um das Komma verschieben zu können.

> 4,25 · 1 000 = 4,**250** · 1 000 = 4 250
> 4,25 : 1 000 = **0004**,25 : 1 000 = 0,00425

   a) 1,6 · 100   b) 0,815 : 10   c) 7,36 · 1 000   d) 377,1 · 100   e) 3,105 : 1 000
   f) 0,3 : 100   g) 4,103 : 1 000   h) 0,15 · 1 000   i) 0,079 : 100   j) 0,01 · 10 000

4. a) Multipliziere mit 100:   83,23   1,702   0,091   723,2   0,625   9,03   0,0052   40,14
   b) Multipliziere mit 1 000: 456,2   0,0123   1 082,3   0,0089   7,85   0,908   47,08   0,034
   c) Dividiere durch 10:   35,91   1 536,1   8,302   0,371   0,00021   0,0503   403,16   16,25
   d) Dividiere durch 100:   1,0874   0,4132   50,081   3,09   0,039   53,07   9 109,9   28,429

5. Popeye ist Generalvertreter für Spinat geworden. Die Firma zahlt ihm von jedem Rechnungsbetrag den zehnten Teil als „Provision" aus. In der letzten Woche hat er verkauft: Montag für 2 197,50 €; Dienstag für 4 063,00 €; Mittwoch für 15 009,80 €; Donnerstag für 6 610,60 €; Freitag für 3 800,10 €. Berechne Popeyes Provision.

6. a) 1,23 · ■ = 1 230   b) 0,03 : ■ = 0,0003
   c) 68 : ■ = 0,0068   d) 0,05 · ■ = 50
   e) 1 000 : ■ = 0,0001   f) 0,04 · ■ = 4 000

7. a) ■ : 10 = 17,485   b) ■ · 100 = 568,3
   c)  · 10 = 0,4371   d) ■ : 100 = 0,7184

8. Gib die fehlende Zahl an.
   a) 13,87 : ■ = 0,1387   b) ■ · 1 000 = 384,5   c) 8,175 : 100 = ■   d) ■ : 100 = 7,185

8 Brüche und Dezimalbrüche (4)

Multiplikation von Dezimalbrüchen

LVL 1. a) Partnerarbeit: Erklärt, wie der Schüler und die Schülerin im Ergebnis das Komma an die richtige Stelle setzen.
b) Welche Methode erscheint euch besonders einfach? Rechnet damit: 59,7 · 4,81; 1,57 · 6,23.

> Zwei Dezimalbrüche multipliziert man so miteinander:
> Man rechnet zunächst, ohne die Kommas zu beachten. Anschließend setzt man das Komma so, dass das Ergebnis genauso viele Stellen hinter dem Komma hat wie beide Faktoren zusammen.

"Stellen nach den Kommas zählen!"

```
 23,1 · 4,53       Überschlag:
    924            20 · 5 = 100
   1155
    693
 104,643
```

```
 0,035 · 298       Überschlag:
      70           0,04 · 300
     315           = 4/100 · 300
     280           = 12
  10,430
```

2. Beim Ergebnis im grünen Feld fehlt das Komma. Schreibe die Aufgabe mit Gleichheitszeichen ins Heft und setze das Komma an die richtige Stelle. Manchmal benötigst du zusätzliche Nullen.

a) 2,63 · 19,7 | 51811
b) 17,9 · 6,3 | 11277
c) 4,52 · 1,67 | 75484
d) 5,082 · 19,2 | 975744
e) 0,52 · 0,67 | 3484
f) 24,8 · 0,678 | 168144
g) 0,152 · 0,017 | 2584
h) 3,7 · 0,00978 | 36186
i) 0,366 · 217,81 | 7971846

3. Rechne schriftlich. Ein Überschlag hilft Fehler vermeiden.
a) 7,3 · 5,4   b) 14,2 · 9,8   c) 5,984 · 3,9   d) 22,2 · 7,7
e) 32,1 · 9,1   f) 13,52 · 5,85   g) 0,97 · 38,2   h) 0,81 · 0,99

> Aufgabe: 47,1 · 12,5
> Überschlag: 50 · 10 = 500
> Ergebnis: 588,75

4. a) 34,72 · 25,3   b) 462,2 · 42,8   c) 5,81 · 81,35   d) 42,07 · 8,61
e) 16,75 · 0,312   f) 316,9 · 0,052   g) 0,481 · 0,782   h) 47,09 · 91,02

5. a) 2,59 · 4,7 · 0,82   b) 52,4 · 0,047 · 8,7   c) 0,309 · 5,1 · 0,491
d) 4,24 · 0,73 · 18,7   e) 8,37 · 10,9 · 0,031   f) 20,8 · 2,08 · 0,0208

LVL 6.

Aufgabe	Endziffer	Überschlag	Stellen nach dem Komma	Ergebnis
a) 23,6 · 9,4	4	20 · 10 = 200	2	
b) 49,9 · 4,3				
c) 8,71 · 2,4				
d) 54,91 · 3,7				

"Nicht genau rechnen, nur das machen, was die Tabelle verlangt."

Die Ergebnisse findest du auf den Steinen.

208,26   203,167   214,57   20,904   221,84   205,071   20,94

8 Brüche und Dezimalbrüche (4)

7. Rechne im Kopf.
a) 0,8 · 0,7 b) 2,2 · 0,3 c) 0,6 · 0,04 d) 0,05 · 0,7 e) 2,9 · 0,6 f) 0,3 · 0,15
g) 0,25 · 0,4 h) 0,15 · 0,6 i) 0,025 · 0,3 j) 0,7 · 0,013 k) 40 · 0,02 l) 0,007 · 0,9

8. Mache vor jeder Rechnung einen Überschlag.
a) 10,9 · 19,3 b) 4,915 · 9,31 c) 12,4 · 40,7
d) 20,7 · 7,3 e) 17,24 · 6,5 f) 14,3 · 0,908
g) 0,572 · 8,8 h) 23,71 · 11,2 i) 9,16 · 51,26

0,384 · 29,7
Ü: 0,4 · 30 = 12
Ergebnis: 11,4048

9. a) 218,9 · 0,8 b) 53,8 · 40,9 c) 0,42 · 81,45 d) 10,8 · 0,123
e) 89,01 · 0,075 f) 0,48 · 0,793 g) 1,35 · 0,0726 h) 3,09 · 0,905

10. a) 1,63 · 0,7 · 9,51 b) 3,2 · 0,8 · 6,73 c) 0,318 · 0,1 · 3,9
d) 4,1 · 0,94 · 9,4 e) 0,05 · 0,49 · 0,12 f) 0,12 · 0,12 · 0,12

11. Das Schiff legt in einer Stunde 24,5 Seemeilen zurück.
 a) Wie viel km fährt das Schiff in einer Stunde?
 b) Wie viel km schafft das Schiff, wenn es nur 19,5 Seemeilen in der Stunde fährt?

Eine Seemeile beträgt 1,852 km.

12. Ein Tanker fährt mit einer Geschwindigkeit von 16,8 Knoten (1 Knoten bedeutet 1 Seemeile in der Stunde). Wie viel km legt der Tanker in $5\frac{1}{2}$ Stunden zurück?

13. Berechne nur ein Ergebnis schriftlich. Bestimme die anderen mit der Kommaverschiebung.

a) 25 · 73
 2,5 · 7,3
 0,25 · 0,73
 0,025 · 7,3

b) 909 · 72
 9,09 · 0,72
 0,909 · 7,2
 90,9 · 0,072

c) 105 · 804
 0,105 · 8,04
 10,5 · 80,4
 1,05 · 0,0804

d) 53 · 709
 53 · 0,709
 0,53 · 7,09
 5,3 · 70,9

14. 9 Aufgaben und 9 Ergebnisse. Rechne aus und vergleiche.

0,163 · 7,03   8,701 · 64,9   92,7 · 8,32
27,46 · 20,6   5,09 · 10,03   60,8 · 6,08
0,0921 · 0,47   0,0083 · 50,1   15,9 · 0,0098

51,0527   1,14589   0,41583
564,6949   771,264   0,15582
565,676   369,664   0,043287

15. Wenn Beton erwärmt wird, dehnt er sich aus. Bei einer Erwärmung um 30 °C wird eine Betonplatte auf das 1,0004fache ausgedehnt.
 a) Die Brücke ist bei 0 °C genau 87,6 m lang. Wie lang ist sie im Sommer bei 30 °C?
 b) Eisen verhält sich bei Erwärmung wie Beton. Auf welche Länge dehnen sich Eisenstangen der Länge 17,2 m, 28,5 m und 39,7 m bei Erwärmung um 30 °C aus?

8 Brüche und Dezimalbrüche (4)

Division durch einen Dezimalbruch

LVL 1. Partnerarbeit: Erklärt, wie die Schüler erreichen, dass bei der zweiten Zahl kein Komma mehr steht. Rechnet genauso 49,68 : 1,8 und 0,2706 : 0,22.

> Eine Zahl wird durch einen Dezimalbruch so dividiert:
> Zuerst multipliziert man beide Zahlen so mit 10, 100, 1 000, ..., dass bei der zweiten Zahl kein Komma mehr steht. Man **erweitert** also. Dann wird geteilt.

TIPP
Komma um gleich viele Stellen nach rechts!

24,7 : 2,6 = 247 : 26 = 9,5   10,8 : 0,25 = 1080 : 25 = 43,2

2. Multipliziere zuerst beide Zahlen mit 10:   a) 14,4 : 7,2   b) 18 : 3,6   c) 20,9 : 1,9

3. Multipliziere zuerst beide Zahlen mit 100:   a) 29,54 : 2,11   b) 3,6 : 0,25   c) 11,2 : 0,32

4. Multipliziere zuerst beide Zahlen mit 1000:   a) 11,73 : 0,051   b) 5,88 : 0,105   c) 1,9 : 0,008

5. Erweitere so, dass die zweite Zahl kein Komma hat, dann rechne.
a) 563,2 : 0,8   b) 494,2 : 0,7   c) 975,6 : 0,9   d) 952,14 : 0,6   e) 280,45 : 0,05
f) 25,263 : 0,09   g) 46,28 : 1,3   h) 182,988 : 1,7   i) 68,75 : 0,25   j) 1,9965 : 0,33

6. a) 8,12 : 2,9   b) 13,02 : 3,1   c) 10,14 : 2,6   d) 2,926 : 0,19   e) 41,85 : 0,45
f) 117,03 : 8,3   g) 30,38 : 0,28   h) 112,294 : 0,91   i) 94,86 : 0,51   j) 585 : 7,2

7. a) 6,5317 : 0,043   b) 9,222 : 0,058   c) 184,002 : 0,65   d) 4 981,34 : 9,8

8. Du kannst die Aufgabe im Kopf rechnen. Denke an die Kommaverschiebung.
a) 1 : 0,1   b) 10 : 0,01   c) 21 : 0,3   d) 48 : 0,08   e) 6 : 0,04   f) 0,36 : 0,06
g) 54 : 0,9   h) 6,5 : 1,3   i) 4,5 : 0,09   j) 0,85 : 0,17   k) 0,88 : 1,1   l) 8,8 : 0,11

9. Ordne die Felder nach ihrem Ertrag pro Hektar.

Feld	Größe	Ertrag
A	2,4 ha	71,04 dt
B	3,6 ha	104,04 dt
C	2,3 ha	63,25 dt
D	3,2 ha	98,88 dt
E	1,8 ha	56,52 dt
F	3,8 ha	113,62 dt

1 dt = 1 Dezitonne = $\frac{1}{10}$ t

8 Brüche und Dezimalbrüche (4)

10. a) 39,16 : 1,1 b) 27,04 : 1,3 c) 54,604 : 0,17 d) 9,05025 : 0,25
e) 167,992 : 0,46 f) 629,34 : 5,1 g) 0,5248 : 0,82 h) 0,13419 : 6,3
i) 3,5584 : 1,28 j) 81,375 : 0,125 k) 0,6375 : 2,55 l) 0,28612 : 0,311

11. Achte auf die Nullen im Ergebnis.
a) 25,20864 : 3,6 b) 22,1254 : 2,2 c) 3,4221 : 0,17 d) 2,6208 : 0,52
e) 22,5009 : 4,5 f) 20,30696 : 2,9 g) 0,38736 : 0,48 h) 0,366061 : 0,61

12. Die Klasse 6c machte einen Tagesausflug in den Safaripark.
a) Die Rechnung des Busunternehmens betrug 284,80 €. Dabei wurden für 1 km 1,60 € berechnet. Wie viel km fuhr der Bus?
b) Der Eintritt in den Park kostete pro Person 8,50 €. Die Lehrerin hatte freien Eintritt. An der Kasse bezahlte sie 246,50 €. Wie viele Kinder nahmen am Ausflug teil?

13. Das kannst du im Kopf rechnen. Denke an die Kommaverschiebung.
a) 21 : 0,7 b) 4,2 : 0,6 c) 85 : 1,7 d) 49 : 0,07 e) 0,08 : 0,2 f) 0,75 : 2,5
g) 0,6 : 0,004 h) 6,3 : 0,09 i) 0,064 : 0,016 j) 0,15 : 0,75 k) 0,66 : 1,1 l) 1,44 : 0,12

LVL 14. Überlege, wie du die Aufgaben mit möglichst geringem Rechenaufwand lösen kannst.

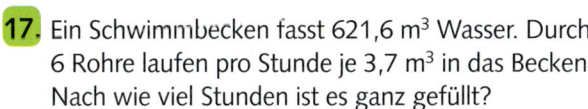

a)
159 : 53
15,9 : 53
15,9 : 0,53
15,9 : 0,053

b)
204 : 34
204 : 0,34
2,04 : 0,34
2,04 : 0,034

c)
215 : 43
21,5 : 0,43
21,5 : 0,043
2,15 : 0,43

d)
145 : 29
0,145 : 29
0,145 : 0,29
14,5 : 0,29

15. Berechne auf 1 Stelle nach dem Komma. Rechne dazu bis zur 2. Stelle und runde auf die 1. Stelle. Mache einen Überschlag wie im Beispiel.
a) 5,35 : 0,27 b) 8,27 : 0,49 c) 45,2 : 1,9
d) 51,1 : 7,8 e) 12,8 : 0,45 f) 28,2 : 0,66

> 7,27 : 0,19 = 38,26…
> ≈ 38,3
> Überschlag:
> 7 : 0,2 ≈ 8 : 0,2 = 40

16. Die Fahrt mit der Sesselbahn auf das Gedeons-Eck bei Boppard am Rhein und zurück kostet für Kinder 4,20 €. Wie viele Kinder wurden befördert, wenn für diese Fahrten 2 175,60 € eingenommen wurden?

17. Ein Schwimmbecken fasst 621,6 m³ Wasser. Durch 6 Rohre laufen pro Stunde je 3,7 m³ in das Becken. Nach wie viel Stunden ist es ganz gefüllt?

18. Welche Tankstelle ist die günstigste? An allen wurde der gleiche Kraftstoff getankt.

8 Brüche und Dezimalbrüche (4)

Sport

1. Jahreseinkünfte im Sport 2008

Tiger Woods	Golf	91,0 Mio €
Roger Federer	Tennis	27,5 Mio €
Dirk Nowitzki	Basketball	14,5 Mio €
Michael Ballack	Fußball	10,0 Mio €
Nick Heidfeld	Formel 1	9,0 Mio €
Artur Abraham	Boxen	3,5 Mio €
Magdalena Neuner	Biathlon	1,2 Mio €
Fabian Hambüchen	Turnen	0,9 Mio €
Timo Boll	Tischtennis	0,8 Mio €
Matthias Steiner	Gewichtheben	0,07 Mio €

Die Tabelle zeigt die Jahreseinkünfte bekannter Sportler. (Quelle: n24.de 10.12.2008).
a) In wie viel Jahren verdient der „Ärmste" so viel wie der Reichste in einem Jahr?
b) Stelle weitere Fragen und beantworte sie.

2. Die meisten Spiele in der Fußballbundesliga machte Karl-Heinz Körbel. Er spielte für Eintracht Frankfurt dabei insgesamt 37 Tage und 15 Stunden. Rechne mit 90 Minuten für ein Spiel.

3. Die meisten Marathonläufe (jeweils 42,195 km) bestritt der Hamburger Horst Preisler, der zwischen 1974 und 2004 insgesamt 1 155-mal diese Strecke schaffte. Veranschauliche die Laufleistung an einem Globus.

4. Auf einem neuen Tennisplatz müssen die Linien aufgebracht werden. Überlege zusammen mit anderen den Lösungsweg:
a) Wie lang sind die Linien, die für das Einzelspiel markiert werden müssen?
b) Welche Streckenlänge ist für das Doppelspiel zusätzlich zu markieren?
c) Wie lang sind alle Linien zusammen?

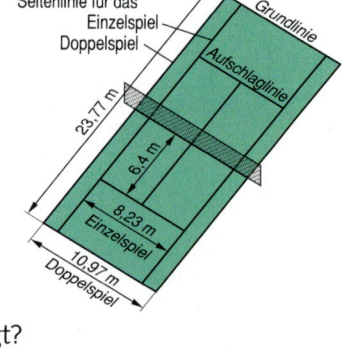

5. Der Schweizer Schwimmklub Langenthal schwamm 1994 die 1000 × 100 m-Staffel in 21 h 9 min 50 s.
Welche Zeit wurde durchschnittlich für die 100-m-Strecke benötigt?

6. Fußballweltmeisterschaft 1990 in Italien: Deutschland gewann das Endspiel gegen Argentinien. Die 52 Spiele wurden weltweit von 26,7 Mrd. Fernsehzuschauern verfolgt. Die Fernsehrechte wurden von der FIFA für 95 Mio. sfr (Schweizer Franken) verkauft.
Fußballweltmeisterschaft 2002 in Korea/Japan: Deutschland verlor das Endspiel gegen Brasilien. Die 64 Spiele wurden weltweit von 28,8 Mrd. Fernsehzuschauern verfolgt. Die Fernsehrechte wurden von der FIFA für 1,3 Mrd. sfr verkauft.
Stelle mindestens vier Fragen und berechne die Lösungen.

8 Brüche und Dezimalbrüche (4)

Vermischte Aufgaben

1. Auf dem Markt kostet 1 kg Äpfel 1,20 €.
   a) Wie viel muss Ute für $1\frac{3}{4}$ kg bezahlen?
   b) Wie viel kg erhält sie für 2,88 €?

2. Herr Müller fährt im August mit seinem Pkw folgende Strecken: 1. Woche: 628 km, 2. Woche: 519 km, 3. Woche: 709 km, 4. Woche: 583 km. Pro Kilometer erstattet ihm seine Firma 0,28 €. Wie viel erhält Herr Müller im August ausgezahlt?

3. Am „Familientag" des Filmtheaters werden die Karten zum Einheitspreis von 4,50 € verkauft. Die Tageseinnahme beträgt 2 880,00 €. Wie viele Eintrittskarten wurden am „Familientag" verkauft?

4. Eine Windmühle hat 4 rechteckige Flügel, jeder ist 7,20 m lang und 0,80 m breit. Wie groß ist die gesamte Fläche, gegen die der Wind drückt?

5. Malermeister Döpke kauft im Großhandel Farbe: 13 Eimer zu je 3,5 kg, 27 Dosen zu je $1\frac{1}{4}$ kg und 15 Dosen zu je 0,75 kg. Wie viel Kilogramm Farbe sind das insgesamt?

6. Auf dem Jupiter würde ein Mensch das 2,64-Fache wiegen, auf dem Saturn das 1,17-Fache, auf dem Mars nur das 0,36-Fache. Wie schwer wäre ein Raumfahrer, der auf der Erde 78 kg wiegt, auf diesen Planeten?

7. Familie Kraus kauft ein Baugrundstück von 35,70 m Länge und 24,80 m Breite zum Preis von 57,50 € pro m². Stelle zwei Fragen und beantworte sie.

8. Bei einem Radrennen werden 19 Runden gefahren. Eine Runde ist 6,45 km lang. Der Sieger brauchte für einen Kilometer durchschnittlich $1\frac{3}{4}$ Minuten. Der Letzte kam 18 Minuten nach dem Sieger ins Ziel.

9. Der Fußboden eines rechteckigen Raumes (7,60 m lang, 6,5 m breit) soll mit Parkett ausgelegt werden. Die Angebote zweier Firmen liegen bei 1 756,17 € und 1 793,22 €. Berechne, wie hoch die Firmen den Preis für 1 m² angesetzt haben.

10. Ein Lastwagen darf höchstens mit 3,8 t beladen werden. Wie viele Kisten von je 0,152 t darf er laden?

11. Auf dem Flachdach des Hauses liegt eine Schneeschicht von 30 cm.
    a) Wie groß ist die Fläche des Daches?
    b) Wie schwer ist die Schneelast, wenn 1 m³ des Schnees 51,5 kg wiegt? Schätze zuerst, dann rechne.
    c) In eine Schubkarre passt etwa $\frac{1}{4}$ m³ Schnee. Wie viele Schubkarren sind es?

8 Brüche und Dezimalbrüche (4)

12. Die Ladung des Lastkahns besteht aus 906,5 t Koks. Im Hafen wird die Kohle auf Güterwagen mit je 18,5 t Ladung verteilt.
a) Wie viele Wagen werden beladen?
b) Jeder Wagen ist 9,80 m lang, die Lokomotive 14,90 m. Wie lang wäre ein Zug mit allen Wagen?

13. An jeder Zapfsäule fehlt eine Angabe.

a) 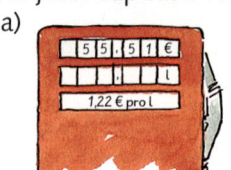 b)  c)  d)

14. a) Die Seitenwände des Sandkastens sollen innen und außen gestrichen werden. Wie groß ist die zu streichende Fläche?
b) Wie viel Kubikmeter Sand füllen den Kasten zu drei Viertel?

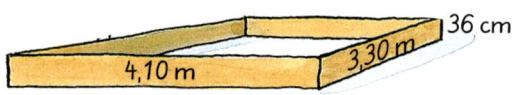

15. Zwei Bauplätze stehen zum Verkauf. Der erste ist 709,5 m² groß und soll 53 567,25 € kosten, der zweite hat 968,2 m² und wird für 71 453,16 € angeboten. Bei welchem Bauplatz ist der Preis pro Quadratmeter niedriger?

16. Beim Streichen einer 26,46 m² großen Zimmerdecke werden 2,8 kg Farbe verbraucht. Wie viel Quadratmeter können mit 1 kg Farbe gestrichen werden?

17. Im Supermarkt kosten die Weintrauben heute nur 1,98 € pro kg. Frau Müller kauft eine 0,608 kg schwere Traube, Frau Fischer eine 0,432 kg schwere. Berechne jeweils den Preis für die Traube.

18. In den Fünfzigerjahren starben in Japan 70 Menschen, nachdem sie Fische gegessen hatten, in denen sich giftiges Quecksilber aus Industrieabwässern befand. In Deutschland wurde in Rotbarschen durchschnittlich 0,21 mg Quecksilber pro kg gemessen. Ein 75 kg schwerer Mensch darf pro Woche höchstens 0,375 mg Quecksilber aufnehmen. Ist es gefährlich, in einer Woche 1,6 kg Rotbarsch zu essen?

19. Früher hieß die Energieeinheit Kilokalorie (kcal). Heute benutzt man statt dessen die Einheit Kilojoule (kJ). Es gilt: 1 kcal = 4,186 kJ.
a) Rechne in kJ um: 20 kcal; 50 kcal; 86 kcal; 120 kcal; 379 kcal; 1 015 kcal.
b) Rechne in kcal um: 125,58 kJ; 188,37 kJ; 129,766 kJ; 431,158 kJ; 107,5802 kJ.
c) Bei leichter Arbeit beträgt der Kalorienbedarf pro Tag etwa 2 460 kcal für den Mann und 2 090 kcal für die Frau. Gib den täglichen Energiebedarf in kJ an.
d) Kinder zwischen 10 und 14 Jahren benötigen in der Regel täglich 60 kcal pro kg Körpergewicht. Gib die täglich benötigte Kalorienmenge für ein Kind an, das 39 kg wiegt. Rechne in kJ um.

8 Brüche und Dezimalbrüche (4)

Merkwürdige Rekorde

LVL

1.

Das größte Schokoladen-Modell wurde im Februar 1991 auf der Internationalen Nahrungsmittelmesse in Barcelona ausgestellt. Das Modell eines spanischen Segelschiffes wog 4000 kg. Wie viele Kinder hätten ein Stück bekommen, wenn das Modell in Stücke von je 100 g zerteilt worden wäre?

2. 1998 bauten über 6000 Kinder in Tallinn (Estland) aus 391 478 Legosteinen einen 24,91 m hohen Turm. Ein Legostein wiegt nur rund 3 g. Schätze zunächst und rechne dann, ob der Turm ungefähr so schwer war wie drei Kinder (118 kg), ein Auto (1,2 t) oder zwei Elefanten (11,1 t).

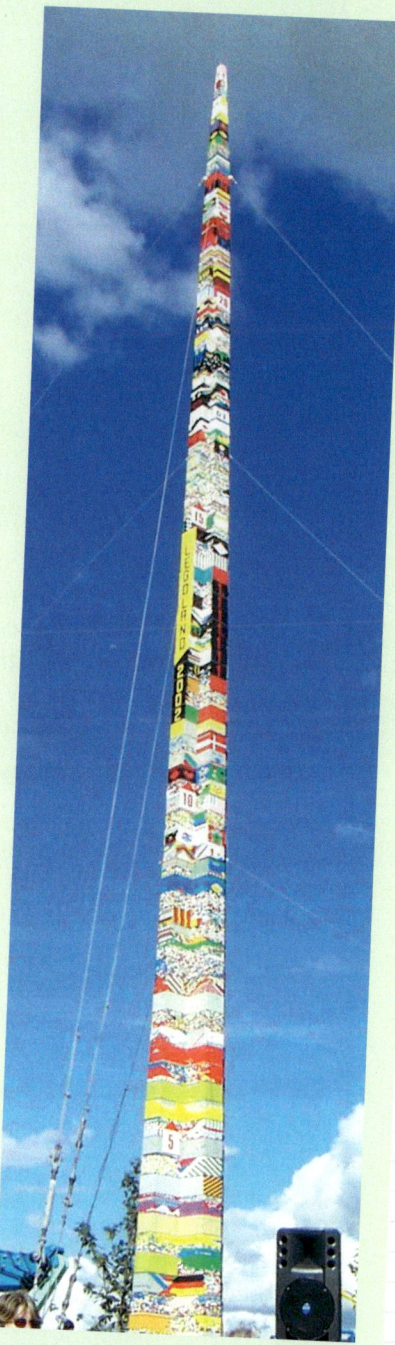

3.

Die Nashornkäfer aus der Familie der Goliathkäfer sind im Verhältnis zu ihrer Größe die stärksten Insekten. Manche Käfer können das 850-Fache des eigenen Körpergewichts tragen. Welche Masse müsste eine 43 kg schwere Schülerin heben, um eine vergleichbare Leistung zu vollbringen? Gib das Ergebnis in kg und in t an.

4.

Diese Wassermelone des Amerikaners Bill Carson wog 118,84 kg. Wie viele Kinder könnten davon einen Nachtisch von 400 g bekommen?

8 Brüche und Dezimalbrüche (4)

Klassenfahrt nach Spiekeroog

1. Die Klasse 6a (29 Schülerinnen und Schüler, 2 Lehrerinnen) fährt auf die ostfriesische Insel Spiekeroog. Spiekeroog ist 18,25 km² groß und hat 803 Einwohner. Am Tage der Ankunft der 6a sind schon 2 196 Kurgäste auf der Insel. Berechne, wie viele Menschen auf 1 km² kommen. Runde sinnvoll.
   a) ohne Gäste   b) mit allen Gästen   c) mit Gästen ohne 6a

2. Der Bus bringt die Klasse nach Neuharlingersiel zur Fähre. Er benötigt für die 264 km insgesamt $3\frac{3}{4}$ Stunden. Wie viel km fuhr er durchschnittlich in einer Stunde?

3. Der Leiter des Heimes „Quellerdünen" zeigt den Schülerinnen und Schülern ihre Zimmer. Jessica und Julia freuen sich, dass sie ein Doppelzimmer (5,05 m lang, 3,08 m breit) bekommen. Julia: „Das ist ja größer als mein Zimmer zu Hause!" Stimmt das, wenn Julias Zimmer die Maße 3,92 m × 3,98 m hat?

4. Die Kutterfahrt zu den Seehundsbänken dauert $1\frac{3}{4}$ Stunden. Das Schiff hat eine Geschwindigkeit von 11,5 Knoten (1 Knoten bedeutet 1 852 m pro Stunde). Wie viel km fährt die Klasse mit dem Kutter?

5. Mittwoch macht die Klasse die gefürchtete Strandwanderung zur Ostspitze der Insel. Eine Strecke ist 8,1 km lang.
   a) Sie starten um 13:30 Uhr und schaffen 4,5 km in der Stunde. An der Ostspitze ruhen sie 15 min aus. Zurück wandern sie wegen des Gegenwindes nur 3,6 km in der Stunde. Sind sie rechtzeitig zum Abendessen um 18 Uhr zurück?
   b) Volker hat im Sand eine durchschnittliche Schrittlänge von 60 cm. Wie viele Schritte macht er auf der Wanderung?

8 Brüche und Dezimalbrüche (4)

LVL

6. Große Stimmung beim Abschlussabend! Nichts bleibt von den Getränken und Chips übrig.
   a) Wie viel Liter wurden insgesamt getrunken?
   b) Wie viel musste jedes Kind bezahlen? Die Lehrerinnen waren eingeladen. Runde das Ergebnis sinnvoll.

Der Einkauf für den Abschlussabend:
- 6 Flaschen ($\frac{7}{10}$ l) Orangensaft (je 1,39 €)
- 5 Flaschen (1,5 l) Cola (je 1,52 €)
- 9 Flaschen ($\frac{3}{4}$ l) Limonade (je 0,74 €)
- 3 Flaschen (0,75 l) Mineralwasser (je 0,64 €)
- 8 Tüten Chips (je 1,90 €)

Kosten der Klassenfahrt der Klasse 6a

Bus	1 095,— €
Fähre	396,— €
Gepäcktransport	110,— €
Übernachtung und Verpflegung	3 100,— €
Kutterfahrt	217,— €
Wattführung	165,— €
Kurtaxe	124,— €
Eintrittsgelder	69,75 €
Sonstiges	95,55 €

7. Die Gesamtkosten der Klassenfahrt sollen aufgeteilt werden.

Lehrerinnen und Schüler zahlen gleich viel. Wie viel muss jeder bezahlen?

8 Brüche und Dezimalbrüche (4)

1. a) $\frac{2}{5} \cdot \frac{3}{7}$ b) $\frac{6}{11} \cdot \frac{7}{10}$ c) $\frac{4}{15} \cdot \frac{5}{9}$
   d) $\frac{4}{7} \cdot \frac{5}{12}$ e) $\frac{3}{13} \cdot \frac{2}{9}$ f) $\frac{9}{16} \cdot \frac{8}{15}$
   g) $\frac{8}{9} \cdot \frac{15}{16}$ h) $\frac{21}{32} \cdot \frac{8}{63}$ i) $\frac{25}{42} \cdot \frac{49}{15}$

2. a) $4\frac{2}{3} \cdot \frac{3}{5}$ b) $1\frac{3}{4} \cdot \frac{1}{2}$ c) $5\frac{5}{6} \cdot \frac{1}{7}$
   d) $3\frac{1}{3} \cdot 2\frac{3}{5}$ e) $3\frac{5}{6} \cdot 4\frac{1}{2}$ f) $2\frac{5}{8} \cdot 5$
   g) $7\frac{2}{7} \cdot 7$ h) $2\frac{2}{9} \cdot 10\frac{1}{2}$ i) $2\frac{3}{16} \cdot 4\frac{4}{5}$

3. a) $\frac{3}{10} : \frac{4}{5}$ b) $\frac{1}{7} : \frac{5}{6}$ c) $\frac{7}{12} : \frac{3}{4}$
   d) $\frac{4}{7} : \frac{2}{35}$ e) $\frac{8}{15} : \frac{6}{25}$ f) $\frac{4}{27} : \frac{6}{18}$
   g) $\frac{3}{8} : \frac{4}{7}$ h) $\frac{5}{8} : \frac{3}{11}$ i) $\frac{7}{36} : \frac{1}{24}$

4. a) $1\frac{1}{6} : 1\frac{3}{5}$ b) $1\frac{1}{5} : 3\frac{1}{3}$ c) $\frac{5}{12} : 1\frac{7}{8}$
   d) $4\frac{2}{15} : 6\frac{1}{5}$ e) $15 : \frac{5}{11}$ f) $1\frac{4}{5} : 6\frac{3}{10}$

5. a) 43,216 · 100 b) 0,7902 · 1 000
   c) 0,00813 · 10 d) 5,2031 · 1 000

6. a) 58,05 : 100 b) 1,735 : 1 000
   c) 0,0237 : 10 d) 7536,1 : 100

7. a) 36,74 · 2,3 b) 27,09 · 14,7
   c) 3,815 · 5,16 d) 436,1 · 90,3

8. a) 0,343 · 0,91 b) 35,7 · 0,052
   c) 0,0561 · 8,27 d) 0,0416 · 0,909
   e) 236,1 · 0,0349 f) 0,606 · 0,808

9. a) Berechne die Fläche eines rechteckigen Baugrundstücks, das 27,8 m lang und 22,4 m breit ist.
   b) Wie viel muss man für das Grundstück bezahlen? 1 m² kostet 70,50 €.

10. a) 50,73 : 1,9 b) 0,1904 : 3,4
    c) 9,4563 : 0,21 d) 3,3542 : 3,1
    e) 0,01458 : 0,27 f) 8,7015 : 0,015

11. a) 5,3184 : 0,64 b) 878,37 : 5,7
    c) 0,05232 : 0,048 d) 86,508 : 10,8

12. Im Urlaub gab Petra ihr gesamtes Taschengeld von 34,20 € aus, täglich im Durchschnitt 1,90 €. Wie lange dauerte der Urlaub?

Multiplikation mit einem Bruch

Man multipliziert Zähler mit Zähler und Nenner mit Nenner.

$\frac{3}{5} \cdot \frac{4}{11} = \frac{3 \cdot 4}{5 \cdot 11} = \frac{12}{55}$

$1\frac{3}{7} \cdot 3\frac{1}{2} = \frac{10}{7} \cdot \frac{7}{2} = \frac{\overset{5}{\cancel{10}} \cdot \cancel{7}}{\underset{1}{\cancel{7}} \cdot \underset{1}{\cancel{2}}} = 5$

Division durch einen Bruch

Man multipliziert mit dem Kehrbruch (Zähler und Nenner werden vertauscht).

$\frac{8}{9} : \frac{3}{4} = \frac{8}{9} \cdot \frac{4}{3} = \frac{8 \cdot 4}{9 \cdot 3} = \frac{32}{27} = 1\frac{5}{27}$

Multiplikation und Division von Dezimalbrüchen mit 10, 100, 1 000, …:

Man verschiebt das Komma um 1, 2, 3, … Stellen.

580,135 · 100 = 58 013,5
1,305 : 100 = 0,01305

Multiplikation von Dezimalbrüchen

Man rechnet zunächst, ohne Kommas zu beachten. Anschließend setzt man das Komma so, dass das Ergebnis so viele Stellen hinter dem Komma hat, wie beide Faktoren zusammen.

```
359,1 · 0,28        0,3802 · 0,00301
  7182                114060
 28728                  3802
100,548              0,001144402
```

Division durch einen Dezimalbruch

Man multipliziert zunächst beide Zahlen so mit 10, 100, 1 000, …, dass bei der zweiten Zahl kein Komma mehr steht.

```
0,338 : 0,13 = 33,8 : 13 = 2,6
              − 26
                78      Probe: 2,6 · 0,13
              − 78              26
                 0              78
                             0,338
```

8 Brüche und Dezimalbrüche (4)

Grundaufgaben

1. a) 51,38 : 1 000 b) 0,0513 · 100 c) 250,56 : 1 000 d) 0,213 : 100

2. a) 2,9 · 47,5 b) 0,71 · 80,2 c) 10,8 : 6 d) 30 : 2,5

3. a) $4 \cdot \frac{3}{5}$ b) $\frac{3}{4} \cdot \frac{6}{7}$ c) $\frac{3}{8} : \frac{1}{2}$ d) $\frac{2}{3} : 4$

4. Ein Meter Wasserschlauch kostet 2,70 €. Herr Münster kauft 8,50 m. Wie viel Euro bezahlt er?

5. Frau Sonters zahlt bei einer Schlossbesichtigung für 27 Schülerinnen und Schüler insgesamt 67,50 €. Wie viel Euro sind das pro Kind?

Erweiterungsaufgaben

1. Berechne nur ein Ergebnis schriftlich. Bestimme die anderen mit der Kommaverschiebung.

a)
804 ·	4,8
8,04 ·	0,48
80,4 ·	0,048
0,804 ·	4,8

b)
707 ·	83
707 ·	0,83
0,707 ·	0,83
70,7 ·	8,3

c)
44 ·	905
4,4 ·	9,05
0,44 ·	0,905
0,044 ·	90,5

d)
309 ·	222
0,309 ·	2,22
30,9 ·	22,2
3,09 ·	0,0222

2. a) $\frac{4}{9} \cdot \frac{3}{5}$ b) $\frac{7}{12} : \frac{14}{3}$ c) $1\frac{1}{4} : 2\frac{1}{2}$ d) $2\frac{2}{5} \cdot 1\frac{7}{12}$

3. Von einer Baustelle müssen 27 m³ Schutt abgefahren werden. Der Lkw kann 4,5 m³ laden. Wie viele Fahrten sind notwendig?

4. Eine Seemeile beträgt 1,852 km. Ein Schiff legt in einer Stunde 18,5 Seemeilen zurück. Wie viel Kilometer werden in einer Stunde zurückgelegt?

5. Für ein 565 m² großes Baugrundstück musste Herr Steinmetz 62 404,25 € zahlen. Wie viel Euro hat er pro Quadratmeter gezahlt?

6. Ein Quader ist 7,8 cm lang, 4,2 cm breit und 3,5 cm hoch. Berechne das Volumen.

7. Petras Zimmer ist 4,50 m lang und 3 m breit. Das Zimmer wird mit Teppichboden zu 19,80 € je m² ausgelegt. Wie teuer ist der Teppichboden?

8. Frau Krüger aus Freiburg fährt an 5 Tagen in der Woche mit dem Bus zu ihrer Arbeitsstelle. Für eine Jahreskarte hat sie 375 € bezahlt.
a) Wie viele Einzelfahrscheine für 1,80 € könnte sie dafür kaufen?
b) Frau Krüger könnte auch jeden Monat eine Monatskarte zu 37,50 € kaufen. Um wie viel Euro wäre das teurer als eine Jahreskarte?

9. Sandro hat in seiner Geldbörse 15,48 €. Die Hälfte davon braucht er, um Schulden bei Mitschülern zurückzuzahlen. Vom Rest gibt er ein Drittel für Süßigkeiten aus. Welchen Betrag behält Sandro?

10. Karin Schulz verdient im Monat 1 868,65 €. Für Steuern und Sozialabgaben werden $\frac{2}{7}$ des Lohns abgezogen. Welchen Betrag bekommt Frau Schulz ausgezahlt?

Diagnosearbeit

Grundaufgaben

1. Welche Zahlen gehören zu den Buchstaben?

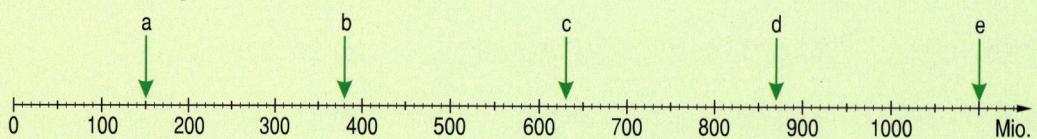

2. Runde auf Millionen.
   a) 15 419 000   b) zwölf Millionen fünfhunderteinundsiebzigtausend

3. Berechne.   a) 4,24 + 0,18   b) 12,07 − 2,56   c) 12,5 · 25

4. Welcher Bruchteil der Figur ist gefärbt? Schreibe ihn als gekürzten Bruch.

a) 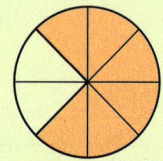   b)    c)

5. a) $\frac{3}{4}$ von 60 kg = ■ kg   b) $\frac{2}{3}$ von 1,20 m = ■ cm   c) $\frac{1}{4}$ von 1 km = ■ m

6. a) Miss die Winkel. Wie nennt man die Winkel α und β?
   b) Wie groß ist der Winkel γ?
      Wie nennt man einen Winkel, der so groß ist wie γ?

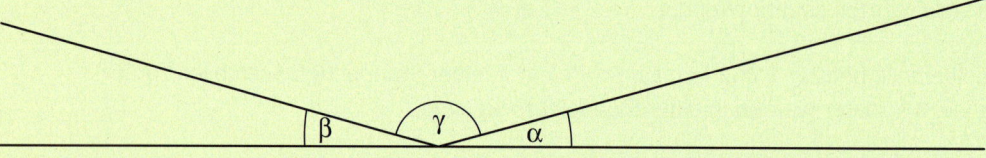

7. Ina mischt für ein erfrischendes Getränk $1\frac{1}{2}$ l Mineralwasser mit $\frac{1}{3}$ l Fruchtsirup. Wie viel Liter Fruchtgetränk hat sie dann?

8. Die Zeichnung zeigt eine rechteckige Wiese.
   Berechne
   a) den Umfang,
   b) den Flächeninhalt der Wiese.

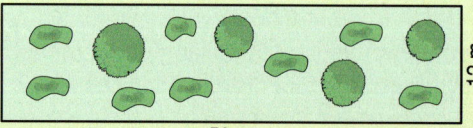

9. a) Miss die Seitenlängen des Quadrats.
   b) Zeichne ein Quadrat mit doppelter Seitenlänge in dein Heft.
   c) Zeichne alle Symmetrieachsen in dein Quadrat.
   d) Wie oft passt das hier gezeichnete Quadrat in dein Quadrat mit doppelter Seitenlänge?

10. Max hat an fünf Schultagen notiert, wie lange er für den Weg zur Schule brauchte: 25 min, 32 min, 30 min, 25 min, 28 min. Berechne den Durchschnitt.

Diagnosearbeit

Erweiterungsaufgaben

1. Wie viel fehlt an der nächsten ganzen Zahl? Schreibe ab und ergänze die fehlende Zahl.
   a) $\frac{7}{8} + \blacksquare = 1$ b) $2\frac{1}{3} + \blacksquare = 3$ c) $3{,}49 + \blacksquare = 4$ d) $9{,}01 + \blacksquare = 10$

2. a) Schreibe $2\frac{4}{5}$ als Dezimalbruch.   b) Schreibe 1,7 als Bruch.

3. Rechne und schreibe das Ergebnis als Bruch und auch als Dezimalbruch:
   a) $1{,}4 + 1\frac{1}{2}$ b) $2\frac{1}{4} - 1{,}5$ c) $1\frac{1}{2} + 0{,}5$ d) $2{,}1 - \frac{3}{4}$

4. Ordne die Zahlen, beginne mit der kleinsten Zahl: $1\frac{1}{3}$ 0,31 $\frac{1}{3}$ 3,1 $\frac{3}{10}$

5. Berechne.   a) $\frac{1}{5} + \frac{3}{5}$ b) $\frac{5}{7} - \frac{3}{7}$ c) $8{,}26 + 0{,}37$ d) $14{,}18 - 3{,}42$

6. a) Anne fährt mit dem Zug von ihrem Dorf zur Schule in die Stadt. Um 6:42 Uhr muss Anne schon abfahren. Die Fahrt dauert 35 Minuten. Wann kommt der Zug in der Stadt an?
   b) Marc fährt mit dem Zug seinen Opa besuchen. Sein Zug fährt um 13:38 Uhr ab, um 15:02 Uhr erwartet sein Opa ihn am Zielbahnhof. Wie lange dauert die Fahrt?

7. Ein Polenta-Rezept für 5 Personen sieht $\frac{3}{4}$ l Wasser vor. Wie viel Wasser braucht man, wenn für eine Gesellschaft mit 15 Personen Polenta gekocht wird?

8. Tina kauft eine Wanderkarte für 3,95 € und ein Wanderbuch für 12,85 €. Sie zahlt mit einem 20-€-Schein. Wie viel Geld erhält Tina zurück?

9. a) Zeichne mit dem Geodreieck ein Quadrat mit einer Seitenlänge von 6 cm.
   b) Skizziere ein Rechteck, das den doppelten Flächeninhalt wie das Quadrat hat. Gib zwei Möglichkeiten an. Berechne den Umfang der beiden Rechtecke.

10. Gesucht sind zwei Zahlen. Gib für jede Aufgabe zwei Möglichkeiten an.
    a) Die Summe von zwei Zahlen ergibt 1.
    b) Der Unterschied zwischen zwei Zahlen ist 1,5.
    c) Das Produkt zweier Zahlen ist 60.
    d) Wenn man die eine Zahl durch die andere teilt, erhält man $\frac{1}{2}$.

11. Berechne, gib das Ergebnis in der nächst kleineren Maßeinheit an.
    a) $\frac{1}{3}$ von 2 Stunden   b) $\frac{3}{8}$ von 2 kg   c) $\frac{1}{4}$ von 1,5 km

12. Ein Bewegungsmelder erfasst jede Bewegung in einem Winkel von 120° bis zu einer Entfernung von 20 m. Markiere in deinem Heft einen Punkt für den Bewegungsmelder und den Bereich, den der Bewegungsmelder überwacht. Zeichne 1 cm für 2 m Reichweite des Bewegungsmelders.

13. a) Zeichne in ein Gitternetz das Viereck mit den Eckpunkten A (1|0), B (4|1), C (4|6) und D (1|5).
    b) Spiegele das Viereck an der Geraden BC.
    c) Welche Form haben das Viereck ABCD und sein Spiegelbild?

14. Anna, Marco, Tim, Lena und Maria wollen sich 2 Tafeln Schokolade teilen. Welchen Bruchteil einer Tafel bekommt jeder? Stelle die Lösung mit einer Skizze dar.

15. Welche Symmetrieeigenschaften erkennst du in der Figur? Beschreibe diese mit Worten und einer Skizze.

a)    b)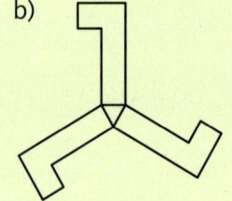

16. Berechne und schreibe das Ergebnis als gemischte Zahl.
a) $\frac{2}{5} \cdot 12$ b) 5,6 : 4   c) ein Viertel von 7

17. a) Frau Nießen tankt 39,5 l Benzin zu einem Literpreis von 1,21 €. Wie viel muss sie zahlen?
b) Familie Fischer kauft ein Grundstück von 32 m Länge und 20,5 m Breite. Ein Quadratmeter kostet 84,50 €. Wie teuer ist das Grundstück?

18. Sabrina möchte eine quaderförmige Geschenkbox aus Tonpapier basteln. Diese soll 14 cm lang, 7 cm breit und 5 cm hoch werden.
a) Skizziere ein Schrägbild des Quaders und zeichne sein Netz.
b) Welches Fassungsvermögen hat die Box?
c) Gib den Materialverbrauch für die Schachtel (ohne Klebelaschen) an.

19. In einem Geschäft wird Essig in verschieden großen Flaschen angeboten. In welcher Flasche ist am meisten Essig? $\frac{1}{2}$ l $\frac{3}{4}$ l $\frac{3}{8}$ l   0,7 l

20. In einem Supermarkt wird die 100-ml-Tube Gesichtscrème zu 3,95 € angeboten. Heute wird eine 500-ml-Dose als „Sonderangebot für 19,95 €" angepriesen. Ist das Sonderangebot zugleich auch ein Sparangebot? Begründe deine Antwort.

21. Vier Kinder haben mit einem normalen Würfel gewürfelt. Beurteile die Behauptungen.
a) Michael: Ich habe am häufigsten eine 6 gewürfelt.
b) Arne: Bei mir fiel die 6 relativ gesehen am häufigsten.
c) Emilio: Wenn ich 1 000-mal gewürfelt hätte, wäre mindestens 150-mal die 6 gefallen.
d) Dori: Bei 1 000 Würfen kann man etwa 160-mal eine 6 erwarten.

	Arne	Emilio	Dori	Michael
Anzahl der Würfe	100	100	200	200
Anzahl der 6er	20	15	32	34

22. Rea hat zu ihrem Geburtstag einige Geldgeschenke bekommen: Von Oma 5,– €, von Opa 7,– €, vom großen Bruder 3,– €, von Onkel Alex 5,– € und von Tante Ida 20,– €.
a) Wie viel bekam Rea durchschnittlich von einer Person geschenkt?
b) Wer belegt mit seinem Geldgeschenk den mittleren Platz? Wie viel schenkt er oder sie?

23. Die drei sechsten Klassen der Gauß-Schule spendeten für eine Partnerschule im Kongo unterschiedlich viel. Vergleiche dazu das Säulendiagramm.
a) Wie viel spendeten die drei Klassen zusammen?
b) Welcher Anteil entfiel von der Gesamtspende auf die einzelne Klasse?
c) Erstelle ein Streifendiagramm für die Anteile der drei Klassen.

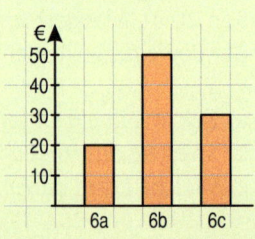

Lösungen der Seiten „Wissen – Anwenden – Vernetzen"

Seite 62/63

1. **Theater**
   a) 21 Einser; insgesamt 192 einzelne Ziffern
   b) Die möglichen Varianten für die drei Sitzplätze sind: (11, 12, 13) in der zweiten Reihe, (41, 42, 43) in der fünften Reihe oder (71, 72, 73) in der achten Reihe. Hannas Angaben reichen nicht aus.
   c) Bodo achtet in seiner Aussage nicht auf die Bedingung, dass mindestens $\frac{3}{4} \cdot 100 = 75$ Karten zu **jeder** Aufführung verkauft werden sollen. Wären z. B. zu der ersten, zweiten, dritten und vierten Aufführung 90, 90, 90 und 30 Karten verkauft worden, so wäre die Bedingung nicht erfüllt, obwohl insgesamt 300 Karten verkauft wurden.

2. **Planetarium**
   a) 16:38 Uhr
   b) 1 Karte für den Vater (8 €), dazu entweder 8 Karten für Kinder oder 5 Karten für Kinder und 2 Karten für Jugendliche oder 2 Karten für Kinder und 4 Karten für Jugendliche.
   c) 24 Plätze.
   - In der **7.** Reihe sind 30 Plätze.
   - Es gibt keine Reihe mit 35 Plätzen.

Reihe	1	2	3	4	**5**	6	7	8	**9**	10
Anzahl der Sitzplätze in der Reihe n	12	15	18	21	24	27	30	33	36	39
Gesamtzahl der Sitzplätze bis zur Reihe n	12	27	45	66	**90**	117	147	180	216	**255**

   d) Bei 5 Reihen: 90 Sitzplätze

3. **Zahlenmuster und Figuren**
   a) Die Punkte, deren Anzahl der Dreieckszahl entspricht, können in der Form eines gleichseitigen Dreiecks oder eines rechtwinkligen Dreiecks (Treppe) gelegt werden.
   Die 8. Dreieckszahl ist **36**.
   45 ist die **neunte** Dreieckszahl.
   b) 1, 4, 9, 16, 25, 36, 49, 64, 81, 100
   - $3^2 + 4^2 = 9 + 16 = 25 = 5^2$; $6^2 + 8^2 = 36 + 64 = 100 = 10^2$; …
   c)

   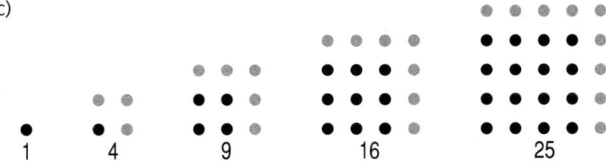

   Auf dem Bild sind die ersten fünf Quadratzahlen durch die entsprechende Anzahl an Kugeln dargestellt.
   Die helleren Kugeln zeigen jeweils den Unterschied zur vorhergehenden Quadratzahl an.
   Es gilt: $2^2 = 1^2 + 2 \cdot 1 + 1 = 1^2 + \mathbf{3} = 1 + 3$
   $3^2 = 2^2 + 2 \cdot 2 + 1 = 2^2 + \mathbf{5} = 1 + 3 + 5$
   $4^2 = 3^2 + 2 \cdot 3 + 1 = 3^2 + \mathbf{7} = 1 + 3 + 5 + 7$
   …
   Beginnend mit der 1 ganz links durchläuft die Anzahl der hellen Kugeln so alle ungeraden Zahlen. Jede Quadratzahl Q(n) ist die Summe der ersten n ungeraden natürlichen Zahlen: $Q(n) = 1 + 3 + \ldots + (2n - 1)$. Dann stimmt Berrits Überlegung.
   d) $111\,111^2 = 12\,345\,654\,321$.

4. **Brüche darstellen**
   a) $\frac{1}{3}, \frac{1}{8}, \frac{1}{4}, \frac{1}{7}$ und $\frac{1}{9}$
   b) –
   c) $\frac{1}{3}$ und $\frac{1}{6}$

Seiten 118/119

1. **Klassenausflug**
   a) D
   15 Stimmen für Schwimmbad, 9 Stimmen für Zoo
   b) 150,80 € (2 11er-Karten Kinder, 2 Einzelkarten Kinder, 2 Einzelkarten Erwachsene)
   Ja, 6 € pro Person (insgesamt 156 €) würden reichen.
   a) Preis donnerstags: 134,60 €; Ersparnis: 16,20 €.

Lösungen der Seiten Wissen – Anwenden – Vernetzen

2. Einladung zum Essen
a)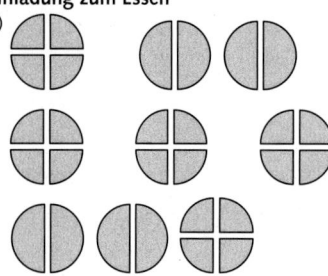

b) Eine Viertel Pizza kann an die anderen Kinder verteilt werden; jedes der anderen bekommt noch $\frac{1}{3}$ von $\frac{1}{4} = \frac{1}{12}$ Pizza dazu.
c) 9 Pizzas

3. Pakete
a) $V = 9000 \text{ cm}^3$; Netz von Lehrerin/Lehrer kontrollieren lassen; $O = 2700 \text{ cm}^2$.
b) Nein, es werden 2,10 m Schnur benötigt.
c) C ist richtig. 72 kleine Kartons passen in das große Paket.

4. Schatzsuche
a) 48 min   b) Beide Gruppen kommen gleichzeitig ans Ziel.   c) 8 Bänder, wenn auch am Ziel ein Band hängt; ansonsten nur 7 Bänder.
d) zwei gleich lange Wege sind möglich: Parkplatz – alte Eiche – Grillhütte und Parkplatz – Abenteuer Spielplatz – Ententeich – Grillhütte, jeweils 30 min. Ein weiterer Weg wäre Parkplatz – Ententeich – Grillhütte, dafür würden nur 21 min. benötigt.

Seiten 162/163

1. Umfang und Flächeninhalt

a) Es gibt insgesamt drei verschieden große Rechtecke.
b) A1 = A5 = 20 cm²; A3 = 36 cm² (A2 = A4 = 32 cm²).
c) Alle Rechtecke haben 24 cm Umfang.
d) Man kann sich vorstellen, dass eine Ecke der Figur „nach innen" geklappt wurde, damit bleiben die Kantenlinien (und damit der Umfang) erhalten; die umrandet Fläche wird kleiner.

2. Eine knifflige Aufgabe
a) Die kleinste Menge, die Robert abfüllen kann, ist $\frac{1}{3}l - \frac{1}{4}l = \frac{1}{12}l$.
$\frac{5}{6} = \frac{10}{12} = 10 \cdot (\frac{1}{3} - \frac{1}{4})$. Robert wird zehn Mal nach einander jeweils $\frac{1}{3}l$ in den großen Eimer abfüllen und $\frac{1}{4}l$ wieder zurückschütten.
Oder: Er füllt den Eimer voll (d. h. im Eimer befindet sich 1 l Wasser). Er nimmt zwei mal $\frac{1}{3}l$ heraus und füllt wieder zwei mal $\frac{1}{4}l$ Wasser wieder dazu. Im Eimer werden $1l - 2 \cdot \frac{1}{3}l + 2 \cdot \frac{1}{4}l = \frac{(12-8+6)}{12}l = \frac{10}{12}l = \frac{5}{6}l$ sein.
b) Die kleinste Menge, die mit den angegebenen Maßen abgefüllt werden kann, ist $\frac{1}{3} - \frac{1}{4} = \frac{1}{12}$. Die Bruchzahl $\frac{5}{6}$ kann als ein Bruch mit dem Nenner 12 dargestellt werden: $\frac{5}{6} = \frac{10}{12}$, sie ist also ein Vielfaches von $\frac{1}{12}$. Dagegen ist $\frac{3}{5}$ kein Vielfaches von $\frac{1}{12}$ (da 5 kein Teiler von 12 ist). Man kann nicht mit den gegebenen Gefäßen $\frac{3}{5}l$ Wasser in den Eimer abfüllen.

3. Dreiecke
a) Auf dem 2 × 2-Feld kann man nur ein Dreieck zeichnen, dieses ist gleichschenklig und rechtwinklig. Das zweite Dreieck kann auf das erste durch eine Achsenspiegelung abgebildet werden, das dritte und das vierte Dreieck durch eine Drehung.
Ayhan hat folgende drei verschiedene Dreiecke gezeichnet:
Alle anderen Dreiecke auf dem 2 × 3-Feld können durch Spiegelung, Drehung oder Verschiebung aus diesen Dreiecken hervorgehen.
Linus hat folgende vier verschiedene Dreiecke gezeichnet:
Alle anderen Dreiecke, die Linus auf dem 3 × 3-Feld noch zeichnen könnte, können durch Spiegelung oder Drehung aus diesen Dreiecken hervorgehen.
Die Gesamtzahl der verschiedenen Dreiecke ist
$1 + 3 + 4 = 8$.

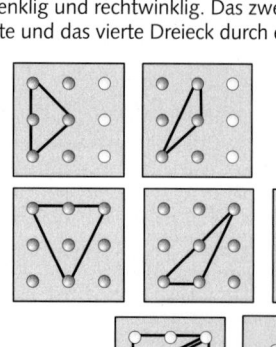

b) Sarah könnte auf ihrem 3 × 3 Geobrett vier identische Dreiecke spannen, die das ganze Feld abdecken.
Der Flächeninhalt eines Dreiecks ist dann ein Viertel vom Flächeninhalt des Quadrates.
Der Flächeninhalt des stumpfwinkligen Dreiecks ABF ist $\frac{1}{4}$ des Flächeninhalts des Quadrates:
Das Teildreieck ABD ist identisch mit dem Dreieck BCE (durch Verschieben erkennbar).
Durch Drehen entsteht aus dem Teildreieck BFD das Dreieck FBE. Damit sind die aus diesen Teildreiecken zusammengesetzten Dreiecke ABF und BCF gleich groß und zusammen so groß wie das halbe (diagonal geteilte) Quadrat, also jedes so groß wie $\frac{1}{4}$ des Quadrats.

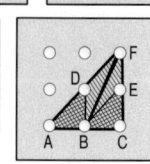

4. Ein Fund auf dem Dachboden
a) für $\frac{1}{4}$ des Kreises: 15 Minuten; für $\frac{1}{6}$ des Kreises: 10 Minuten; in 20 Min.: $\frac{1}{3}$ des Kreises
b) kleiner Zeiger, für $\frac{1}{3}$ des Kreises: 240 Minuten; für $\frac{1}{24}$ des Kreises: 30 Minuten; in 2 Stunden: $\frac{1}{6}$ des Kreises
c) 6:12 Uhr, 6:24 Uhr, 6:36 Uhr, 6:48 Uhr.
d) zwischen 15:12 Uhr und 15:24 Uhr, also um ca. 15:18 Uhr

Lösungen der TÜV-Seiten

Seite 27

1. a) 34 € + 19 € + 28 € + 5 € = 86 €   b) 19 € + 14 € – 8 € – 4 € = 21 €

2.

	Billionen			Milliarden			Millionen			Tausend					
	H	Z	E	H	Z	E	H	Z	E	H	Z	E	H	Z	E
a)					2	5	0	1	7	0	0	0	0	0	0
b)			2	0	0	6	0	5	1	0	0	0	0	0	0

3. a) 13 Mrd. 268 Mio. 700 T   dreizehn Milliarden zweihundertachtundsechzig Millionen siebenhunderttausend
b) 5 Bio. 340 Mrd. 600 Mio.   fünf Billionen dreihundertvierzig Milliarden sechshundert Millionen

4. a = 3 Mio.   b = 10 Mio.   c = 2 Mio.   d = 6 Mio.   e = 1 Mio.   f = 7 Mio.

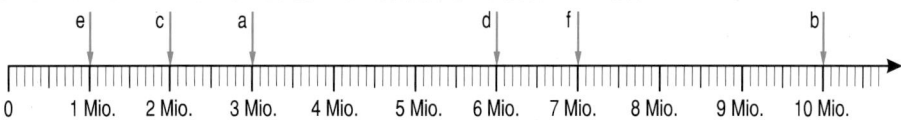

5. a = 30 Mrd.   b = 110 Mrd.   c = 250 Mrd.   d = 320 Mrd.   e = 570 Mrd.

6. a) Alle Teiler von 15: 1, 3, 5, 15
b) Alle Teiler von 28: 1, 2, 4, 7, 14, 28
c) Alle Teiler von 42: 1, 2, 3, 6, 7, 14, 21, 42

7. Alle Vielfachen bis 120 von 8: 8, 16, 24, 32, 40, 48, 56, 64, 72, 80, 88, 96, 104, 112, 120
Alle Vielfachen bis 120 von 12: 12, 24, 36, 48, 60, 72, 84, 96, 108, 120
Alle Vielfachen bis 120 von 20: 20, 40, 60, 80, 100, 120

8. a) ggT (15, 18) = 3   b) ggT (16, 24) = 8   c) ggT (45, 60) = 15
d) kgV (8, 10) = 40   e) kgV (15, 25) = 75   f) kgV (9, 12) = 36

9.

teilbar durch \ Zahl	6 930	13 412	15 795
2	x	x	–
3	x	–	x
4	–	x	–
5	x	–	x
9	x	–	x
10	x	–	–

10. 101, 103, 107, 109, 113

11. a)

Menge (kg)	Preis (€)
8	5
24	15
120	75
56	35

b)

Strecke (km)	Zeit (h)
32	2
16	1
48	3
128	8

Seite 51

1. a) 20 €   b) 20 €   c) 7 €   d) 6 €   e) 60 €   f) 30 €   **2.** a) 6 m   b) 6 m   c) 12 m   d) 6 m   e) 15 m   f) 20 m

3. a) $1\frac{2}{3}$ b) $1\frac{1}{7}$ c) $1\frac{4}{5}$ d) $2\frac{3}{4}$ e) $4\frac{1}{4}$ f) $4\frac{1}{6}$ g) $9\frac{2}{3}$ h) $3\frac{4}{5}$

4. a) $\frac{5}{7}$ b) $\frac{1}{5}$ c) $\frac{14}{12} = 1\frac{2}{12}$ d) $\frac{7}{10}$ e) $\frac{7}{6} = 1\frac{1}{6}$ f) $\frac{4}{8}$ **5.** a) $3\frac{1}{3}$ b) $5\frac{3}{5}$ c) $6\frac{3}{7}$ d) $2\frac{3}{8}$ e) $6\frac{2}{7}$ f) $2\frac{1}{3}$

6. a) $\frac{1}{8}$ b) $2\frac{1}{3}$ c) $2\frac{4}{5}$ d) $5\frac{1}{3}$ e) $1\frac{4}{7}$ f) $4\frac{2}{4}$

7. a) 0,3   b) 0,17   c) 1,4   d) 2,0   e) 0,005   f) 2,73   g) 0,45   h) 12,3

8. a) $\frac{73}{100}$ b) $\frac{16}{10}$ c) $\frac{103}{100}$ d) $\frac{48}{1000}$ e) $\frac{140}{100}$ f) $\frac{7031}{1000}$ **9.** a) 1,6   b) 13,8   c) 9,4   d) 8,0   e) 7,5   f) 8,4

10. a) 1,35   b) 2,08   c) 0,93   d) 5,43   e) 13,53   f) 0,05

11. a) 0,7   b) 1,1   c) 0,4   d) 2,9   e) 0,4   f) 3,1   g) 0,6   h) 1,8   i) 6,3   **12.** a) 12,49   b) 21,93   c) 9,23

Lösungen der TÜV-Seiten

Seite 73

1. – **2.** a) r = 5 cm b) r = 3,5 cm c) r = 3,4 cm   Zeichnungen von Lehrer/Lehrerin kontrollieren lassen

3. a) d = 16 cm b) d = 10,6 cm c) d = 9,4 cm

4.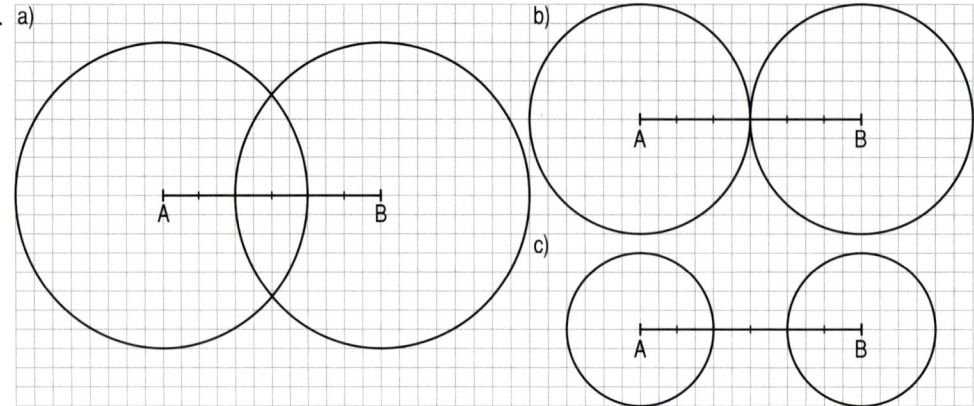

(Zeichnungen sind hier verkleinert.)

5. α: stumpfer Winkel, β: spitzer Winkel, γ: gestreckter Winkel, δ, ε: rechte Winkel   **6.** α = 30°, β = 60°, δ = 90°

7. 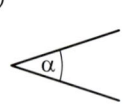 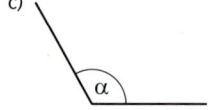 **8.** 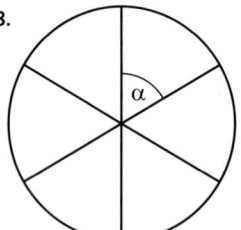 α = 360° : 6 = 60°
(Zeichnung ist verkleinert.)

9.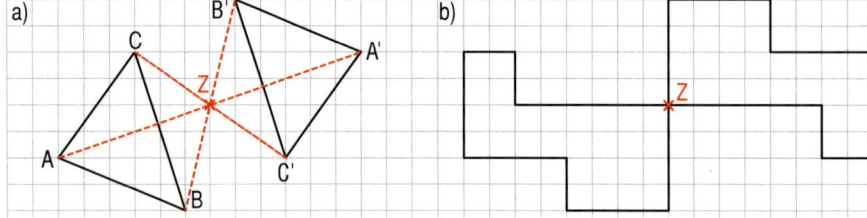

10.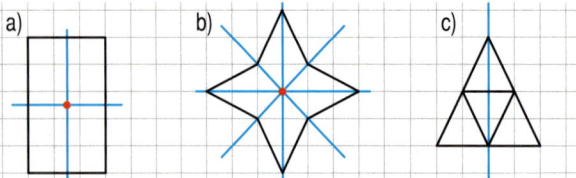

a) achsensymmetrisch (2 Symmetrieachsen), punktsymmetrisch

b) achsensymmetrisch (4 Symmetrieachsen), drehsymmetrisch (α = 90°, α = 180°) punktsymmetrisch

c) achsensymmetrisch (eine Symmetrieachse)

Seite 95

1. a) $\frac{12}{7} = 1\frac{5}{7}$ b) $\frac{40}{9} = 4\frac{4}{9}$ c) $\frac{17}{6} = 2\frac{5}{6}$ d) $\frac{6}{9}$ e) $\frac{22}{15} = 1\frac{7}{15}$ f) $\frac{42}{11} = 3\frac{9}{11}$

2. a) $\frac{22}{3} = 7\frac{1}{3}$ b) $\frac{39}{9} = 4\frac{3}{9}$ c) $\frac{68}{7} = 9\frac{5}{7}$ d) $\frac{42}{5} = 8\frac{2}{5}$ e) $\frac{26}{6} = 4\frac{2}{6}$ f) $\frac{21}{2} = 10\frac{1}{2}$

Lösungen der TÜV-Seiten

3. a) $\frac{5}{24}$ b) $\frac{2}{15}$ c) $\frac{1}{40}$ d) $\frac{8}{28}=\frac{2}{7}$ e) $\frac{15}{30}=\frac{5}{10}$ f) $\frac{8}{20}=\frac{2}{5}$

4. a) $1\frac{1}{8}$ b) $1\frac{2}{5}$ c) $\frac{11}{42}$ d) $\frac{4}{15}$ e) $\frac{1}{2}$ f) $\frac{14}{15}$

5. $1\frac{1}{2}:9=\frac{3}{2}:9=\frac{3}{18}=\frac{1}{6}$

6. a) 29,4 b) 13,12 c) 45,57 d) 109,9 e) 2,52 f) 14,35

7. a) 96,6 b) 612,5 c) 142,56 d) 13,49 e) 22,41 f) 16,64

8. $0,06 \cdot 17 = 1,02$ Das Gespräch kostet 1,02 €.

9. $1,079 \cdot 32 = 34,528 \approx 34,53$ Ines bezahlt 34,53 €.   10. a) 1,14 b) 0,56 c) 3,24 d) 1,49 e) 0,35 f) 0,34

11. a) $0,67375 \approx 0,67$ b) $2,0777... \approx 2,08$ c) $0,145 \approx 0,15$ d) $2,033... \approx 2,03$ e) $0,285 \approx 0,29$ f) $0,146 \approx 0,15$

12. a) 0,5 b) 0,6 c) $0,\overline{6}$ d) $0,\overline{5}$ e) 0,25 f) 0,7 g) 0,625 h) $0,\overline{857142}$
    periodisch: $\frac{2}{3}, \frac{5}{9}, \frac{6}{7}$

13. a) 75 % b) 21 % c) 9 % d) 8 %

Seite 125

1. a) A = 66 cm²; u = 34 cm b) A = 84 cm²; u = 38 cm c) A = 225 cm²; u = 60 cm d) A = 625 dm²; u = 100 dm = 10 m

2. Der Zaun muss 590 m lang sein.

3. a) 1 800 000 m² b) 18 000 a c) 180 ha d) 1,8 km²

4. 100 m   5. a) nein b) ja c) nein d) ja   6. $O = 2 \cdot (2 \cdot 5 + 3 \cdot 5 + 2 \cdot 3)$ dm² = 62 dm²

7. a) 4 000 cm³   b) 5   cm³   c) 0,75 cm³   8. 4 Mülltonnen fassen 960 l = 0,96 m³, also ungefähr 1 m³.
       27 000 cm³   34   cm³   0,06 cm³   Man benötigt also 4 Mülltonnen.
          500 cm³   0,8 cm³   0,009 cm³

9. $V = 50 \cdot 50 \cdot 50$ cm³ = 125 000 cm³ = 125 dm³ = 125 l = 1,25 hl

10. a) V = 120 000 cm³ = 120 dm³
    b) $O = (60 \cdot 25 + 25 \cdot 80 + 60 \cdot 80) \cdot 2$ cm² = 16 600 cm² = 166 dm²
    c) Es passen 40 solche Kartons hinein: 5 Lagen mit 2 × 4 Kartons.

Seite 149

1. Hier ohne Zeichnung: a) $\frac{3}{4}=\frac{9}{12}$ b) $\frac{6}{9}=\frac{2}{3}$

2. a) $\frac{2}{3}$ b) $\frac{6}{15}$ c) $\frac{3}{4}$ d) $\frac{6}{16}$

3. a) $\frac{2}{3}$ b) $\frac{4}{5}$ c) $\frac{4}{5}$ d) $\frac{1}{2}$ e) $\frac{2}{3}$

4. a) $\frac{2}{5}=\frac{4}{10}=0,4$ b) $\frac{1}{2}=\frac{5}{10}=0,5$ c) $\frac{18}{25}=\frac{72}{100}=0,72$ d) $\frac{7}{200}=\frac{35}{1000}=0,035$ e) $\frac{3}{8}=\frac{375}{1000}=0,375$

5. a) $\frac{3}{5}=\frac{60}{100}=0,6=60\%$ b) $\frac{1}{2}=\frac{50}{100}=0,5=50\%$ c) $\frac{12}{25}=\frac{48}{100}=0,48=48\%$ d) $\frac{11}{20}=\frac{55}{100}=0,55=55\%$
    e) $\frac{7}{10}=\frac{70}{100}=0,7=70\%$

6. a) 0,33 = 33 % b) 0,83 = 83 % c) 0,44 = 44 % d) 0,88 = 88 % e) 0,57 = 57 %

7. a) $\frac{3}{4}>\frac{5}{8}$ b) $\frac{2}{3}>\frac{4}{12}$ c) $\frac{2}{3}<\frac{3}{4}$ d) $\frac{6}{10}<\frac{4}{5}$ e) $\frac{3}{5}<\frac{5}{6}$ f) $\frac{5}{8}<\frac{4}{6}$

8. a) $\frac{3}{10}<\frac{2}{5}$ b) $\frac{3}{7}<\frac{5}{9}$

9. $\frac{15}{6}=\frac{5}{2}=2\frac{1}{2}$; $1,2=\frac{12}{10}=\frac{6}{5}$; $0,75=\frac{3}{4}=\frac{6}{8}=\frac{15}{20}$

10. a) $\frac{5}{6}$ b) $\frac{14}{15}$ c) $\frac{13}{12}=1\frac{1}{12}$ d) $\frac{3}{8}$ e) $\frac{3}{6}=\frac{1}{2}$ f) $\frac{1}{10}$

11. a) $\frac{11}{12}$ b) $\frac{3}{10}$ c) $\frac{9}{20}$ d) $\frac{17}{24}$ e) $\frac{9}{10}$ f) $\frac{7}{12}$

Lösungen der TÜV-Seiten / Lösungen der Diagnosetests

Seite 169

1. 71 min
2. a) In beiden Fächern durchschnittlich 15 Punkte.
   b) Spannweite: Mathematik 4 Punkte, Englisch: 8 Punkte.
3. Die RUF GmbH beschäftigt relativ mehr Auszubildende ($\frac{4}{40} = \frac{1}{10} < \frac{5}{45} = \frac{1}{9}$).
4. Primzahlen bis 6: 2, 3, 5. p (2, 3, 5) = $\frac{1}{2}$
5. (1): p(blau) = $\frac{1}{6}$; (2): p (blau) = $\frac{1}{2}$; (3): p (blau) = $\frac{1}{5}$; bei Glücksrad (2) ist die Wahrscheinlichkeit für blau am größten.
6.

Schule	A	B	C	D	E
Anteil nicht Deutschsprachiger	0,75	0,5	0,33	0,64	0,25

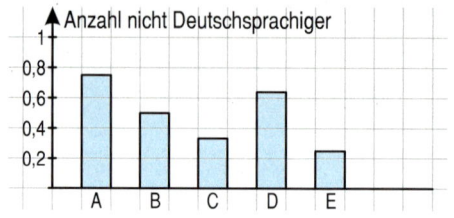

7. – Wenn man nur die Mädchen befragt, kann man auch nur ein Ergebnis über die Mädchen erhalten.
   – Die Frage ist zu ungenau. Jede einzelne kann sie nur gefühlsmäßig beantworten. Das Ergebnis müsste dann heißen: Fast alle Mädchen geben an, zu lange Zeit für die Hausaufgaben zu brauchen.

Seite 190

1. a) $\frac{6}{35}$ b) $\frac{21}{55}$ c) $\frac{4}{27}$ d) $\frac{5}{21}$ e) $\frac{2}{39}$ f) $\frac{3}{10}$ g) $\frac{5}{6}$ h) $\frac{1}{12}$ i) $\frac{35}{18} = 1\frac{17}{18}$
2. a) $2\frac{4}{5}$ b) $\frac{7}{8}$ c) $\frac{5}{6}$ d) $8\frac{2}{3}$ e) $17\frac{1}{4}$ f) $13\frac{1}{8}$ g) 51 h) $23\frac{1}{3}$ i) $10\frac{1}{2}$
3. a) $\frac{3}{8}$ b) $\frac{6}{35}$ c) $\frac{7}{9}$ d) 10 e) $2\frac{2}{9}$ f) $\frac{4}{9}$ g) $\frac{21}{32}$ h) $2\frac{7}{24}$ i) $4\frac{2}{3}$
4. a) $\frac{35}{48}$ b) $\frac{9}{25}$ c) $\frac{2}{9}$ d) $\frac{2}{3}$ e) 33 f) $\frac{2}{7}$ 5. a) 4321,6 b) 790,2 c) 0,0813 d) 5 203,1
6. a) 0,5805   b) 0,001735   c) 0,00237   d) 75,361   7. a) 84,502   b) 398,223   c) 19,6854   d) 39 379,83
8. a) 0,31213   b) 1,8564   c) 0,463947   d) 0,0378144   e) 8,23989   f) 0,489648
9. a) A = 622,72 m²   b) 43 901,76 €   10. a) 26,7   b) 0,056   c) 45,03   d) 1,082   e) 0,054   f) 580,1
11. a) 8,31   b) 154,1   c) 1,09   d) 8,01   12. Der Urlaub dauerte 18 Tage.

Lösungen der Diagnosetests

Seite 28

Grundaufgaben

1. a) 349,– € b) 4900 m
2. a) fünfzehn Millionen sechshundertdreiundzwanzigtausendvierhundert
   b) 520 075 420 800
3. 315 990 ist teilbar durch 2, 3, 5, 9 und 10, nicht durch 4.
4. A(0|2), B(3|6), C(9|6), D(8|0), E(3|1), F(6|4),
5. 30 €

Erweiterungsaufgaben

1. a) fünfzehn Milliarden vierhundertdreißig Millionen sechshunderttausend
   b) fünf Billionen vierhundertdreiundsiebzig Milliarden sechshundertacht Millionen
2. Ü: 15 € + 3 € + 5 € + 19 € + 5 € + 4 € = 51 €. Die Summe ist 50,85 €.
3. a = 30 Mio., b = 52 Mio., c = 84 Mio., d = 126 Mio.
4. a) 90; 105   b) 150; 180
5. a) ggT (40, 24) = 8   b) ggT (72, 48) = 24   c) kgV (8, 15) = 120   d) kgV (20, 25) = 100

Lösungen der Diagnosetests

6.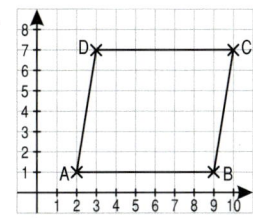
(Zeichnung von Lehrerin/Lehrer kontrollieren lassen)
Es entsteht ein Parallelogramm.

7.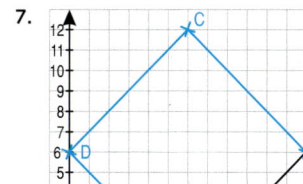
(Zeichnung von Lehrerin/Lehrer kontrollieren lassen)

C (6|12)
D (0|6)

8. a)
1. Größe	2. Größe
9	16
45	**80**

b)
1. Größe	2. Größe
12	45
4	15

c)
1. Größe	2. Größe
13	2,5
78	**15**

d)
1. Größe	2. Größe
420	1 372
105	343

9.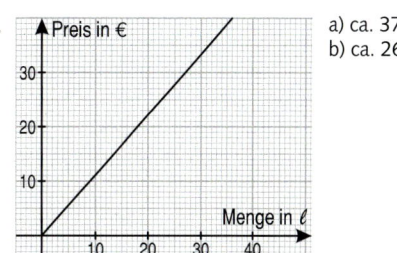
a) ca. 37 €
b) ca. 26 l

Seite 52

Grundaufgaben

1. a) 10 m Schnur b) 300 km   2. a) $1\frac{7}{12}$ b) 5 c) $8\frac{7}{10}$ d) $5\frac{1}{4}$

3. a) 0,031; 0,314; 0,341   b) 17,049; 17,085; 17,40   4. a) $2\frac{11}{12}$ b) $3\frac{5}{10}$

5. Tim fehlen noch 15,20 €.

Erweiterungsaufgaben

1. a) 15 Schweine, 20 Kühe, 10 Hasen, 6 Katzen   b) 8 Hühner

2. a) 0,307; 0,606; 0,66; 3,06; 3,6   b) 0,4; 0,402; 0,41; 0,412; 0,44

3. a) Ü: 130 + 90 + 320 = 540   Ergebnis: 538, 672   4. $\frac{1}{5}$ von 20 € = 4 €; $\frac{1}{4}$ von 20 € = 5 €
   b) Ü: 740 − 260 = 480   Ergebnis: 485,477

5. Rechnung: $\frac{5}{12}$ von 480 = 200; $\frac{2}{6}$ von 480 = 160;   480 − 200 − 160 = 120. Ergebnis: 120 Schüler kommen zu Fuß.

6. a) $7\frac{4}{4} = 8$ b) $10\frac{7}{6} = 11\frac{1}{6}$ 7. a) $3\frac{2}{3}$ b) $\frac{4}{8}$

8. Klasse 6a: $\frac{2}{3}$ von 147 € = 98 €   Klasse 6b: $\frac{2}{3}$ von 258 € = 172 €   Klasse 6c: $\frac{2}{3}$ von 453 € = 302 €   Gesamtbetrag: 572 €

9. 1. Gruppe: $\frac{3}{4}$ von 20 = 15 Personen   2. Gruppe: $\frac{2}{5}$ von 20 = 8 Personen
   Die erste Gruppe ist stärker vertreten, es sind 7 Personen mehr als von der zweiten Gruppe.

10. Die Marmelade wiegt 10,2 kg.

Seite 74

Grundaufgaben

1. Zeichnungen von Lehrerin/Lehrer kontrollieren lassen.   a) r = 2,5 cm   b) r = 3,2 cm

2. α = 26°, β = 147°   3. a) 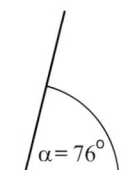   b)    5.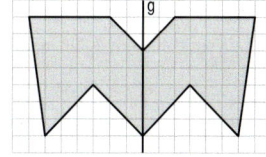

4. α, γ: stumpfer Winkel;
   β: rechter Winkel;
   δ: spitzer Winkel

Lösungen der Diagnosetests

Erweiterungsaufgaben

1. Zeichnungen jeweils von Lehrer/Lehrerin kontrollieren lassen.

2.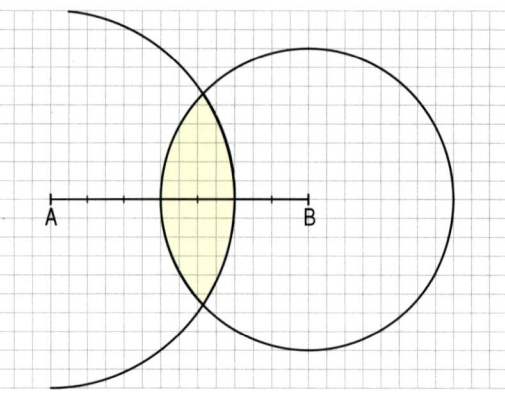

3.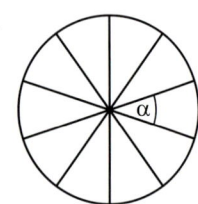

4. a) α = 145°, β = 35°   b) α = 50°, β = 85°

5. a) 120° (240°)   b) 120° (240°)

6. –

7.

8. (Hier ohne Zeichnung)
   a) Punktsymmetrisch, nicht achsensymmetrisch ist z. B. ein Parallelogramm, das kein Rechteck ist.
   b) Achsensymmetrisch, nicht punktsymmetrisch, ist z. B. ein Drachen oder ein gleichschenkliges Trapez.

Seite 96

Grundaufgaben

1. a) $\frac{15}{4} = 3\frac{3}{4}$ b) $\frac{15}{2} = 7\frac{1}{2}$ c) $\frac{6}{15} = \frac{2}{5}$ d) $\frac{5}{12}$
2. a) $\frac{15}{7} = 2\frac{1}{7}$ b) $\frac{20}{8} = 2,5$ c) $\frac{4}{15}$

3. a) Ü: 8 · 30 = 240,   Ergebnis: 270,4   b) Ü: 70 : 10 = 7,   Ergebnis: 7,52

4. a) Rechnung: 4,80 · 8 = 38,40. Ergebnis: Irene bezahlt 38,40 €.
   b) Rechnung: 22,20 : 12 = 1,85. Ergebnis: Ein Paar Würstchen kosten 1,85 €.

5. a) 0,75   b) 0,666... = $0,\overline{6}$

Lösungen der Diagnosetests

Erweiterungsaufgaben

1. a) $\frac{3}{8} \cdot 7 = \frac{21}{8}$ b) $\frac{7}{10} \cdot 9 = \frac{63}{10}$ 2. a) $\frac{8}{9} : 4 = \frac{2}{9}$ b) $\frac{9}{4} : 3 = \frac{3}{4}$ 3. a) $\frac{4}{3} \cdot 5 = \frac{20}{3}$ b) $\frac{3}{5} : 2 = \frac{3}{10}$

4. 161,50 : 34 = 4,75. Eine Pflanze kostet 4,75 €.   5. 12,7 · 5 = 63,5. In einer Woche fährt Romy 63,5 km.

6. 1 293 : 6 = 215,50. Jede Person erhält 215,50 €.

7. $\frac{1}{100} = 1\ \%$ $\frac{1}{2} = 0,5$ $\frac{1}{2} = 50\ \%$ $\frac{3}{4} = 0,75$ $\frac{1}{3} = 0,\overline{3}$ $\frac{1}{10} = 0,1$
   $\frac{1}{5} = 0,2$ $\frac{1}{4} = 0,25$ $\frac{7}{10} = 0,7$ $\frac{12}{100} = 12\ \%$ $\frac{2}{3} = 0,\overline{6}$ $\frac{8}{100} = 0,08$

8. a) $\frac{11}{8} = 1,375;\ \frac{2}{11} = 0,\overline{18}$ b) $0,6 = \frac{6}{10};\ 0,73 = \frac{73}{100}$

9. a) 2,852 € ≈ 2,85 €   b) 1,635 m ≈ 1,64 m   c) 4,211666… kg ≈ 4,212 kg   d) 0,7004 kg ≈ 0,700 kg

10. Höhe der Fahnenstange: 610 cm = 6,10 m

11. a) Zusammen kosten die Geräte 927,40 €.   b) Die Eltern zahlen 463,70 €.

Seite 126

Grundaufgaben

1. a) 300 cm² = 3 dm²   b) 12 cm² = 1 200 mm²   2. A = 8 500 m²; u = 370 m

3. 500 *l*   4. a) 4,5 dm³   b) 35 *l*   5. a) V = 700 cm³   b) O = 550 cm²

Erweiterungsaufgaben

1. Man muss die Rechtecke A, E, B, G benutzen und zwei der Rechtecke F, H, I.

2. a) 10 000 m²   b) 10 hl   3. a) Er enthält ca. 180 m³.   b) 180 m³ = 180 000 *l*

4. Der Koffer ist 20 cm hoch.

5. Rot gestrichener Teil der Oberfläche: 0,48 m²; blau gestrichener Teil der Oberfläche: 0,82 m². Man benötigt eine Dose rote und zwei Dosen blaue Farbe.

6. V = 84 000 cm³ = 84 dm³ = 84 *l*.   7. a) Dann passen 300 *l* hinein.
   b) Insgesamt passen 40 Eimer à 10 *l* hinein.

8. Es passen 21,6 *l* in die drei Kästen hinein. Da man nicht ganz auffüllt, reicht der 20-*l*-Beutel.

Seite 150

Grundaufgaben

1. a) $\frac{4}{6} = \frac{2}{3}$ b) $\frac{6}{12} = \frac{1}{2}$ 2. z. B.   oder

3. $\frac{24}{30} = \frac{4}{5} = \frac{8}{10} = \frac{80}{100} = 80\ \%$

4. a) $\frac{14}{56} = \frac{1}{4} = 0,25 = 25\ \%$ b) $\frac{20}{30} = \frac{2}{3} = 0,\overline{6} = 67\ \%$

5. a) $\frac{9}{10}$ b) $\frac{5}{8}$

Erweiterungsaufgaben

1. a) $0,7 = \frac{7}{10}$ b) $0,04 = \frac{4}{100} = \frac{1}{25}$ c) $0,125 = \frac{125}{1000} = \frac{1}{8}$ d) $0,48 = \frac{48}{100} = \frac{12}{25}$

2. a) $20\ \% = 0,2 = \frac{1}{5}$ b) $35\ \% = 0,35 = \frac{7}{20}$ c) $5\ \% = 0,05 = \frac{1}{20}$ d) $75\ \% = 0,75 = \frac{3}{4}$

3. Die Zahl heißt $1\frac{3}{4}$.   4. Die Zahl heißt $1\frac{17}{20}$.   5. Mark bekommt $\frac{5}{12}$ der Pizza.

6. Valentina hat am meisten, David am wenigsten gegessen ($\frac{1}{2} < \frac{2}{3} < \frac{3}{4}$).

7. a) Es geht nicht, weil die Summe der Bruchteile größer als 1 ist. ($\frac{1}{2} + \frac{1}{3} + \frac{1}{4} = \frac{13}{12} = 1\frac{1}{12}$)   b) Sie erhalten auch jeweils $\frac{1}{3}$.

8. 6 Nüsse.   9. a) $\frac{1}{2}$ b) $\frac{1}{10}$

10. a) $\frac{3}{4} > \frac{3}{7}$ b) $\frac{3}{4} > \frac{2}{3}$ c) $\frac{3}{4} = 75\,\%$ d) $0{,}45 < \frac{5}{9}$ 11. a) 1,1 kg   b) 250 g   c) 40 min

Seite 170

Grundaufgaben

1. Durchschnitt: 9,7 °C ≈ 10 °C;   Spannweite: 10 °C

2. Frau Rainer wurde mit dem größeren Stimmenanteil gewählt (Anteil Frau Rainer: 0,7; Anteil Frau Wolf: 0,625).

3. a) p (gelb) = $\frac{1}{8}$ b) p (blau) = $\frac{1}{2}$ 4. p (Wappen) = 0,5

5. A: 0,7;   B: 0,8;   C: 0,5;   D: 0,9

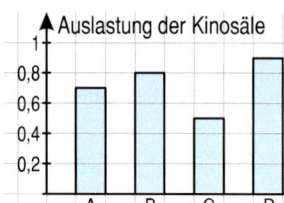

Erweiterungsaufgaben

1. Raja ist 1,60 m groß.

2. Von der Rilke-Schule half ein Anteil von 0,68 aller Schüler, bei der Goethe-Schule liegt dieser Anteil bei 0,6.
Von der Goethe-Schule kommen **absolut** mehr beteiligte Schüler; die Rilke-Schule hat den größeren **relativen** Anteil.

3. Das Hotel Seeblick hatte eine höhere (relative) Auslastung (Anteil Seeblick: 0,8, Anteil Strandhotel: 0,75).

4. 20-mal

5. a) falsch; 6er-Würfel: p (gerade) = p (2, 4, 6) = $\frac{1}{2}$; 12er-Würfel: p (gerade) = p (2, 4, 6, 8, 10, 12) = $\frac{1}{2}$
die Wahrscheinlichkeiten sind gleich.
b) richtig; 6er-Würfel: p (6) = $\frac{1}{6}$, 12er-Würfel: p (6) = $\frac{1}{12}$.

6.
Fahrzeugart	gezählt	rel. Anteil
Pkw	92	0,46
Lkw	46	0,23
Motorrad/Mofa	28	0,14
Fahrrad	34	0,17
gesamt 200	200	

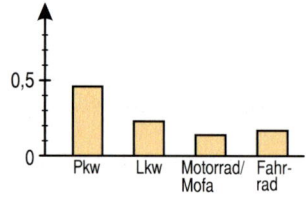

7. Einnahmen: 300 €; p (1 oder 6) = $\frac{1}{3}$; zu erwarten sind $\frac{1}{3}$ · 600 = 200 Gewinne. Ausgezahlte Gewinne: ca. 200 €.
Es verbleiben voraussichtlich ca. 100 € für die Klassenkasse.

Seite 191

Grundaufgaben

1. a) 0,05138   b) 5,13   c) 0,25056   d) 0,00213   2. a) 137,75   b) 56,942   c) 1,8   d) 12

3. a) $\frac{12}{5} = 2\frac{2}{5}$ b) $\frac{9}{14}$ c) $\frac{3}{4}$ d) $\frac{1}{6}$ 4. Er zahlt 22,95 €.   5. 2,50 € pro Kind.

Lösungen der Diagnosearbeit

Erweiterungsaufgaben

1. a) 3 859,2 b) 58 681 c) 39 820 d) 68 598
   3,8592   586,81   39,820   0,68598
   3,8592   0,58681   0,39820   685,98
   3,8592   586,81   3,9820   0,068598

2. a) $\frac{4}{15}$ b) $\frac{1}{8}$ c) $\frac{1}{2}$ d) $3\frac{4}{5}$

3. 6 Fahrten 4. 34,262 km pro Stunde 5. 110,45 € pro Quadratmeter 6. V = 114,66 cm³

7. 13,5 cm²; Kosten: 267,30 €

8. a) 208 Einzelfahrscheine. b) Es wäre um 75 € teurer. 9. Er behält 5,16 € zurück.

10. Sie bekommt 1 334,75 € ausgezahlt.

Lösungen der Diagnosearbeit

Seite 192

Grundaufgaben

1. a: 150 Mio. b: 380 Mio. c: 630 Mio. d: 870 Mio. e: 1,1 Mrd.   2. a) 15 Mio. b) 13 Mio.

3. a) 4,42 b) 9,51 c) 312,5   4. a) $\frac{3}{4}$ b) $\frac{2}{3}$ c) $\frac{3}{5}$ 5. a) 45 kg b) 80 cm c) 250 m

6. α und β sind spitze Winkel und messen 15°. γ ist ein stumpfer Winkel und misst 150°.

7. Sie hat $1\frac{5}{6}$ l Fruchtsaftgetränk.   8. a) u = 124 m b) A = 600 m²

9. a) Seitenlänge: 40 mm   b) –   c) Es sind 4 Symmetrieachsen.   d) 4-mal

10. 28 min

Seite 193 und 194

Erweiterungsaufgaben

1. a) $\frac{1}{8}$ b) $\frac{2}{3}$ c) 0,51 d) 0,99   2. a) $2\frac{4}{5} = 2,8$ b) $1,7 = \frac{17}{10} = 1\frac{7}{10}$

3. a) $2\frac{9}{10} = 2,9$ b) $\frac{3}{4} = 0,75$ c) 2 d) $1\frac{7}{20} = 1,35$

4. $\frac{3}{10} < 0,31 < \frac{1}{3} < 1\frac{1}{3} < 3,1$ 5. a) $\frac{4}{5}$ b) $\frac{2}{7}$ c) 8,63 d) 10,76

6. a) Ohne Verspätung kommt der Zug um 7:17 Uhr in der Stadt an.
   b) Die Fahrt dauert planmäßig 84 Minuten, also 1 Stunde 24 Minuten.

7. Man braucht $2\frac{1}{4}$ l Wasser.   8. Tina erhält 3,20 € zurück.

9. a) –   b) Beispiele: Rechteck 24 cm × 3 cm (u = 54 cm) oder 12 cm × 6 cm (u = 36 cm)

10. a) z. B.: $\frac{1}{3} + \frac{2}{3} = 1$; 0,4 + 0,6 = 1   b) z. B.: 4 und 2,5 oder 8,5 und 7   c) z. B.: 6 · 10 oder 5 · 12
    d) z. B.: 4 und 8 oder 5 und 10.

11. a) 40 min b) 750 g c) 375 m   12. –

13. a) b) [Koordinatensystem mit Parallelogramm ABCD und A'B'C'D']   c) Beide sind Parallelogramme.   14. Jeder bekommt zwei Fünftel von einer Tafel:

Lösungen der Diagnosearbeit

15. a) Achsensymmetrie (2 Spiegelachsen), Drehsymmetrie 180°, Punktsymmetrie zum Mittelpunkt des Rechtecks.
b) Drehsymmetrie: 120°, 240° um den Mittelpunkt der Figur.

16. a) $4\frac{4}{5} = 4,8$ b) $1,4 = 1\frac{2}{5}$ c) $\frac{7}{4} = 1\frac{3}{4} = 1,75$

17. a) 47,80 €   b) Fläche: 656 m²; Kosten: 55 432 €

18. a) –   b) V = 490 cm³   c) O = 406 cm²

19. In der $\frac{3}{4}$-l-Flasche ist am meisten Essig. ($\frac{3}{8} < \frac{1}{2} < 0,7 < \frac{3}{4}$)

20. 5 kleine Dosen ergeben die gleiche Menge, kosten jedoch nur 19,75 €. Das „Sonderangebot" ist sogar teurer.

21. a) Richtig.   b) Richtig.
c) Falsch, es ist zwar wahrscheinlich, dass bei 1 000 Würfen die 6 mehr als 150-mal fällt, es ist aber nicht sicher.
d) Richtig, besser wäre allerdings die Aussage: Bei 1 000 Würfen kann man etwa 170-mal eine 6 erwarten.

22. a) Pro Person bekam Rea durchschnittlich 8 € geschenkt.
b) Onkel Alex und Oma belegen mit 5 € den mittleren Platz.

23. a) 100 €   b) 6a: $\frac{1}{5}$; 6b: $\frac{1}{2}$; 6c: $\frac{3}{10}$ c)

6a	6b	6c

Maßeinheiten

Kilometer	Meter	Dezimeter	Zentimeter	Millimeter
1 km =	1 000 m			
	1 m =	10 dm =	100 cm =	1 000 mm
		1 dm =	10 cm =	100 mm
			1 cm =	10 mm

Quadratkilometer	Hektar	Ar	Quadratmeter
1 km² =	100 ha =	10 000 a	
	1 ha =	100 a =	10 000 m²
		1 a =	100 m²

Quadratmeter	Quadratdezimeter	Quadratzentimeter	Quadratmillimeter
1 m² =	100 dm² =	10 000 cm²	
	1 dm² =	100 cm² =	10 000 mm²
		1 cm² =	100 mm²

Kubik-meter	Kubik-dezimeter	Kubik-zentimeter	Kubik-millimeter
1 m³ =	1 000 dm³		
	1 dm³ =	1 000 cm³	
		1 cm³ =	1 000 mm³

1 dm³ = 1 l

Hekto-liter	Liter	Zenti-liter	Milli-liter
1 hl =	100 l		
	1 l =	100 cl =	1 000 ml
		1 cl =	10 ml

Tonne	Kilogramm	Gramm	Milligramm
1 t =	1 000 kg		
	1 kg =	1 000 g	
		1 g =	1 000 mg

Tag	Stunde	Minute	Sekunde
1 d =	24 h		
	1 h =	60 min	
		1 min =	60 s

Vorsilben für Maßeinheiten

Vorsilbe	Zeichen	Vielfaches der Maßeinheit	Vorsilbe	Zeichen	Vielfaches der Maßeinheit
Deka	da	10	Dezi	d	0,1
Hekto	h	100	Zenti	c	0,01
Kilo	k	1 000	Milli	m	0,001
Mega	M	1 000 000	Mikro	µ	0,000 001
Giga	G	1 000 000 000	Nano	n	0,000 000 001
Tera	T	1 000 000 000 000	Pico	p	0,000 000 000 001

Stichwortverzeichnis

Absolute Häufigkeit 155, 169
Achsenspiegelung 66, 73
Achsensymmetrie 66, 73
achsensymmetrisch 66

Bruchteil 32, 34, 35, 51, 128
Bruchteil eines Ganzen 32, 51
Bruchzahl 137
Brüche
– addieren 37, 51, 140, 141
– subtrahieren 37, 51, 140, 141
– erweitern 130
– kürzen 130
– multiplizieren 76, 95, 172, 173, 190
– dividieren 78, 79, 95, 175, 176, 190
– umwandeln 29, 95, 134
– vergleichen 132, 133

Dezimalbrüche 41, 42, 51
– addieren 45, 46, 51
– subtrahieren 45, 46, 51
– ordnen 43
– runden 44, 51
– multiplizieren 82, 83, 95, 179, 180, 190
– dividieren 87, 95, 179, 182, 190
– periodische 89, 95
Drehpunkt 68, 73
Drehsymmetrie 68, 73
drehsymmetrisch 68
Drehung 68, 73
Drehwinkel 68, 73
Dreisatz 26
Durchmesser 54, 73
Durchschnitt 152, 169

Endstellenregel 19, 27
Erweitern 129, 130, 141

Flächeneinheiten 100
Flächeninhalt
– Quadrat 98, 123
– Rechteck 98, 123
– zusammengesetzte Flächen 101
Flächenmaße 100, 123

größter gemeinsamer Teiler 17, 27
gemischte Zahl 36, 51
gestreckter Winkel 57, 73
Gitternetz 15
Grad 56
große Zahlen 9, 10, 27

Häufigkeit
– absolute 155, 169
– relative 155, 169
Hauptnenner 142
Hektoliter 115
Hochachse 22
Hundertstel 42

Kehrbruch 176, 190
kleinstes gemeinsames
 Vielfaches 17, 27, 142
Koordinaten 22
Kreis 54, 73
Kreisdiagramm 167
Kubikmeter 118
Kubikdezimeter 112
Kubikmillimeter 112
Kubikzentimeter 112
Kursbestimmung 61
Kürzen 129, 130

Liter 115

Maße für Flüssigkeiten 115
Median 154
Milliliter 115
Mittelpunkt 54, 73
Mittelwert 152, 169

Nenner 32, 51
Netz 108, 123

Oberfläche
– Quader 110, 123

Periode 89
Prozentschreibweise 93, 95, 134
Primzahl 16, 27
proportionale Zuordnung 24, 25, 27
– grafische Lösungen 25
– Dreisatz 26
Punktspiegelung 67, 73
Punktsymmetrie 67, 73
punktsymmetrisch 67

Quader
– Oberfläche 110, 123
– Rauminhalt 113, 114, 123
Quadernetz 108, 123
Quadrat
– Flächeninhalt 98, 123
– Umfang 99, 123
Quersummenregel 19, 27

Radius 54, 73
Rangliste 154, 169
Rauminhalt 111
– Quader 113, 114, 123
– Würfel 114, 123
Raummaße 112, 115, 118, 123
rechter Winkel 57, 73
Rechteck
– Flächeninhalt 98, 123
– Umfang 99, 123
Rechtsachse 22
relative Häufigkeit 155, 169
Runden 8, 44

Säulendiagramm 10, 157, 169
Scheitelpunkt 56, 73
Schenkel eines Winkels 56, 73
Schrägbild 106
Spannweite 152, 169
Spiegelachse 66
Spiegeln 66
spitzer Winkel 57, 73
Stammbrüche 30, 31, 51
statistische Untersuchung 169
Stellenwerttafel 9, 27, 42, 45, 51
Streifendiagramm 157, 169
stumpfer Winkel 57, 73
Symmetrieachsen 66, 73
Symmetriezentrum 67

Tabellenkalkulation 84
Teilbarkeit 18, 19
Teilbarkeitsregeln 19, 27
Teiler 15, 16, 17, 27

Überschlag 8, 27
Umfang
– Quadrat 99, 123
– Rechteck 99, 123
Urliste 165, 169

Verfeinern 128, 129
Vergleichen von Brüchen 132, 133
Vergrößern 128, 129
Vielfache 15, 17, 27
Vollwinkel 57, 73
Volumen 114, 115, 118, 123

Wahrscheinlichkeit 160, 169
Winkel 56, 73
– gestreckter 57, 73
– rechter 57, 73
– spitzer 57, 73
– stumpfer 57, 73
Winkel messen 58, 59
Winkel zeichnen 59
Winkelarten 57
Würfelnetz 108, 123

Zahlen
– ganze 12, 19
– gemischte 36, 51
– negative 12
– positive 12
Zahlengerade 12, 13
Zahlenstrahl 10, 27, 43, 136
Zähler 32, 51
Zehntel 42
Zentralwert 154
Zufallsexperiment 160, 169
Zuordnung
– proportionale 24, 25, 27
zusammengesetzte Flächen 101
Zweisatz 23